持久内存编程

[美] 史蒂夫·斯卡格尔（Steve Scargall） 著

吴国安 魏剑 杨锦文 吴少慧

许春晔 林翔 王龙 李晓冉

斯佩峰 陶少玉 高明 崔峰 译

Programming
Persistent Memory

A Comprehensive Guide
for Developers

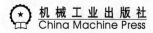

机械工业出版社
China Machine Press

图书在版编目（CIP）数据

持久内存编程 /（美）史蒂夫·斯卡格尔（Steve Scargall）著；吴国安等译 . -- 北京：机械工业出版社，2021.3

（华章程序员书库）

书名原文：Programming Persistent Memory: A Comprehensive Guide for Developers

ISBN 978-7-111-67674-4

Ⅰ. ①持⋯　Ⅱ. ①史⋯ ②吴⋯　Ⅲ. ①程序设计　Ⅳ. ① TP311.1

中国版本图书馆 CIP 数据核字（2021）第 040055 号

持久内存编程

出版发行：机械工业出版社（北京市西城区百万庄大街 22 号　邮政编码：100037）

责任编辑：李美莹　　　　　　　　　　　　　　　　责任校对：马荣敏

印　　刷：北京市荣盛彩色印刷有限公司　　　　　　版　　次：2021 年 4 月第 1 版第 1 次印刷

开　　本：186mm×240mm　1/16　　　　　　　　　印　　张：20

书　　号：ISBN 978-7-111-67674-4　　　　　　　　定　　价：119.00 元

客服电话：（010）88361066　88379833　68326294　　投稿热线：（010）88379604

华章网站：www.hzbook.com　　　　　　　　　　　读者信箱：hzit@hzbook.com

The Translator's Words 译 者 序

现今，有超过 90% 的企业已走上数字化转型之路，正致力于成为以数据为中心的企业。数据背后的价值日益凸显，企业也纷纷制定或优化其数字化转型战略，以期充分利用数据挖掘技术，获取深刻洞察并据此抢占市场先机。然而，呈爆发式增长和来源日趋多样的数据，也给企业数据中心从数据采集、存储、处理到业务决策等各个层面带来了更多也更为艰巨的挑战。企业要想充分利用数据驱动业务发展，除需要不断提升其数据中心基础设施的算力外，亦不可忽视高性能存储的重要作用，即把更多数据放在更接近 CPU 的位置进行处理。

传统的内存 – 存储架构是由内存加硬盘所组成的两级存储，大容量持久化存储主要由机械硬盘（HDD）或固态盘（SDD）来承担，高性能处理计算则交由动态随机访问内存（DRAM）担纲。然而，由于 HDD/SSD 和 DRAM 间的访问速度存在巨大落差，当将数据从 DRAM 存储到 HDD/SSD 时或者将数据从 HDD/SSD 装载到内存中时，都会给系统带来巨大的延迟和带宽损失。不断增加的数据量和对于快速访问更多数据的需求，则进一步放大了这一性能差距带来的弊端，这样会不可避免地要求企业不断增加 DRAM 的容量，以避免性能被存储拖慢。DRAM 虽然速度足够快，可以将稳定的数据流提供给功能强大的处理器，但由于价格昂贵，已经在企业的数据中心中占据超过 30% 的总成本。英特尔® 傲腾™持久内存的出现，则在真正意义上颠覆了传统的内存 – 存储架构。它不仅具备接近 DRAM 的性能，还具备 HDD/SSD 的数据持久性，将高性价比的大容量内存与数据持久性巧妙地结合在一起。可以很好地弥补 DRAM 和 HDD/SSD 之间的性能缺口，其相对于 DRAM 的大容量、低成本特性还能助力企业在容量与成本之间取得更好的平衡。

我们为什么要翻译这本书？持久内存技术是内存领域革命性的技术，从根本上颠覆了传统的内存 – 存储架构，对整个产业界和学术界产生了深远的影响。我们在推动持久内存在中国互联网行业应用时发现，即便是资深的计算机行业从业者和应用开发者也需要花费大量的精力去阅读大量的文献并进行大量的实践，才能充分掌握持久内存编程的核心概念，并将其应用到自身的领域中。在合作中，我们还发现有些开发者由于没有充分掌握持久内存编程的核心概念，开发出了影响数据正确性的代码，并且其性能也不佳。所以能够有一本细致讲述持久内存编程方方面面的书变得非常有必要。幸运的是，持久内存编程英文原版书籍已经出版，我们第一时间就开始着手翻译这本书。本书以工程实践为导向，通过大量的示例，详细阐述了持久内存架构、硬件及操作系统支持的整体技术细节，帮助开发人员了解持久内存编程的核心概念以及持久内存编程的开发库，帮助读者掌握持久内存编程和应用的系统方法。

本书的作者和译者基本都就职于英特尔公司，从事持久内存开发、验证和应用方面的前沿工作，具备丰富的理论知识和实践经验，并与相关产业的合作伙伴有着非常密切的合作。本书第1章至第6章由魏剑、杨锦文负责翻译，其余章节由我和我的团队共同完成翻译工作。全书由我和我的团队统稿。

在翻译过程中，由于中文和英文在表述方面有非常大的不同，翻译工作需要细致和耐心。针对一些有争议的术语、内容等，我们查阅了大量的资料，并和原书作者反复沟通，在翻译过程中也将原书中的一些错误做了纠正，并反馈给了原书作者。翻译完成以后，我们又进行了仔细的校对，即使如此，仍然难免存在疏忽、遗漏的地方，也可能存在一些翻译错误或不准确的地方，如果读者在阅读过程中发现了翻译中的问题，可以向出版社反馈。

翻译工作细致而且烦琐，能够完成此书，离不开很多人的辛勤付出，包括魏剑、杨锦文、吴少慧、胡风华、林翔、许春晔、李晓冉、斯佩峰、王龙、陶少玉和高明等，他们为整本书的翻译做出了很大的贡献。特别是吴少慧，组织了全书的审阅和校对，付出了巨大的努力。感谢胡寅玮、程从超、徐滨、王宝临、张旭、郑春阳、张玉晔、赵玉萍、李波、王荃、慕延峰、孙宇、高伟等提出宝贵意见。感谢John Withers、周翔、李志明等对本书的大力支持。

谢谢出版社给予了我们无比的信任和翻译的机会，谢谢你们选择了这本书！希望这本书的内容及译文没有让你们失望。

2021 年 3 月

吴国安　于上海

Preface 前　　言

关于本书

持久内存通常被称为非易失性内存（NVM）或存储级内存（SCM）。在本书中，特意将持久内存作为一个包罗万象的术语，指代当前及未来所有与此相关的内存技术。本书介绍持久内存技术，并对一些关键问题做出解答。

对于软件开发人员，这些问题包括：什么是持久内存？如何使用持久内存？可以使用哪些 API 和库？持久内存能为应用程序提供哪些优势？需要学习哪些新的编程方法？如何设计应用程序以使用持久内存？在哪里查找相关信息、文档和帮助？

对于系统和云架构师，这些问题包括：什么是持久内存？持久内存的工作原理是什么？持久内存与 DRAM 或 SSD/NVMe 存储设备相比有何不同？硬件和操作系统方面有哪些要求？哪些应用程序需要或者可以从持久内存中获益？现有应用程序在不经修改的情况下可以使用持久内存吗？

对于软件应用程序而言，持久内存不是一种即插即用的技术。尽管从外表看持久内存与传统 DRAM 内存类似，但应用程序必须进行修改才能充分发挥持久内存的持久特性。应用程序在未经修改的情况下也可以在安装了持久内存的系统上运行，但是这样无法发挥持久内存的全部潜能。

庆幸的是，服务器和操作系统厂商在早期设计阶段进行了合作，并推出了许多相关产品。Linux 和 Microsoft Windows 已经可以原生支持持久内存技术。许多常见的虚拟化技术也支持持久内存。

然而，对于 ISV 和整个开发人员社区而言，针对持久内存技术的开发之旅才刚刚起步。一些软件已经完成修改并进入市场。但企业和云计算行业需要一段时间才能加以采用并推出相应的硬件产品。ISV 和软件开发人员也需要时间了解现有应用程序需要做出哪些更改，并实现它们。

为了简化必要的开发工作，英特尔开发并开源了持久内存开发套件（PMDK），你可以访问 https://pmem.io/pmdk/ 获取该套件。我们将在第 5 章详细介绍 PMDK，并在随后的章节中对大多数可用的库进行介绍。本书每章都会提供一份深入指南，方便开发人员了解所要使用的库。PMDK 是一套基于存储网络工业协会（SNIA）NVM 编程模型的开源库和工具，由 50 多家行业合作伙伴联合设计并实现。你可以访问 https://www.snia.org/tech_activities/standards/curr_standards/npm 获取最新的 NVM 编程模型文档。该模型描述了软件如何利用持久内存的特性，来支持设计人员开发能够充分发挥 NVM 特性和性能的 API。

PMDK 同时提供 Linux 和 Windows 版本，并支持高级语言，旨在推动持久内存编程的普及。C 和 C++ 支持已经过全面验证。在本书编写之际，对其他语言（Java 和 Python）的支持也正在验证之中。预计其他语言也将采用编程模型，为开发人员提供原生的持久内存 API。PMDK 开发团队欢迎并鼓励大家在持久内存键值存储（pmemkv）的核心代码、新语言绑定或新存储引擎方面做出更多贡献。

本书假设你不了解持久内存硬件设备或软件开发，并经过了精心的编排设计，你可以按照自己希望的顺序随意浏览本书内容。尽管本书后面的内容以之前章节中介绍的概念和知识为基础，但是也无须按顺序阅读所有章节，同时为了方便起见，在内容中添加了对于相关章节的引用，以便你学习或回忆相关知识。

本书结构

本书共有 19 章，每章侧重于介绍不同的主题。全书由三个主要部分组成。第 1 ～ 4 章介绍了持久内存架构、硬件和操作系统支持。第 5 ～ 16 章旨在帮助开发人员了解 PMDK 库以及如何在应用程序中使用这些库。最后，第 17 ～ 19 章介绍了部分高级主题，比如 RAS 以及使用 RDMA 复制数据等。

- ❑ 第 1 章介绍持久内存，并通过一个简单的例子尝试，这个例子使用 libpmemkv 来存储持久键 – 值对。
- ❑ 第 2 章介绍持久内存架构，并重点介绍开发人员应知晓的硬件要求。
- ❑ 第 3 章介绍操作系统相关变更、新特性，以及操作系统如何发现持久内存。
- ❑ 第 4 章以前 3 章的内容为基础，介绍持久内存编程的基本概念。
- ❑ 第 5 章介绍 PMDK，即一套帮助软件从业人员进行开发的库。
- ❑ 第 6 章介绍并展示如何使用 PMDK 的 libpmem，即提供持久内存支持的底层库。
- ❑ 第 7 章使用 PMDK 的 C 原生对象存储库 libpmemobj 提供相关信息和示例。
- ❑ 第 8 章演示 PMDK 的 C++ libpmemobj-cpp 对象存储，它是在 libpmemobj 之上用 C++ 头文件构建而成的。

❑ 第 9 章通过示例详细介绍第 1 章中提到的 libpmemkv。

❑ 第 10 章主要面向希望充分利用持久内存但不需要对数据进行持久化存储的读者。libmemkind 是构建在 jemalloc 之上的用户可扩展堆管理器，支持控制内存特性以及在不同类型的内存之间对堆进行分区。libvmemcache 是一种可嵌入式轻量级内存缓存解决方案，它可以通过高效、可扩展的内存映射充分利用大容量存储，例如支持 DAX（直接访问）的持久内存。

❑ 第 11 章详细介绍如何设计适用于持久内存的数据结构。

❑ 第 12 章介绍持久内存相关的工具，并举例说明软件开发人员如何调试支持持久内存的应用程序。

❑ 第 13 章探讨如何修改实际应用程序以使用持久内存特性。

❑ 第 14 章介绍如何实现应用程序中的并发性以便用于持久内存。

❑ 第 15 章介绍性能的概念，并展示如何使用英特尔 VTune 工具套件在代码更改前后对系统和应用程序进行分析。

❑ 第 16 章详细介绍 PMDK 设计、架构、算法和内存分配器实现。

❑ 第 17 章介绍如何通过硬件和操作系统层实现可靠性、可用性与可服务性（RAS）。

❑ 第 18 章探讨应用程序如何使用本地和远程持久内存在多个系统之间横向扩展。

❑ 第 19 章介绍非一致性内存访问（NUMA）、软件卷管理器的使用、mmap() 的 MAP_SYNC 标记等高级主题。

附录部分单独提供了安装 PMDK 的步骤以及管理持久内存所需的程序，其中还介绍了 Java 更新和 RDMA 协议的未来。由于这些内容还有不确定性，因此没有将其列在本书的正文部分。

目标读者

本书主要面向具有一定经验的应用程序开发人员，同时我们也希望本书中的内容适用于更广泛的读者，如系统管理员和架构师、学生、讲师，以及学术研究人员等。系统设计人员、内核开发人员，以及任何对这项新兴技术感兴趣的人都可以在本书中找到实用的内容。

每位读者都将能够了解持久内存是什么、它的工作原理，以及操作系统和应用程序如何利用持久内存。持久内存的配置和管理因厂商而异，因此我们在附录中列出了部分参考资料，避免主要章节中的内容过于复杂。

应用程序开发人员可通过示例学习如何将持久内存集成到现有应用程序或新应用程序中。我们将在整本书中使用 PMDK 中提供的各种库，并提供大量的示例予以说明。本书也提供了使用各种编程语言（C、C++、JavaScript 等）编写的示例代码。开发人员在自己的项目中可以自由地使用这些库。本书还提供了大量的资源链接，确保读者能够获得更多的帮助和信息。

系统管理员以及云、高性能计算和企业环境架构师都可以参考本书中的大部分内容，了解持久内存的特性和优势，以便为应用程序和开发人员提供支持。如果能够在每台物理服务器上部署更多虚拟机，或者为应用程序提供这种全新的内存/存储层，就可以让更多数据更靠近 CPU，或显著缩短重启时间，同时保持数据的温缓存（warm cache）。

学生、讲师和学术研究人员也可以从本书的许多章节中受益。计算机科学专业的学生可以了解硬件、操作系统的特性以及编程技巧。讲师可以在课堂上自由讲授本书中的内容，或将其用作相关研究项目的基础，比如新的持久内存文件系统、算法或缓存实现等。

我们还介绍了各种用于分析服务器和应用程序的工具，以便大家更好地了解 CPU、内存和磁盘 IO 访问模式。通过此类知识，我们展示了如何修改应用程序，以便通过 PMDK 获得持久性优势。

未来参考价值

本书的内容在未来多年都具备重要价值。除非规范中另有说明，ACPI、UEFI、SNIA 非易失性编程模型等行业规范都会在新版本发布时保持向后兼容性。同时本书中介绍的编程方法也能够适用于新的设备外形。本书不局限于某一家特定的持久内存厂商或某一种实现方法。在需要描述特定于厂商的特性或实现方法的地方，我们会特意指出，因为在不同厂商或不同代产品之间可能会有差异。建议大家阅读厂商关于持久内存产品的文档以了解更多信息。

使用 PMDK 的开发人员将获得一个稳定的 API。PMDK 将在每次主要版本更新时提供新的特性和性能改进，并随着新的持久内存产品、CPU 指令、平台设计、行业规范和操作系统特性支持的推出而不断演变。

源代码示例

本书中的概念和源代码示例遵循厂商中立的 SNIA 非易失性内存编程模型。SNIA 是一个非营利性全球组织，致力于制定标准并提供相关的培训，来推动存储和信息技术的发展。该编程模型由 SNIA NVM 技术工作组（Technical Working Group，TWG）负责设计、开发与维护，该工作组汇聚了多家领先的操作系统、硬件和服务器厂商。你可以从 https://www.snia.org/forums/sssi/nvmp 加入该工作组或查找相关信息。

本书提供的代码示例均通过英特尔傲腾持久内存进行了测试和验证。由于 PMDK 具备厂商中立的特性，所以同样适用于 NVDIMM-N 设备。PMDK 支持未来推出的所有持久内存产品。

在本书出版之际，书中所使用的代码示例均为最新版本。所有代码示例均通过了验证和测试，以确保在编译和执行时不会出现任何错误。为简单起见，本书中所使用的部分示例会使用 assert() 语句来指出意外出现的错误。任何生产代码都可以使用相应的错误处理操作来替换这些语句，包括易于理解的错误信息和相应的错误恢复操作。此外，部分代码示例使用不同的挂载点表示持久内存感知型文件系统，如"/daxfs""/pmemfs"和"/mnt/pmemfs"。这说明我们可以为应用程序挂载并命名持久内存文件系统，类似于基于数据块的常规文件系统。源代码位于本书附带的代码库中——https://github.com/Apress/programming-persistent-memory。

由于这项技术仍在快速发展，本书所提到的软件和 API 参考可能会随时间发生变化。尽管我们努力确保其向后兼容，但有时软件必须不断演进，而令之前的版本失效。因此，部分代码示例可能无法在更新的硬件或操作系统上编译，需要进行相应的修改。

本书约定

本书使用几条约定以提醒你注意特定的信息。约定的使用取决于所展示信息的类型。

计算机命令

段落文本中出现的命令、编程库和 API 函数引用使用等宽字体。例如：

为了说明持久内存的用法，我们首先呈现一个示例程序，演示 libpmemkv 库提供的键值存储。

计算机终端输出

计算机终端输出通常直接截取自计算机终端，用等宽字体显示，例如下方演示的从 GitHub 项目克隆 PMDK 的示例：

```
$ git clone https://github.com/pmem/pmdk
Cloning into 'pmdk'...
remote: Enumerating objects: 12, done.
remote: Counting objects: 100% (12/12), done.
remote: Compressing objects: 100% (10/10), done.
remote: Total 100169 (delta 2), reused 7 (delta 2), pack-reused 100157
Receiving objects: 100% (100169/100169), 34.71 MiB | 4.85 MiB/s, done.
Resolving deltas: 100% (83447/83447), done.
```

源代码

从附带的 GitHub 存储库中截取的带有行号的源代码示例采用等宽字体显示。每个代码列表下方为行号或行号范围的引用，并附带简要说明。代码注释采用原生语言风格。大多数语言采用相同的语法。单行注释使用 //，数据块或多行注释使用 /*..*/。具体示例如列表 1 所示。

列表 1　使用 libpmemkv 的示例程序

```
37  #include <iostream>
38  #include "libpmemkv.h"
39
40  using namespace pmemkv;
41
42  /*
43   * kvprint -- print a single key-value pair
44   */
45  void kvprint(const string& k, const string& v) {
46      std::cout << "key: " << k << ", value: " << v << "\n";
47  }
```

❑ 第 45 行：此处我们定义了一个小型辅助例程 kvprint()，它会在调用时显示键值对。

备注

本书的备注、注意事项和提示均采用标准格式，以便提醒你关注要点，如下所示。

> 🅑备注　备注相当于当前讨论主题的提示、快捷方式或替代方法。忽视备注没有大的问题，但是你可能会错过某些实用信息。

Acknowledgements 致　　谢

　　首先，我要衷心感谢 Ken Gibson 对本书构思的精心策划，让我在撰写和完成本书时极有乐趣。他的支持、指导和贡献对于本书的高质量出版意义重大。

　　如果我拥有 Vulcan 的心灵感应能力或者 *The Matrix*（黑客帝国）中的复制能力，就可以一边克隆 Andy Rudoff 的思想，一边让他正常开展日常的工作。但我们只能通过口头交流和电子邮件沟通，挖掘出 Andy 在持久内存方面的深厚专业知识。真诚地感谢他给予我和此项目的巨大帮助。结果会证明一切。

　　Debbie Graham 一直帮助我管理这个庞大的项目，正是由于她的奉献和支持，整个项目才得以按时完成。

　　感谢英特尔的朋友和同事们。在我撰写本书的过程中，他们为我提供了丰富的素材，与我一同积极探讨，帮助我做出重要决定，并对草稿进行审阅，他们才是真正的英雄。如果没有他们的支持，我不可能在如此短的时间内完成本书。大家的精诚协作令本书精彩无比。在此表示诚挚的感谢！

　　我想向 Apress 的朋友表达我最诚挚的感激之情，没有他们，本书不可能出版。在整个出版过程中，从最初接触和讨论概要，到最终的润色和校订，Apress 团队提供了巨大的支持与帮助。非常感谢 Susan、Jessica 和 Rita。与他们合作无比愉快。

作者简介 *About the Author*

    Steve Scargall 是英特尔公司的一名持久内存软件 / 云架构师。作为一名技术宣传官，Steve Scargall 负责提供技术的启动与开发支持工作，以便将持久内存技术集成到软件栈、应用程序和硬件架构中，包括在专有和开源开发工作方面与独立软件开发商（ISV）进行合作，以及与原始设备制造商（OEM）和云服务提供商（CSP）等合作。

    Steve 曾在英国雷丁大学潜心学习神经网络、人工智能和机器人等知识，获得了计算机科学和控制论专业学士学位。他曾负责为 Solaris Kernel、ZFS 和 UFS 文件系统提供 x86 架构与 SPARC 性能分析支持，拥有超过 19 年的丰富经验。在 Sun Microsystems 和 Oracle 工作期间，他负责企业和云环境中的 DTrace 调试工作。

About the Contributors 贡献者简介

Piotr Balcer 是英特尔公司的软件工程师，在存储相关技术方面拥有多年经验。他曾在波兰格但斯克工业大学学习系统软件工程，获得工程学专业的理学学士学位。自 2014 年以来，Piotr 一直专注于开发面向下一代持久内存的软件生态系统。

Eduardo Berrocal 于 2017 年加入英特尔公司，担任云软件工程师。此前，他在伊利诺伊理工大学获得了计算机科学博士学位。他的博士研究方向主要为数据分析和面向高性能计算的容错。他曾是贝尔实验室（诺基亚）的实习生、阿贡国家实验室的研究助理、芝加哥大学的科学程序员和 Web 开发人员以及西班牙 CESVIMA 实验室的实习生。

Adam Borowski 是英特尔公司的软件工程师，毕业于波兰华沙大学。他是一名 Debian 开发人员，过去 20 年在开源技术方面做了很多贡献。Adam 目前专注于开发持久内存栈，包括开发上游代码并将其集成至下游的各种分发版。

Igor Chorazewicz 是英特尔公司的软件工程师。他主要致力于开发持久内存数据结构，以及推动持久内存 C++ 应用程序开发。Igor 获得了波兰格但斯克工业大学工程学专业的理学学士学位。

Adam Czapski 是英特尔公司的技术文档撰稿人。他在数据中心事业部负责撰写技术文档，目前在持久内存部门工作。Adam 毕业于波兰格但斯克工业大学，拥有英语语言学专业文学学士学位和自然语言处理专业硕士学位。

Steve Dohrmann 是英特尔公司的软件工程师。过去 20 年里，他曾参与过多个不同的项目，包括媒体框架、移动代理软件、安全协作软件和并行编程语言实现等。目前他主要致力于推动持久内存在 Java* 语言中的使用。

Chet Douglas 是英特尔公司的首席软件工程师，专注于开发云软件架构和操作系统，以及为 OEM 提供非易失性内存技术方面的支持。他在开发各种企业和客户端程序方面拥有超过 14 年的丰富经验，在存储解决方案方面拥有 28 年的丰富经验。Chet 曾参与过存储相关的各种工作，包括存储控制器硬件设计、SCSI 磁盘 / 磁带 /CD 刻录机固件架构、存储管理软件架构、Microsoft Windows* 和 Linux 内核模式驱动程序、企业硬件 RAID，以及客户端 / 工作站软件 RAID 等。他拥有 7 项与存储相关的软硬件专利，且拥有纽约克拉克森大学电子工程和计算机工程双学位。

Ken Gibson 是英特尔公司数据中心事业部持久内存软件架构负责人。自 2012 年以来，Ken 和他的团队一直与英特尔的服务器和软件合作伙伴合作，创建开放式持久内存编程模型。

Tomasz Gromadzki 是英特尔公司非易失性存储解决方案事业部的软件架构师。他主要致力于研究远程持久内存访问，包括持久内存与其他（网络）技术的适当集成，以及最佳的持久内存复制过程和算法等。

Kishor Kharbas 是英特尔公司 Java 运行时工程团队的软件工程师。在过去 8 年里，他致力于在英特尔平台上优化 Oracle 的 OpenJDK，主要涉及 Java 垃圾回收和编译器后端优化。

Jackson Marusarz 是英特尔公司计算性能和开发人员产品部门的资深技术咨询工程师（TCE）。作为英特尔 VTune Profiler 方面的首席 TCE，他主要致力于软件性能分析，以及串行与多线程应用程序的调优。Jackson 的主要工作是确定如何分析和优化软件，并开发相关的工具为其他人提供帮助。

Jan Michalski 是英特尔公司非易失性存储解决方案事业部的软件工程师。他主要致力于研究远程持久内存访问，包括持久内存与其他技术的适当集成，以及开发最佳的持久内存复制过程和算法等。他曾在波兰格但斯克工业大学学习系统软件工程，拥有计算机工程学硕士学位。

Nicholas Moulin 是英特尔公司的云软件架构师。自 2012 年加入英特尔以来，他主要致力于支持和开发面向操作系统和平台固件的持久内存软件，以及持久内存硬件的管理。Nicholas 目前正与行业合作，伙伴合作以定义和改进与持久内存编程模型相关的 RAS 特性。

Szymon Romik 是英特尔公司的软件工程师，主要负责持久内存编程。他曾在爱立信公司担任 5G 技术首席软件工程师，拥有波兰雅盖隆大学数学专业硕士学位。

Jakub Schmiegel 是英特尔公司非易失性存储解决方案事业部的软件架构师，致力于调整和优化现有应用程序以适用于持久内存，以及分析应用程序的性能，他从事这项工作已超过 4 年。Jakub 拥有波兰格但斯克工业大学计算机科学专业硕士学位。

Kevin Shalkowsky 是一名创意总监、平面设计师兼动画师，拥有超过 10 年的丰富经验，曾荣获泰利奖（Telly Award）。尽管目前 Kevin 的贡献主要集中在技术方面，但他也会花时间研究广播新闻，并通过 30 分钟深夜电视购物节目销售各种产品。他与妻儿目前居住在俄勒冈州。Kevin 经常被发现突然在森林、停车场或者设计过程中驻足沉思，正是这一品质让他取得了今天的巨大成就，但他从未止步于现状。

Vineet Singh 是英特尔公司的内存与存储工具软件工程师。他致力于开发各种技巧，帮助开发人员适应最新的内存技术。Vineet 拥有加州大学哲学博士学位，以及印度信息技术设计与制造学院（位于贾巴尔普尔）工学学士学位。

Pawel Skowron 是英特尔公司的软件工程经理，在软件行业拥有 20 年的丰富经验。Pawel 从事过与整个软件开发生命周期相关的各种工作，包括嵌入式系统、数据库系统、应用程序等多个领域，拥有深厚的软件工程设计专业背景。过去几年，Pawel 领导了持久内存开发套件的开发和验证工作（https://github.com/pmem/pmdk）。

Usha Upadhyayula 在英特尔公司供职已超过 20 年，曾在多个不同的工作岗位任职。Usha 拥有南卡罗来纳大学的计算机科学专业硕士学位。在加入英特尔的前几年，Usha 主要负责使用 C 和 C++ 语言开发用户级应用程序。后来，她主要负责客户支持方面的工作，涉及的领域包括英特尔媒体处理器以及英特尔 RAID 软件支持。Usha 目前任职于数据中心事业部，致力于帮助云服务提供商充分利用和加速采用英特尔持久内存产品。

Sergey Vinogradov 是英特尔公司的资深软件开发工程师，任职已超过 7 年，主要负责性能分析工具和线程运行时库。过去 4 年，Sergey 一直致力于开发面向持久内存的 C++ 编程模型和性能分析方法。

技术评审者简介 *About the Reviewer*

Andy Rudoff，现任英特尔公司首席工程师，主要负责非易失性存储编程工作。他是 SNIA NVM 编程技术工作组的核心成员，拥有超过 30 年的行业经验，曾在多家公司（包括 Sun Microsystems、VMware）从事操作系统、文件系统、网络及故障管理方面的设计和开发工作。多年来，Andy 教授过各种操作系统课程，还曾参与编写热门教材 *UNIX Network Programming*。

吴国安（Dennis）2005 年硕士研究生毕业于上海交通大学，目前是英特尔持久内存工程部经理，在 IA 架构、性能优化、软件协同硬件开发方面有多年工作经验。目前主要支持客户应用英特尔数据中心级持久化内存进行软件开发和应用适配，提供 IA 架构上的客户方案技术咨询和支持。在 2012 年加入英特尔之前，任职意法半导体，负责数字电视软件开发和集成的工作。

魏剑（Terry Wei）是英特尔傲腾技术方案专家，在英特尔供职 16 年，曾担任硬件开发、客户技术支持等多种职位，目前主要致力于傲腾存储技术在中国用户环境的技术适配和应用推广方面的工作。

杨锦文（Jinwen Yang）负责英特尔中国区云计算和互联网行业的战略规划和数据中心产品线的市场导入，并整合内部和外部技术资源，不断优化数据中心的全栈式解决方案，专注于服务客户的多样化需求。

吴少慧（Shaohui Wu）目前是英特尔持久内存工程师，拥有清华大学工程物理系的工程学士学位以及北京有色金属研究总院金属材料及热处理专业的工程硕士学位。2018 年入职英特尔之前，从事半导体芯片的产品开发与制造方面的工作，目前主要致力于傲腾持久内存生态环境的建立，并推广持久内存在中国区的应用。

许春晔（Chunye Xu）是英特尔公司的持久内存应用工程师，致力于客户持久内存技术支持和工作负载调试工作，曾在英特尔通信和设备部门负责系统调试和自动化测试工作。他毕业于河北大学，拥有计算机应用硕士学位。

林翔（Xiang Lin）是英特尔公司的平台应用工程师，目前主要致力于持久内存的应用和研究工作，包括工作负载的应用和性能优化，同时还负责客户支持方面的工作。此外，他对图形图像处理领域有着浓厚的兴趣。

王龙（Long Wang）是英特尔公司的软件工程师，当前主要致力于持久内存相关的数据库开发与性能优化，同时还参与 PMDK 项目，例如远程持久内存访问的集成开发工作。

李晓冉（Xiaoran Li）2018 年毕业于日本北海道大学信息与科学学院，目前就职于英特尔数据中心部门，从事傲腾持久内存研发工作，对系统存储、云计算、并行计算有浓厚兴趣。

斯佩峰（Peifeng Si）是英特尔数据中心部分资深软件工程师。长期从事 x86 服务器的固件开发和软件性能调优，目前专注于持久内存对数据库及存储类应用的优化。

陶少玉（Shaoyu Tao）在英特尔任职软件工程师超过 5 年，在加入英特尔的前几年，他主要从事 Linux 内核、系统调试相关工作，目前专注于基于持久内存的数据库优化相关工作。

高明（Ming Gao）是英特尔公司中国区行业解决方案部互联网行业技术总监，他主要负责英特尔与中国互联网公司的技术战略合作，助力中国互联网公司利用英特尔的产品和技术构建云计算解决方案，对包括人工智能在内的各类工作负载进行性能优化。高明获得了北京邮电大学计算机科学与技术专业硕士学位。

崔峰（Feng Cui）2015 年 5 月起就职于北京天石易通信息技术有限公司，至今从业超过 15 年，2004 年毕业于英国诺桑比亚大学，获商业管理学士学位。

Contents 目　　录

第 1 章 *Chapter 1*

持久内存编程简介

本书介绍了用于编写使用持久内存的应用程序的编程技巧，主要面向经验丰富的软件开发人员，但我们假设他们之前从未使用过持久内存。本书提供了大量用各种编程语言编写的代码示例。大多数程序员即使之前从未使用过某个特定的语言，也都能理解这些示例。

 备注　所有代码示例都位于 GitHub 代码库（https://github.com/Apress/programming-persistent-memory），该库还提供了相关的构建和运行说明。

本书还大量参考了其他关于持久内存、示例程序、教程和持久内存开发套件（Persistent Memory Development Kit，PMDK）的文档，读者可以访问 http://pmem.io 查找。

市场上的持久内存产品可通过各种不同的方法使用，其中许多用法对应用程序来说都是透明的。例如，我们遇到的所有持久内存产品都支持存储接口和标准文件 API，就像固态盘（Solid State Disk，SSD）一样。访问 SSD 上的数据非常简单且易于理解，因此这些用例并不在本书的讨论范围之内。我们重点介绍内存式访问，即应用程序管理驻留在持久内存中的可字节寻址的数据结构。我们介绍的部分用例具有易失性，仅将持久内存用于扩展内存容量，而忽略持久性这一事实。但主要介绍的还是持久性用例，即持久内存中的数据结构不会受到系统崩溃和电源故障的影响，而且本书中介绍的技巧有助于在这些事件发生期间确保数据结构的一致性。

1.1 高级示例程序

为了说明持久内存的用法，我们首先呈现一个示例程序，演示 libpmemkv 库提供的键值存储。列表 1-1 显示了一个完整的 C++ 程序，它将三个键值对存储在持久内存中，然后迭代键值存储，显示所有键值对。虽然该示例看起来简单，但其中涉及几个有趣的组件。列表下方的描述介绍了该程序的具体功能。

列表 1-1   使用 libpmemkv 的示例程序

```
37  #include <iostream>
38  #include <cassert>
39  #include <libpmemkv.hpp>
40
41  using namespace pmem::kv;
42  using std::cerr;
43  using std::cout;
44  using std::endl;
45  using std::string;
46
47  /*
48   * for this example, create a 1 Gib file
49   * called "/daxfs/kvfile"
50   */
51  auto PATH = "/daxfs/kvfile";
52  const uint64_t SIZE = 1024 * 1024 * 1024;
53
54  /*
55   * kvprint -- print a single key-value pair
56   */
57  int kvprint(string_view k, string_view v) {
58      cout << "key: "    << k.data() <<
59          " value: " << v.data() << endl;
60      return 0;
61  }
62
63  int main() {
64      // start by creating the db object
65      db *kv = new db();
66      assert(kv != nullptr);
67
68      // create the config information for
69      // libpmemkv's open method
70      config cfg;
71
72      if (cfg.put_string("path", PATH) != status::OK) {
73          cerr << pmemkv_errormsg() << endl;
74          exit(1);
```

```
 75        }
 76        if (cfg.put_uint64("force_create", 1) != status::OK) {
 77            cerr << pmemkv_errormsg() << endl;
 78            exit(1);
 79        }
 80        if (cfg.put_uint64("size", SIZE) != status::OK) {
 81            cerr << pmemkv_errormsg() << endl;
 82            exit(1);
 83        }
 84
 85
 86        // open the key-value store, using the cmap engine
 87        if (kv->open("cmap", std::move(cfg)) != status::OK) {
 88            cerr << db::errormsg() << endl;
 89            exit(1);
 90        }
 91
 92        // add some keys and values
 93        if (kv->put("key1", "value1") != status::OK) {
 94            cerr << db::errormsg() << endl;
 95            exit(1);
 96        }
 97        if (kv->put("key2", "value2") != status::OK) {
 98            cerr << db::errormsg() << endl;
 99            exit(1);
100        }
101        if (kv->put("key3", "value3") != status::OK) {
102            cerr << db::errormsg() << endl;
103            exit(1);
104        }
105
106        // iterate through the key-value store, printing them
107        kv->get_all(kvprint);
108
109        // stop the pmemkv engine
110        delete kv;
111
112        exit(0);
113    }
```

❑ 第 57 行：我们定义了一个小型辅助例程 kvprint()，它会在调用时显示键值对。

❑ 第 63 行：这是 main() 的第一行，每个 C++ 程序都从此处开始执行。

❑ 第 70 行：定义引擎所需的配置参数 config。第 72 行将参数 "path" 配置为 "/daxfs/ kvfile"，即 DAX（直接访问）文件系统上持久内存文件的路径，第 80 行将参数 "size" 设为 SIZE。第 3 章将介绍如何创建和挂载 DAX 文件系统。

❑ 第 87 行：打开 cmap 引擎，并且从 config 结构中提取 config 参数。其他类型的引擎将在第 9 章介绍。

☐ 第 93 行：我们将几个键值对添加到存储中。键值存储的标志是使用 put() 和 get() 等简单操作，此示例中仅显示 put()。

☐ 第 107 行：我们通过使用 get_all() 方法迭代整个键值存储，以便 get_all() 调用 kvprint() 例程时显示各个键值对。

1.1.1 有何区别

几乎每种编程语言都提供各种各样的键值库。列表 1-1 中的持久内存示例则有所不同，因为键值存储本身驻留在持久内存中。为了进行比较，图 1-1 显示了使用传统存储的键值存储结构。

当图 1-1 中的应用程序想从键值存储中提取一个值时，必须在内存中分配一个缓冲区以保存结果。这是因为值都保存在块存储上，应用程序无法直接寻址。访问值的唯一方法是将其放入内存中，实现这一点的唯一方法是从只能通过块 I/O 访问的存储设备中读取完整的数据块。现在看图 1-2，键值存储驻留在持久内存中，和我们的示例代码一样。

 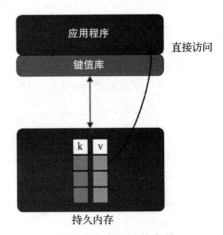

图 1-1　传统存储上的键值存储　　　　图 1-2　持久内存中的键值存储

由于是持久内存键值存储，应用程序可以直接访问值，无须事先在内存中分配缓冲区。列表 1-1 中的 kvprint() 例程可通过实际键和值的引用来直接调用，并直接具备持久性，这是传统存储无法实现的。实际上，存储在键值存储库中的数据结构甚至也可以直接访问。如果基于存储的键值存储库需进行小型更新，例如更新 64 字节，它必须将包含这些 64 字节的存储块读取到内存缓冲区中，更新 64 字节，然后写出整个存储块，以对其进行持久化。这是因为存储访问只能使用块 I/O 完成，通常一次访问 4K 字节（1K 字节 = 1000 字节），所以必须先读取 4K，然后写入 4K，才能完成更新 64 字节的任务。但借助持久内存，同样是更改 64 字节，只需直接写入 64 字节使其具备持久性即可[⊖]。

⊖　1GB = 10^3MB = 10^9KB，1GiB = 2^{10}MiB = 2^{20}KiB。——编辑注

1.1.2 性能差异

将数据结构从存储移至持久内存不仅意味着能够支持更小的 I/O，其中还存在着巨大的性能差异。为进行说明，图 1-3 显示了不同介质的延迟层级，程序中的数据可以在任何给定时间驻留在这些介质中。

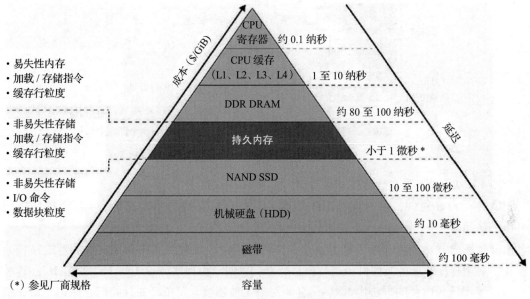

图 1-3　内存 / 存储层级金字塔及预估延迟

如金字塔所示，持久内存的延迟与内存相似（都为纳秒级），但它同时具备持久性。块存储具备持久性，延迟为微秒级甚至更高，具体取决于技术。持久内存的独特性在于，它同时兼具内存和存储的特性。

1.1.3 程序复杂性

也许在我们的示例中最重要的一点是，程序员仍然使用自身熟悉的、通常与键值存储相关的 get/put 接口。libpmemkv 提供高级 API 而无须考虑保存在持久内存中的数据结构。贯穿本书的原则是，只要满足应用程序的需求，就要尽可能使用最高抽象级别。我们首先介绍高级 API，后续章节将为有需求的程序员详细介绍更底层的 API。在最底层，若要直接编程原始持久内存，则必须非常熟悉硬件原子性、缓存刷新（cache flush）、事务等领域。libpmemkv 等高级库不考虑任何复杂性，并提供更简单且不易出错的接口。

1.1.4 libpmemkv 如何运行

后续章节会更详细地介绍 libpmemkv 等高级库背后所隐藏的复杂性，我们首先来看一下用于构建这种库的构建模块。图 1-4 显示了应用程序使用 libpmemkv 时所涉及的完整软件栈。

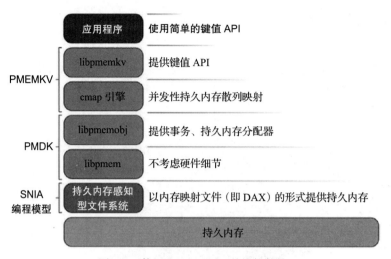

图 1-4 使用 `libpmemkv` 时的软件栈

图 1-4 从下至上共包含以下组件：

❑ 持久内存硬件，通常连接至系统内存总线，并通过通用内存加载 / 存储操作进行
访问。

❑ 持久内存感知型文件系统，这是一个内核模块，可将持久内存以文件的形式呈现给
应用程序。这些文件可以进行内存映射，以便应用程序直接访问（简称 DAX）。这种
呈现持久内存的方法由 SNIA（存储网络工业协会）发布，并且我们会在第 3 章详细
介绍。

❑ `libpmem` 库是 PMDK 的一部分，该库抽象了部分底层硬件细节，如缓存刷新指令。

❑ `libpmemobj` 是一种面向持久内存的具备完整功能的事务和分配库（第 7 章和第 8 章
将更加详细地介绍 `libpmemobj` 及其 C++ 同类语言）。如果没有找到所需的数据结构，
用户很有可能需要使用该库来实现所需的操作，如第 11 章所述。

❑ cmap 引擎，优化的面向持久内存的并发散列映射。

❑ `libpmemkv` 库，提供了列表 1-1 展示的 API。

❑ 最后是使用 `libpmemkv` 提供的 API 的应用程序。

尽管此处使用了多个组件，但这并不意味着每项操作都需要运行大量代码。部分组件
仅在初始设置期间使用。例如，使用持久内存感知型文件系统来查找持久内存文件和执行权
限检查，在此之后它就不再与应用程序的数据路径有关了。PMDK 库能够充分利用持久内
存所允许的直接访问特性。

1.2 后文提要

第 1 章至第 3 章将介绍程序员开始进行持久内存编程时所要了解的基本背景知识。我

们通过一个简单示例进行说明，接下来的两章将在硬件层和操作系统层详细介绍持久内存。后续的章节将为感兴趣的读者提供更加详细的内容。

　　由于我们当前的目标是帮助你快速开始编程，因此建议你阅读第 2 章和第 3 章了解基本背景知识，然后深入研究第 4 章，更加详细地了解持久内存编程示例。

1.3　总结

　　本章介绍了如何使用 libpmemkv 等高级 API 进行持久内存编程，让应用程序开发人员无须了解持久内存的复杂细节。相比基于块的存储，使用持久内存支持更细粒度的访问，并具备更高的性能。建议尽可能使用最高级、最简单的 API，只在必要时才使用复杂的更底层的持久内存编程 API。

持久内存架构

本章概述了持久内存架构，同时强调了开发人员需要了解的硬件要求和选择。

相比其他存储设备，可识别系统中的持久内存的应用程序具有更高的运行速度，因为该应用程序无须在 CPU 和更慢的存储设备之间来回传输数据。由于仅使用持久内存的应用程序可能比动态随机访问内存（DRAM）速度慢，因此应用程序应决定将哪些数据保存在DRAM、持久内存和存储设备中。

持久内存的容量预计比 DRAM 大数倍，因此，应用程序可原地存储与处理的数据量也会大得多。这显著减少了磁盘 I/O 的数量，有助于提升性能，降低对存储介质的损耗。

在未采用持久内存的系统上，必须对无法保存在 DRAM 中的大型数据集进行分段处理和流式传输。由于应用程序需停止以等待从磁盘分页或从网络流中传输数据，系统会出现处理延迟。

如果工作数据集的大小在持久内存和 DRAM 的容量范围内，那么应用程序就可以在内存中执行数据处理，而不需要执行检查点操作，或者对数据从存储中换入换出。这将显著提升性能。

2.1 持久内存的特性

每项新技术的兴起总会引发新的思考，持久内存也不例外。构建与开发解决方案时，请考虑以下特性：

❑ 持久内存的性能（吞吐量、延迟和带宽）远高于 NAND，但是可能低于 DRAM。

❑ 持久内存和 NAND 一样具备持久化的能力。不同于 NAND，持久内存很耐用。其耐用性通常比 NAND 高出多个数量级，并且在介质损耗殆尽前其寿命可以超过服务器。

❑ 持久内存模块的容量远大于 DRAM 模块，并且可以共享相同的内存通道。

❑ 支持持久内存的应用程序可原地更新数据，无须对数据进行序列化 / 反序列化处理。

❑ 持久内存可字节寻址（类似于内存）。应用程序可以只更新所需的数据，不会产生任何读取 – 修改 – 写入（read-modify-write，RMW）开销。

❑ 数据与 CPU 缓存保持一致。

❑ 持久内存可提供直接内存访问（direct memory access，DMA）和远程直接内存访问（remote direct memory access，RDMA）操作。

❑ 写入持久内存的数据不会在断电后丢失。

❑ 权限检查完成后，可以直接从用户空间访问持久内存上的数据。数据访问不经过任何内核代码、文件系统页缓存或中断。

❑ 持久内存上的数据可立即使用，也就是说：

- 系统通电后即可使用数据。
- 应用程序不需要花时间来预热缓存。它们可在内存映射后立即访问数据。
- 持久内存上的数据不占用 DRAM 空间，除非应用程序将数据复制到 DRAM，以便更快地访问数据。

❑ 写入持久内存模块的数据位于系统本地。应用程序负责在不同系统之间复制数据。

2.2 持久内存的平台支持

英特尔、AMD、ARM 等平台供应商将决定如何在最底层硬件实现持久内存。我们会尽量提供厂商中立观点，偶尔也会引用特定平台的详细信息。

对于采用持久内存的系统，故障原子性确保系统在断电或发生故障后始终可以恢复到一致状态。应用程序的故障原子性可通过日志记录、缓存刷新和对此操作进行排序的内存存储屏障来实现。无论是撤销还是重新执行日志记录，都可以在故障中断最后一个原子操作完成时确保原子性。刷新缓存可确保易失性缓存中的数据到达持久域，这样在突发故障时，数据便不会丢失。因为缓存和内存控制器可能对内存操作进行重新排序，内存存储屏障（例如 x86 架构上的 SFENCE 操作）有助于防止内存层级中潜在的乱序行为。例如，屏障确保在原地修改实际数据之前，将数据的撤销日志副本保存在持久内存中。这确保了在发生故障时可以回退到最后一个原子操作。但是，使用底层的操作（如写入日志、缓存刷新和屏障）将此故障原子性添加到用户应用程序中具有重要的意义。持久内存开发套件（PMDK）旨在帮助开发人员免于反复操作复杂的硬件。

由于大多数文件系统记录元数据日志并刷新至存储设备，因此故障原子性应该是读者比较熟悉的概念。

2.3 缓存层级

我们使用加载和存储操作读写持久内存，而不是使用基于数据块的 I/O 来读写传统存储。建议你阅读 CPU 架构文档中的深度介绍，因为每一代 CPU 都有可能引入新的特性、方法和优化。

以英特尔架构为例，CPU 缓存通常具有 3 个不同的层级：L1、L2 和 L3。各个层级的区别体现在与 CPU 核心的距离、速度和缓存大小。L1 缓存距离 CPU 最近。它的速度极快，但是容量很小。L2 和 L3 缓存的容量依次增大，但是速度相对较慢。图 2-1 展示了一个典型的具有 3 个缓存层级的 CPU 微架构和一个具有 3 个内存通道的内存控制器。每个内存通道都连接一个 DRAM 和持久内存。如果平台上的 CPU 缓存未包含在电源故障保护域中，那么在系统断电或崩溃后，CPU 缓存中未刷新至持久内存的修改数据将全部丢失。如果平台上的 CPU 缓存包含在电源故障保护域中，那么在系统崩溃或断电后，CPU 缓存中的修改数据将被刷新至持久内存。我们将在 2.4 节介绍这些要求与特性。

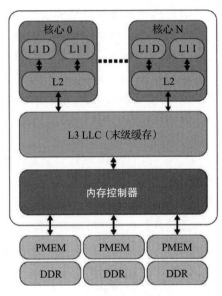

图 2-1 CPU 缓存和内存层级

L1（一级）缓存是计算机系统中最快的内存。在访问优先级方面，L1 缓存拥有 CPU 完成特定任务最有可能需要的数据。指令缓存和数据缓存处理有关 CPU 需执行的操作的信息，数据缓存则保存执行操作所需的数据。

相比 L1 缓存，L2（二级）缓存具有更大的容量和较低的速度。L2 缓存保存 CPU 下一步可能访问的数据。在大多数现代 CPU 中，L1 和 L2 缓存位于 CPU 核心上，每个核心都有专用的缓存。

L3（三级）缓存是最大的缓存，但也是 3 个层级中最慢的。它还是 CPU 所有核心间的共享资源，可进行内部分区，允许每个核心均具有专用的 L3 资源。

从 DRAM 或持久内存中读取的数据将通过内存控制器传输至 L3 缓存，然后传输至 L2 缓存，最后到达 L1 缓存，CPU 核心将使用 L1 缓存中的数据。当处理器执行操作时，首先尝试在 L1 缓存中查找数据。如果 CPU 没有在 L1 缓存中找到数据，将继续先后在 L2 和 L3 中搜索数据。如果 CPU 找到了数据，这种情况被称作缓存命中（cache hit）。如果 CPU 无法在 3 个层级中找到数据，将尝试从内存访问数据。缓存中未能找到数据的情况被称作缓存未命中（cache miss）。如果未能在内存中找到数据，操作系统需要将数据通过缺页操作从存储设备读至内存。

　　当 CPU 写入数据时，最初写入至 L1 缓存。根据 CPU 中正在进行的活动，在某个时间点，数据将从 L1 缓存中移出至 L2 缓存。数据可以进一步从 L2 缓存中移出至 L3 缓存，最终从 L3 缓存中移出到内存控制器的写入缓冲，然后被写入内存设备中。

　　在未采用持久内存的系统中，应用程序将数据写入固态盘、机械硬盘、SAN、NAS 等非易失性存储设备或者云端的卷中，以长久地保存数据。这有助于防止应用程序或系统崩溃导致数据丢失。关键数据可使用 msync()、fsync()、fdatasync() 等调用手动刷新，这样未提交的脏页（dirty page）将会从易失性内存刷新至非易失性存储设备。文件系统提供的 fdisk 或 chkdsk 程序可以在必要时检查并修复受损的文件系统。文件系统无法保护用户数据免受损坏数据块的影响。应用程序有责任检测并从中恢复。这就是为什么数据库会使用事务（transaction）更新、重做（redo）/ 撤销（undo）日志和校验和（checksum）等各种技术。

　　应用程序将持久内存地址范围直接映射到其内存地址空间。因此，应用程序必须承担检查与保证数据完整性的责任。本章的剩余部分将介绍用户在持久内存环境中的责任，以及如何实现数据一致性与完整性。

2.4　电源故障保护域

　　一个计算机系统可能包含一个或多个 CPU、易失性的内存模块、持久内存模块和非易失性存储设备，如固态盘或机械硬盘。

　　系统平台硬件支持持久域的概念，即电源故障保护域（power-fail protected domain）。根据平台的不同，持久域可能包括持久内存控制器和其写入队列、内存控制器写入队列以及 CPU 缓存。数据到达持久域后，在系统重新启动的过程中，数据是可以恢复的。也就是说，如果数据位于受电源故障保护的硬件写入队列或缓冲区内，应用程序可以认为这些数据已经持久化了。例如，如果发生断电，将使用储存电量从电源故障保护域中刷新数据，平台应保证此操作的电力供应。未达到保护域的数据将丢失。

　　同一个系统内可能存在多个持久域，例如具有多个物理 CPU 的系统。系统还会提供对平台资源进行分区的机制，以实现隔离。在进行隔离时，每个合规的卷或文件系统必须确保符合 SNIA NVM 编程模型的行为。（第 3 章将介绍适用于操作系统和文件系统的编程模型。2.8 节介绍了应用程序检测平台功能（包括电源故障保护域）时所应执行的逻辑。后续章节深入探讨了应用程序按需刷新数据的原因、方式及时间，以确保保护域和持久内存中的数据安全无虞。）

　　在计算机系统断电后，易失性内存将丢失其内容。与非易失性存储设备一样，持久内存即使在系统断电时也能保留其内容。以物理方式保存到持久内存介质的数据被称作静态数据。而动态数据具有以下特性：

　　❑ 被发送至持久内存设备，但是仍未以物理方式提交到介质的写入

❏ 任何正在进行中，但是尚未完成的写入

❏ 被临时缓冲或缓存至 CPU 缓存或内存控制器的数据

正常重启或关闭系统时，系统会保持通电，并刷新 CPU 缓存和内存控制器中的所有内容，从而将所有动态或未提交数据成功写入持久内存或非易失性存储。发生意外电源故障时，假设不间断电源（UPS）不可用，系统电源和周围的电容器中必须具有足够的储存电量才能在电量完全耗尽之前刷新数据。未刷新的数据将丢失，并且无法恢复。

异步内存刷新（Asynchronous DRAM Refresh，ADR）是英特尔产品支持的一项特性，可刷新写入保护的数据缓冲区并将 DRAM 置于自刷新状态。该进程在断电或系统崩溃期间至关重要，可确保数据在持久内存上处于安全、一致的状态。默认情况下，ADR 不会刷新处理器缓存。支持 ADR 的平台仅包含持久内存和持久域中内存控制器的写入挂起队列（Write Pending Queue，WPQ）。因此，应用程序必须使用 CLWB、CLFLUSHOPT、CLFLUSH、非临时性存储（non-temporal store）或 WBINVD 机器指令刷新 CPU 缓存中的数据。

增强异步内存刷新（enhanced ADR，eADR）要求调用不可屏蔽中断（NMI）例程，以便在 ADR 事件开始之前刷新 CPU 缓存。在 eADR 平台上运行的应用程序不需要执行刷新操作，因为硬件应自动刷新数据，但是它们仍需执行 SFENCE 操作，以确保正确的写入顺序。只有 SFENCE 支持的全局可见存储才被视为持久存储。

图 2-2 显示了 ADR 和 eADR 持久域。

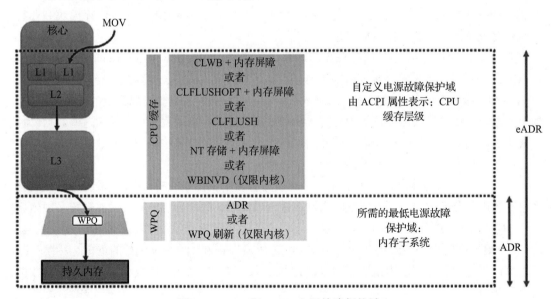

图 2-2　ADR 和 eADR 电源故障保护域

ADR 是持久内存在平台方面的一个强制性要求。写入数据后，内存控制器中的写入挂起队列确认收到数据。虽然数据尚未到达持久介质，但是支持 ADR 的平台可确保在发生断电事件时能够成功写入数据。在系统崩溃或断电期间，只有平台支持 eADR 才能保证

CPU 缓存中的数据可以被刷新至持久介质。如果平台仅支持 ADR，CPU 缓存中的数据将丢失。

　　将 CPU 缓存纳入持久域的挑战在于 CPU 缓存非常大，其消耗的电量远高于一般电源中电容实际上可以提供的电量。因此，平台需要包含电池或利用外部不间断电源。为支持持久内存的每台服务器配备一块电池一般来说不现实，或性价比不高。电池的生命周期通常比服务器要短，这将产生额外的维护任务，从而降低服务器的正常运行时间。使用电池还会对环境造成影响，因为必须正确地处置或回收电池。对于服务器或设备 OEM 厂商来说在其产品中配备电池是完全可行的。

　　由于某些设备和服务器厂商计划使用电池，并且平台未来将把 CPU 缓存纳入持久域，因此 ACPI 提供了一种属性，允许 BIOS 在 CPU 刷新被跳过时通知软件。在包含 eADR 的平台上，无须手动刷新缓存行。

2.5　刷新、排序和屏障操作的需求

　　除了 WBINVD（一种仅限内核模式的操作）外，英特尔和 AMD CPU 的用户空间支持表 2-1（详见 2.7 节）中的机器指令。英特尔采用 SNIA NVM 编程模型来处理持久内存。该模型支持使用可字节寻址的操作（即加载 / 存储）进行直接访问（DAX）。但是，在数据进入持久域之前，无法保证缓存中的数据持久性。x86 架构提供了一组以更优方式刷新缓存行的指令。除了现有的 x86 指令（例如非临时存储 CLFLUSH 和 WBINVD）之外，还添加了两个新指令：CLFLUSHOPT 和 CLWB。这两个新指令执行之后必须使用 SFENCE，以确保所有刷新完成后再继续。用户空间支持使用 CLWB、CLFLUSHOPT 或 CLFLUSH 刷新缓存行以及使用非临时存储。每种机器指令的详细信息请参见架构的软件开发人员手册。例如，在英特尔平台上，该信息可在英特尔 64 和 32 位架构软件开发人员手册（https://software.intel.com/en-us/articles/intel-sdm）中找到。

　　非临时存储表示写入的数据不会立即被再次读取，因此我们将绕过 CPU 缓存。也就是说数据不存在时间局部性，因此，将数据保存在处理器的缓存中并无益处。如果在缓存中存储了这些数据，并替换了其他有用的数据，将对性能产生影响。

　　直接从用户空间刷新至持久内存无须调用内核，这极大地提高了效率。在 SNIA 持久内存编程模型规范中，该特性被称作优化刷新。规范文档[⊖]将优化刷新描述为可选的平台支持功能，具体取决于硬件和操作系统支持。无论 CPU 是否支持，当操作系统显示可以安全使用优化刷新时，应用程序必须使用优化刷新。例如，在需要将文件系统元数据的更改作为msync() 操作的一部分写入时，操作系统可能需要提供 msync() 等调用的控制点。

　　为了更好地了解指令操作顺序，我们以一个非常简单的链表为例。以下伪代码通过 3个简单步骤，将新节点添加至已包含两个节点的原有链表。具体步骤如图 2-3 所示。

⊖　SNIA NVM 编程模型规范网址为 https://www.snia.org/tech_activities/standards/ curr_standards/npm。

1）创建新节点（节点2）。

2）更新节点指针（下一个指针），以指向列表中的最后一个节点（节点2→节点1）。

3）更新头指针，以指向新节点（头指针→节点2）。

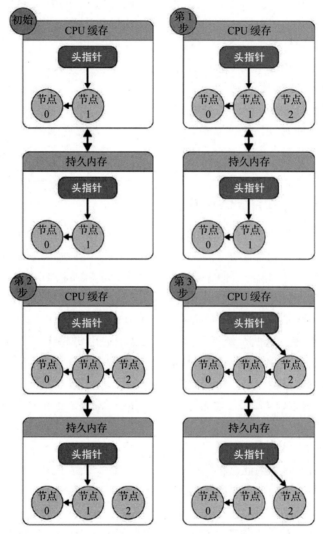

图2-3 不采用存储屏障的情况下在现有链表上添加新节点

图2-3（第3步）显示已在CPU缓存版本中更新头指针，但是尚未在持久内存中更新节点2至节点1的指针。这是因为硬件可以选择提交哪些缓存行，而顺序可能与源代码流不匹配。如果系统或应用程序在此时崩溃，持久内存将处于不一致状态，数据结构将不再可用。

为了解决该问题，我们引入了内存存储屏障，以保持写入操作的顺序（见图2-4）。从相同的初始状态开始，伪代码如下所示：

1）创建新节点。

2）更新节点指针（下一个指针），以指向列表中的最后一个节点（节点 2 →节点 1），同时执行一个存储屏障操作。

3）更新头指针，以指向新节点（头指针→节点 2）。

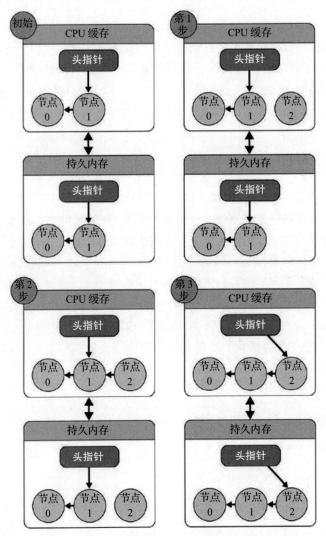

图 2-4　使用存储屏障在现有链表中添加新的节点

图 2-4 显示添加存储屏障后，代码可以按预期方式运行，并且在易失性 CPU 缓存和持久内存中保持一致的数据结构。我们可以看到在第 3 步，存储屏障操作在更新头指针之前等待节点 2 至节点 1 的指针更新。CPU 缓存中的更新匹配持久内存版本，因此它目前全局可

见。这是一种解决问题的简单方法，因为存储屏障不提供原子性或数据完整性。完整的解决方案还应使用事务，确保以原子方式更新数据。

当内存池打开时，PMDK 检测平台、CPU 和持久内存特性，然后使用最优的指令和内存屏障操作保持写入顺序。(内存池是被内存映射至进程地址空间的文件，后续章节将提供详细介绍。)

为了帮助应用程序开发人员降低硬件开发的复杂性，也不必研究与实现特定于每个平台或设备的代码，libpmem 库提供了一种函数，以告知应用程序何时可以安全使用优化刷新，以及何时回退到将存储刷新至内存映射文件的标准方式。

为了简化编程，我们鼓励开发人员使用 PMDK 中的 libpmem 等库。libpmem 库还可以检测带电池平台的状况，将刷新调用自动转换为简单的 SFENCE 指令。第 5 章详细介绍了 PMDK 中的核心库，后续章节会更深入地探讨每一种库，以帮助你了解其 API 和特性。

2.6 数据可见性

数据何时对其他进程或线程可见，以及数据何时在持久域中安全可用，对于了解何时在应用程序中使用持久内存至关重要。在图 2-2 和图 2-3 的示例中，CPU 缓存中的数据更新将对其他进程或线程可见。可见性通常并不等同于持久性，对持久内存做的修改通常在实现持久性之前，对系统中的其他运行线程可见。可见性在持久内存和普通 DRAM 中的运行方式完全相同，遵循特定平台的内存模式排序与可见性规则 (请参见英特尔软件开发手册，了解英特尔平台的可见性规则)。可通过 3 种方式实现更改的持久性：调用用于实现持久性的标准存储 API (Linux 上的 msync 或 Windows 上的 FlushFileBuffers)，在支持的情况下使用优化刷新，或者在 CPU 缓存被认为是持久性的平台上实现可见性。这是我们使用刷新和屏障操作的一个原因。

C 语言伪代码示例如下所示：

```
open()   // Open a file on a file system
...
mmap()   // Memory map the file
...
strcpy() // Execute a store operation
...      // Data is globally visible
msync()  // Data is now persistent
```

持久内存的开发遵循几十年来的模式。

2.7 用于持久内存的英特尔机器指令

在支持 ADR 的英特尔和 AMD 平台上，执行英特尔 64 和 32 位架构存储指令不足以确保数据的持久性，因为数据可能无限期保留在 CPU 缓存中，并且可能因断电而丢失。为了使存储具有持久性，需要执行额外的缓存刷新指令。重要的是，可以从用户空间调用这些非特权缓存刷新指令，这意味着应用程序需要决定刷新和调用屏障的时间与位置。表 2-1 总结了每种指令。更多详细信息请访问英特尔 64 和 32 位架构软件开发人员手册（https://software.intel.com/en-us/articles/intel-sdm）。

表 2-1　用于持久内存的英特尔架构指令

操作码	说　明
CLFLUSH	该指令被多代 CPU 支持，可用于刷新单个缓存行。该指令为序列化指令，多个 CLFLUSH 指令只能依次执行，无并发性
CLFLUSHOPT（SFENCE 紧随其后）	该指令是为支持持久内存而新引入的指令，类似于 CLFLUSH，但是并未序列化。如需刷新一个范围，软件针对该范围的每个 64 字节缓存行执行 CLFLUSHOPT 指令，然后执行单个 SFENCE 指令，以确保继续操作之前完成刷新。CLFLUSHOPT 因优化而得名，可在连续执行多个 CLFLUSHOPT 指令时允许一定的并发性
CLWB（SFENCE 紧随其后）	CLWB 的作用与 CLFLUSHOPT 类似，唯一的不同是这些缓存行数据可能在 CPU 缓存中依然有效，但是由于已被刷新，这些数据不再是脏的缓存行。如果稍后再次访问这些数据，这将有助于增加缓存命中率
非临时存储（SFENCE 紧随其后）	该特性在 x86 CPU 中已存在多时。这些存储"合并写入"（write combining）并且绕过 CPU 缓存。使用非临时存储不需要刷新缓存，但是仍需最后的 SFENCE 指令，以确保存储能够到达持久域
SFENCE	对在 SFENCE 指令之前发布的所有存储到内存的指令执行序列化操作。该序列化操作确保按程序顺序在 SFENCE 指令之前的每个存储指令均全局可见。SFENCE 指令根据存储指令、其他 SFENCE 指令、任何 MFENCE 指令和任何序列化指令（例如 CPUID 指令）进行排序。它不是根据加载指令或 LFENCE 指令排序的
WBINVD	此"仅限内核模式"指令刷新并使在 CPU 上执行的所有缓存行失效。在所有 CPU 上执行该指令后，持久内存的所有存储将位于持久域，但是所有缓存行均无效，这会影响性能。此外，向每个 CPU 发送消息以执行该指令的开销十分巨大。为此，内核只能使用 WBINVD 来刷新非常大的范围（至少数兆字节）

　　开发人员应重点关注可用的 CLWB 和非临时存储指令，必要时回退至其他指令。为了提供完整信息，表 2-1 列出了这些指令。

2.8　检测平台功能

　　服务器平台、CPU 和持久内存特性与功能通过 BIOS 和 ACPI 暴露给操作系统，应用程序可以查询 BIOS 和 ACPI。用户不应假设应用程序在已实现所有优化的硬件上运行。即使物理硬件支持这些特性，虚拟化技术也可能不会将其提供给用户，或者操作系统可能无法实现它。因此，开发人员应该使用 PMDK 中的库来执行所需的特性检查，或在应用程序代码库中实现检查。

图 2-5 展示了 libpmem 实现的流程，该流程首先验证内存映射文件（被称作内存池），该文件驻留在启用 DAX 特性的文件系统中，其后端是物理的持久内存。第 3 章更加详细地介绍了 DAX。

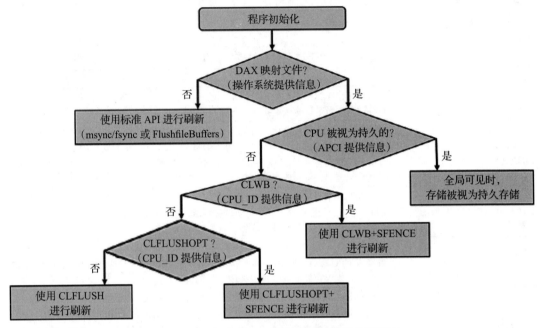

图 2-5　展示应用程序如何检测平台特性的流程图

在 Linux 上，可使用 "-o dax" 选项挂载 XFS 或 ext4 文件系统，从而实现直接访问。在 Microsoft Windows 上，使用 DAX 选项创建与格式化卷时，NTFS 将启用 DAX。如果文件系统未启用 DAX，应用程序将回退至使用 msync()、fsync() 或 FlushFileBuffers() 的传统方法。如果文件系统启用了 DAX，下一个检查是通过验证 CPU 缓存是否被视为持久的来确定平台是否支持 ADR 或 eADR。在 CPU 缓存被视为持久的 eADR 平台上，无须执行其他操作。所有写入数据都将被视为持久数据，因此无须执行任何刷新，这是一项显著的性能优化。在 ADR 平台上，后面紧接着是根据前文介绍的英特尔机器指令来确定最佳的刷新操作。

2.9　应用程序启动与恢复

除了检测平台特性之外，应用程序还应验证平台是否曾正常或异常终止与重启。图 2-6 展示了持久内存开发套件执行的检查。

某些持久内存设备（如英特尔傲腾持久内存）提供智能计数器，系统可通过查询计数器来检查健康状态。libpmemobj 等多个库可查询 BIOS、ACPI、OS 和持久内存模块信息，然后执行必要的验证步骤，以决定优先使用哪个刷新操作。

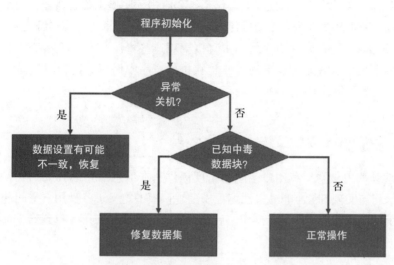

图 2-6　应用程序启动和恢复流程

如前文所述，如果系统断电，电源和平台内应有充足的储存电量才能成功刷新内存控制器 WPQ 和持久内存设备上写入缓冲的内容。成功完成后，数据将被视作一致性数据。如果该过程失败，在成功刷新所有数据之前存储的电量已全部耗尽，那么持久内存模块将报告异常关机（dirty shutdown）。异常关机表示设备上的数据可能不一致。最终可能需要从备份中恢复数据。有关该流程的更多信息以及发送的错误和信号，请参见你的平台或持久内存设备的 RAS（可靠性、可用性和可维护性）文档。第 17 章将进一步探讨这一点。

假设未显示异常关机，应用程序应检查持久内存介质是否报告了任何已知中毒数据块（请参见图 2-6）。中毒数据块是指物理介质上的已知坏区。

如果应用程序不在启动时检查这些状态，介质的持久性可能使其陷入无限循环，例如：

1）应用程序启动。

2）读取内存地址。

3）出现中毒。

4）崩溃或系统崩溃并重启。

5）从中断的地方开始并继续操作。

6）在触发上一次重启的同一内存地址上执行读取。

7）应用程序或系统崩溃。

8）……

9）无限重复，直到人工干预。

ACPI 规范定义了操作系统实施的地址范围擦除（Address Range Scrub，ARS）操作。这支持操作系统在持久内存的地址范围内执行后台扫描操作。系统管理员可以手动启动

ARS。目标是在应用程序之前识别坏内存区域或潜在的坏内存区域。如果 ARS 发现了一个问题，硬件将向可以正常使用和处理的操作系统和应用程序提供状态通知。如果坏地址范围包含数据，可以采用某些方法来重新构建或还原数据。第 17 章将更加详细地介绍 ARS。

开发人员可以随时在应用程序代码中直接实现这些特性。但是，PMDK 中的库可以处理这些复杂的状况，这些库和稳定的 API 将在每代产品中保留。这为用户提供了面向未来的选项，而且绕开了每款 CPU 或持久内存产品的复杂性。

2.10　后文提要

第 3 章继续从内核空间和用户空间的角度提供基本信息，介绍 Linux 和 Windows 等操作系统如何采用与实现 SNIA 非易失性编程模型，该模型定义了各种用户空间和支持持久内存的操作系统内核组件之间的推荐操作。后续章节的内容建立在第 1 章到第 3 章的基础上。

2.11　总结

本章定义了持久内存及其特性，回顾了 CPU 缓存的工作原理，介绍了直接访问持久内存的应用程序负责刷新 CPU 缓存的重要性。我们主要介绍了硬件实现。用户库（例如 PMDK 提供的用户库）负责架构和特定于硬件的操作，并支持开发人员使用简单的 API 来实现它们。后续章节将更加详细地介绍 PMDK 库，并展示如何在应用程序中使用这些库。

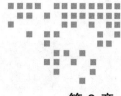

持久内存的操作系统支持

本章介绍操作系统如何将持久内存作为平台资源进行管理，以及那些为应用程序使用持久内存提供的选项。我们首先对比常见计算机架构中的内存和存储，然后介绍操作系统针对持久内存进行了哪些扩展。

3.1 内存和存储的操作系统支持

图 3-1 显示了操作系统如何管理存储和易失性内存。如图所示，易失性主内存通过内存总线直连 CPU。操作系统管理从内存区域到应用程序可见的内存地址空间的直接映射。运行速度通常比 CPU 慢得多的存储则通过 I/O 控制器连接到系统。操作系统通过加载至其 I/O 子系统中的设备驱动程序模块来处理对存储的访问。

应用程序直接访问易失性内存与操作系统 I/O 访问存储设备的组合，构成了编程入门课中教授的大多数通用应用程序编程模型的基础。在此组合模型中，开发人员分配数据结构，并在内存中以字节粒度在数据结构上执行操作。如果应用程序想保存数据，就会使用标准文件 API 系统调用将数据写入打开的文件中。在操作系统内部，文件系统通过对存储设备执行一项或多项 I/O 操作来执行此类写入操作。由于这些 I/O 操作的速度通常比 CPU 慢得多，因此操作系统通常会将应用程序挂起，直至 I/O 完成。

相比之下，持久内存可以被应用程序直接访问，并将数据执行就地持久化，因此可以让操作系统支持一种全新的编程模型，在提供媲美内存的高性能的同时，像非易失性存储设备一样持久存储数据。对开发人员而言幸运的是，在第一代持久内存还处于开发阶段时，Microsoft Windows 和 Linux 设计师、架构师和开发人员已与存储网络工业协会（SNIA）合作定义了一个通用编程模型，因此本章介绍的持久内存用法适用于这两种操作系统。更多详情请查阅 SNIA NVM 编程模型规范（https://www.snia.org/ tech_activities/standards/curr_standards/npm）。

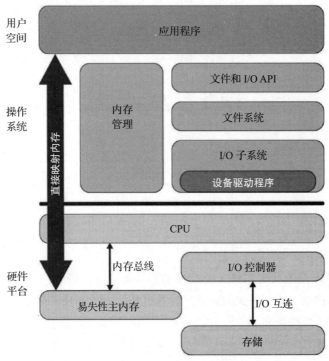

图 3-1　操作系统中的存储和易失性内存

3.2　持久内存用作块存储

　　操作系统面向持久内存的第一个扩展是，它能够检测是否存在持久内存模块，并将设备驱动程序加载到操作系统的 I/O 子系统中，如图 3-2 所示。非易失性双列直插式内存模块（NVDIMM）驱动程序具有两项重要功能。首先，它为系统管理员提供了管理程序接口，用于配置和监控持久内存硬件的状态。其次，它具有类似于存储设备驱动程序的功能。

　　NVDIMM 驱动程序将持久内存作为快速块存储设备呈现给应用程序和操作系统模块。这意味着应用程序、文件系统、卷管理器和其他存储中间件层可以不经修改，像当前使用存储那样使用持久内存。

　　图 3-2 还显示了块转换表（Block Translation Table，BTT）驱动程序，我们可以选择是否将该程序配置在 I/O 子系统中。传统机械硬盘（HDD）和固态盘（SSD）的原生块大小分别为 512 和 4K 字节，这也是两种常见的原生块大小。一些存储设备，尤其是 NVMe 固态盘，可以保证当某个块存储写入正在进行时，如果出现电源故障或服务器故障，则所有正在被写入的数据块要不都被写入，要不全部没有写入。将持久内存用作块存储设备时，BTT

驱动程序也能提供相同的保证。尽管操作系统还为应用程序提供了绕过 BTT 驱动程序的选项，以实现自身针对部分块更新的保护。大多数应用程序和文件系统都依赖于这种原子写入保证，所以应配置为使用 BTT 驱动程序。

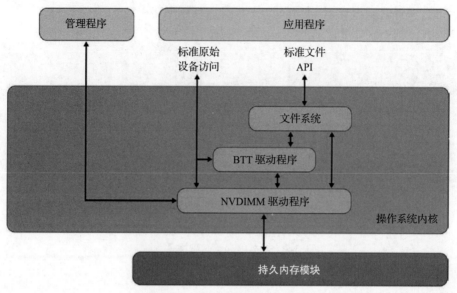

图 3-2　持久内存用作块存储

3.3　持久内存感知型文件系统

操作系统的另一项扩展是支持文件系统感知并针对持久内存进行优化。能够支持持久内存感知的文件系统包括 Linux ext4 和 XFS，以及 Microsoft Windows NTFS。如图 3-3 所示，这些文件系统既可以使用 I/O 子系统中的块驱动程序（如上文所述），也可以绕过 I/O 子系统，直接将持久内存用作可字节寻址加载 / 存储的内存，以最快、最短的路径访问存储在持久内存中的数据。除了清除了传统的 I/O 操作外，这条路径使得小数据块写入的执行速度比传统块存储设备更快，因为相比之下，传统块存储设备要求文件系统读取设备的原生块大小，修改块，然后将整个数据块写回到设备。

这些持久内存感知型文件系统⊖继续向应用程序提供熟悉的标准文件 API，包括 open、close、read 和 write 系统调用。这样应用程序可以继续使用熟悉的文件 API，同时发挥持

⊖　关于持久内存感知型文件系统，读者可参考以下网站：

1）https://nvdimm.wiki.kernel.org/

2）https://docs.pmem.io/ndctl-user-guide/managing-namespaces

3）https://access.redhat.com/documentation/en-us/red_hat_enterprise_linux/7/html/storage_administration_guide/configuring-persistent-memory-for-file-system-direct-access-dax

——译者注

久内存更高的性能。

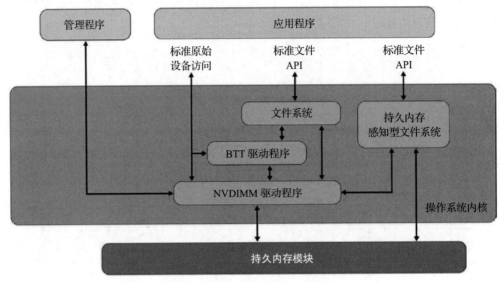

图 3-3　持久内存感知型文件系统

3.4　内存映射文件

在介绍支持使用持久内存的其他操作系统选项之前，本节先回顾一下 Linux 和 Windows 中的内存映射文件。当内存映射到文件时，操作系统向应用程序虚拟地址空间增加一个内存区间，它对应到文件的一个区间，可以根据需要将文件通过缺页中断链接到物理内存中。这使得应用程序以可字节寻址的方式，按内存数据结构的形式访问和修改文件数据。它还可以提升性能和简化应用程序开发流程，尤其是对于那些对文件数据频繁进行小型更新的应用程序而言。

应用程序内存映射文件的方法是：首先打开文件，然后将生成的文件句柄作为参数传递给 Linux 中的 mmap() 系统调用或 Windows 中的 MapViewOfFile()。两种操作系统都会返回一个指针，指向部分文件的内存副本。列表 3-1 显示了 Linux C 的代码示例，该示例使用内存映射文件，像访问内存那样将数据写入文件，然后使用 msync 系统调用执行 I/O 操作，以将修改的数据写入存储设备上的文件。列表 3-2 显示的是在 Windows 上执行的同等操作。下面我们重点介绍这两个代码示例中的关键步骤。

列表 3-1　mmap_example.c —— Linux 中的内存映射文件示例

```
50  #include <err.h>
51  #include <fcntl.h>
52  #include <stdio.h>
53  #include <stdlib.h>
54  #include <string.h>
```

```
55  #include <sys/mman.h>
56  #include <sys/stat.h>
57  #include <sys/types.h>
58  #include <unistd.h>
59
60  int
61  main(int argc, char *argv[])
62  {
63      int fd;
64      struct stat stbuf;
65      char *pmaddr;
66
67      if (argc != 2) {
68          fprintf(stderr, "Usage: %s filename\n",
69              argv[0]);
70          exit(1);
71      }
72
73      if ((fd = open(argv[1], O_RDWR)) < 0)
74          err(1, "open %s", argv[1]);
75
76      if (fstat(fd, &stbuf) < 0)
77          err(1, "stat %s", argv[1]);
78
79      /*
80       * Map the file into our address space for read
81       * & write. Use MAP_SHARED so stores are visible
82       * to other programs.
83       */
84      if ((pmaddr = mmap(NULL, stbuf.st_size,
85                  PROT_READ|PROT_WRITE,
86                  MAP_SHARED, fd, 0)) == MAP_FAILED)
87          err(1, "mmap %s", argv[1]);
88
89      /* Don't need the fd anymore because the mapping
90       * stays around */
91      close(fd);
92
93      /* store a string to the Persistent Memory */
94      strcpy(pmaddr, "This is new data written to the
95              file");
96
97      /*
98       * Simplest way to flush is to call msync().
99       * The length needs to be rounded up to a 4k page.
100      */
101     if (msync((void *)pmaddr, 4096, MS_SYNC) < 0)
102         err(1, "msync");
```

```
103
104     printf("Done.\n");
105     exit(0);
106  }
```

- □ 第 67 ～ 74 行：验证调用程序是否传递了一个可以打开的文件名称。如果不存在，open 调用将创建文件。
- □ 第 76 行：检索文件统计信息，以便在内存映射文件时使用该长度。
- □ 第 84 行：将文件映射到应用程序的地址空间中，以便程序像在内存中一样访问相关内容。在第二个参数中，我们传递文件长度，请求 Linux 用整个文件初始化内存。我们还将文件映射为具有 READ 和 WRITE 访问权限，并使其成为 SHARED 文件，以便其他进程映射同一个文件。
- □ 第 91 行：文件映射完成后，将不再需要文件描述符。
- □ 第 94 行：借助 mmap 返回的指针，可以像访问内存那样将数据写入文件中。
- □ 第 101 行：将新写入的字符串刷新到后备存储设备中。

列表 3-2 显示了一个 C 代码示例，内存映射一个文件，将数据写入文件，然后使用 FlushViewOfFile() 和 FlushFileBuffers() 系统调用将修改的数据刷新到存储设备上的文件中。

列表 3-2　Windows 中的内存映射文件示例

```
45  #include <fcntl.h>
46  #include <stdio.h>
47  #include <stdlib.h>
48  #include <string.h>
49  #include <sys/stat.h>
50  #include <sys/types.h>
51  #include <Windows.h>
52
53  int
54  main(int argc, char *argv[])
55  {
56      if (argc != 2) {
57          fprintf(stderr, "Usage: %s filename\n",
58              argv[0]);
59          exit(1);
60      }
61
62      /* Create the file or open if the file exists */
63      HANDLE fh = CreateFile(argv[1],
64          GENERIC_READ|GENERIC_WRITE,
65          0,
66          NULL,
67          OPEN_EXISTING,
```

```
68        FILE_ATTRIBUTE_NORMAL,
69        NULL);
70
71    if (fh == INVALID_HANDLE_VALUE) {
72        fprintf(stderr, "CreateFile, gle: 0x%08x",
73            GetLastError());
74        exit(1);
75    }
76
77    /*
78     * Get the file length for use when
79     * memory mapping later
80     * */
81    DWORD filelen = GetFileSize(fh, NULL);
82    if (filelen == 0) {
83        fprintf(stderr, "GetFileSize, gle: 0x%08x",
84            GetLastError());
85        exit(1);
86    }
87
88    /* Create a file mapping object */
89    HANDLE fmh = CreateFileMapping(fh,
90        NULL, /* security attributes */
91        PAGE_READWRITE,
92        0,
93        0,
94        NULL);
95
96    if (fmh == NULL) {
97        fprintf(stderr, "CreateFileMapping,
98            gle: 0x%08x", GetLastError());
99        exit(1);
100    }
101
102    /*
103     * Map into our address space and get a pointer
104     * to the beginning
105     * */
106    char *pmaddr = (char *)MapViewOfFileEx(fmh,
107        FILE_MAP_ALL_ACCESS,
108        0,
109        0,
110        filelen,
111        NULL); /* hint address */
112
113    if (pmaddr == NULL) {
114        fprintf(stderr, "MapViewOfFileEx,
115            gle: 0x%08x", GetLastError());
```

```
116        exit(1);
117    }
118
119    /*
120     * On windows must leave the file handle(s)
121     * open while mmaped
122     * */
123
124    /* Store a string to the beginning of the file  */
125    strcpy(pmaddr, "This is new data written to
126        the file");
127
128    /*
129     * Flush this page with length rounded up to 4K
130     * page size
131     * */
132    if (FlushViewOfFile(pmaddr, 4096) == FALSE) {
133        fprintf(stderr, "FlushViewOfFile,
134            gle: 0x%08x", GetLastError());
135        exit(1);
136    }
137
138    /* Flush the complete file to backing storage */
139    if (FlushFileBuffers(fh) == FALSE) {
140        fprintf(stderr, "FlushFileBuffers,
141            gle: 0x%08x", GetLastError());
142        exit(1);
143    }
144
145    /* Explicitly unmap before closing the file */
146    if (UnmapViewOfFile(pmaddr) == FALSE) {
147        fprintf(stderr, "UnmapViewOfFile,
148            gle: 0x%08x", GetLastError());
149        exit(1);
150    }
151
152    CloseHandle(fmh);
153    CloseHandle(fh);
154
155    printf("Done.\n");
156    exit(0);
157  }
```

❑ 第 45 ~ 75 行：和上文的 Linux 示例一样，提取通过 argv 传递的文件名称，并打开
该文件。

❑ 第 81 行：获得文件大小，以便稍后在内存映射时使用。

❑ 第 89 行：通过创建文件映射，执行内存映射文件的第一步。该步骤还没有将文件映

射到应用程序的内存空间中。
- ❑ 第 106 行：该步骤将文件映射到内存空间中。
- ❑ 第 125 行：和上文的 Linux 示例一样，将字符串写到文件的开头，像内存那样访问文件。
- ❑ 第 132 行：将修改的内存页刷新到后端存储中。
- ❑ 第 139 行：将整个文件刷新到后备存储中，包括 Windows 维护的所有其他文件元数据。
- ❑ 第 146 ～ 157 行：取消映射文件，关闭文件，然后退出程序。

图 3-4 显示了应用程序在 Linux 上调用 mmap() 或在 Windows 上调用 CreateFileMapping() 时操作系统的内部运行情况。操作系统从内存页缓存中分配内存，将该内存映射到应用程序的地址空间，并通过存储设备驱动程序创建文件关联。

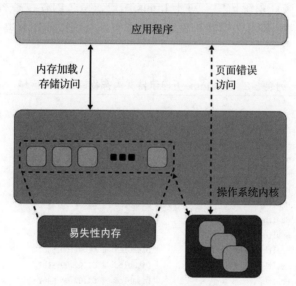

图 3-4　基于存储的内存映射文件

在应用程序读取内存中的文件页时，如果这些页面不在内存中，则会向操作系统抛出一个缺页异常，然后操作系统会通过存储 I/O 操作，将该页读入主内存。操作系统还会跟踪对这些内存页的写入，并调度异步 I/O 操作，以将数据更改写回到存储设备上的主文件中。或者，像在代码示例中所实现的操作一样，如果应用程序想在继续执行后续步骤之前确保更新被写回存储，Linux 上的 msync 系统调用或 Windows 上的 FlushViewOfFile 会执行磁盘刷新，这可能会导致操作系统将程序挂起，直至写入操作完成，与前文所述的文件写入操作类似。

对使用存储的内存映射文件的这种描述突出了它所存在的一些缺点。第一，主内存中一部分有限的内核内存页缓存用于存储文件副本。第二，对于无法完全放入内存的文件，在操作系统通过 I/O 操作在内存和存储之间传输内存页的过程中，应用程序可能随时遭遇不可预测的暂停。第三，在写回到存储之前，内存副本更新不具备持久性，因此发生故障时可能会丢失。

3.5　持久内存直接访问

操作系统中的持久内存直接访问特性（在 Linux 和 Windows 中被称为 Direct Access，DAX）使用前文所述的内存映射文件接口，但却能充分利用持久内存的原生功能，既能存储数据，又能用作内存。持久内存可以原生地映射成应用程序内存，因此操作系统无须在易失性主内存中缓存文件。

为了使用 DAX，系统管理员需要在持久内存模块上创建一个文件系统，并将该文件系统挂载在操作系统的文件系统树中。对于 Linux 用户，持久内存设备将显示为 /dev/pmem* 设备特殊文件。若要显示持久内存物理设备，系统管理员可以使用列表 3-3 和列表 3-4 中的 ndctl 和 ipmctl 程序。

列表 3-3　在 Linux 上显示持久内存物理设备和区域

```
# ipmctl show -dimm

DimmID | Capacity  | HealthState | ActionRequired | LockState | FWVersion
==========================================================================
0x0001 | 252.4 GiB | Healthy     | 0              | Disabled  | 01.02.00.5367
0x0011 | 252.4 GiB | Healthy     | 0              | Disabled  | 01.02.00.5367
0x0021 | 252.4 GiB | Healthy     | 0              | Disabled  | 01.02.00.5367
0x0101 | 252.4 GiB | Healthy     | 0              | Disabled  | 01.02.00.5367
0x0111 | 252.4 GiB | Healthy     | 0              | Disabled  | 01.02.00.5367
0x0121 | 252.4 GiB | Healthy     | 0              | Disabled  | 01.02.00.5367
0x1001 | 252.4 GiB | Healthy     | 0              | Disabled  | 01.02.00.5367
0x1011 | 252.4 GiB | Healthy     | 0              | Disabled  | 01.02.00.5367
0x1021 | 252.4 GiB | Healthy     | 0              | Disabled  | 01.02.00.5367
0x1101 | 252.4 GiB | Healthy     | 0              | Disabled  | 01.02.00.5367
0x1111 | 252.4 GiB | Healthy     | 0              | Disabled  | 01.02.00.5367
0x1121 | 252.4 GiB | Healthy     | 0              | Disabled  | 01.02.00.5367

# ipmctl show -region

SocketID| ISetID         |PersistentMemoryType| Capacity  | FreeCapacity |HealthState
====================================================================================
0x0000  | 0x2d3c7f48f4e22ccc | AppDirect        | 1512.0 GiB| 0.0 GiB      | Healthy
0x0001  | 0xdd387f488ce42ccc | AppDirect        | 1512.0 GiB| 1512.0 GiB   | Healthy
```

列表 3-4　在 Linux 上显示持久内存物理设备、区域和命名空间

```
# ndctl list -DRN
{
```

```
  "dimms":[
    {
      "dev":"nmem1",
      "id":"8089-a2-1837-00000bb3",
      "handle":17,
     "phys_id":44,
     "security":"disabled"
  },
    {
     "dev":"nmem3",
     "id":"8089-a2-1837-00000b5e",
     "handle":257,
     "phys_id":54,
     "security":"disabled"
  },
    [...snip...]
    {
     "dev":"nmem8",
     "id":"8089-a2-1837-00001114",
     "handle":4129,
     "phys_id":76,
     "security":"disabled"
  }
],
"regions":[
    {
     "dev":"region1",
     "size":1623497637888,
     "available_size":1623497637888,
     "max_available_extent":1623497637888,
     "type":"pmem",
     "iset_id":-2506113243053544244,
     "mappings":[
        {
          "dimm":"nmem11",
          "offset":268435456,
          "length":270582939648,
          "position":5
        },
        {
          "dimm":"nmem10",
          "offset":268435456,
          "length":270582939648,
          "position":1
        },
        {
          "dimm":"nmem9",
          "offset":268435456,
```

```
        "length":270582939648,
        "position":3
      },
      {
        "dimm":"nmem8",
        "offset":268435456,
        "length":270582939648,
        "position":2
      },
      {
        "dimm":"nmem7",
        "offset":268435456,
        "length":270582939648,
        "position":4
      },
      {
        "dimm":"nmem6",
        "offset":268435456,
        "length":270582939648,
        "position":0
      }
    ],
    "persistence_domain":"memory_controller"
  },
  {
    "dev":"region0",
    "size":1623497637888,
"available_size":0,
"max_available_extent":0,
"type":"pmem",
"iset_id":3259620181632232652,
"mappings":[
      {
        "dimm":"nmem5",
        "offset":268435456,
        "length":270582939648,
        "position":5
      },
      {
        "dimm":"nmem4",
        "offset":268435456,
        "length":270582939648,
        "position":1
      },
      {
        "dimm":"nmem3",
        "offset":268435456,
        "length":270582939648,
```

```
          "position":3
        },
        {
          "dimm":"nmem2",
          "offset":268435456,
          "length":270582939648,
          "position":2
        },
        {
          "dimm":"nmem1",
          "offset":268435456,
          "length":270582939648,
          "position":4
        },
            {
              "dimm":"nmem0",
              "offset":268435456,
              "length":270582939648,
              "position":0
            }
          ],
          "persistence_domain":"memory_controller",
          "namespaces":[
            {
              "dev":"namespace0.0",
              "mode":"fsdax",
              "map":"dev",
              "size":1598128390144,
              "uuid":"06b8536d-4713-487d-891d-795956d94cc9",
              "sector_size":512,
              "align":2097152,
              "blockdev":"pmem0"
            }
          ]
        }
      ]
    }
```

使用 /dev/pmem* 设备创建和挂载文件系统时，可以使用列表 3-5 中所示的 **df** 命令进行识别。

列表 3-5　在 Linux 上定位持久内存

```
$ df -h /dev/pmem*
Filesystem      Size  Used Avail Use% Mounted on
/dev/pmem0      1.5T   77M  1.4T   1% /mnt/pmemfs0
/dev/pmem1      1.5T   77M  1.4T   1% /mnt/pmemfs1
```

Windows 开发人员可使用 PowerShellCmdlets 完成同样操作，如列表 3-6 所示。无论哪种情况，都假设管理员已授权你创建文件，你可以使用列表 3-1 和列表 3-2 中所示的相同方法，在持久内存中创建一个或多个文件，然后将这些文件内存映射到应用程序中。

列表 3-6　在 Windows 上定位持久内存

```
PS C:\Users\Administrator> Get-PmemDisk

Number Size    Health  Atomicity Removable Physical device IDs Unsafe shutdowns
------ ----    ------  --------- --------- ------------------- ----------------
2      249 GB Healthy None      True      {1}                 36

PS C:\Users\Administrator> Get-Disk 2 | Get-Partition

PartitionNumber DriveLetter Offset   Size      Type
--------------- ----------- ------   ----      ----
1                           24576    15.98 MB  Reserved
2               D           16777216 248.98 GB Basic
```

将持久内存当作文件来管理具有以下几点优势：

❑ 可以利用文件系统的丰富功能来组织、管理、命名和限制对用户的持久内存文件和目录的访问。

❑ 可以运用熟悉的文件系统权限和访问权限管理功能来保护存储在持久内存中的数据，并支持多名用户共享持久内存。

❑ 系统管理员可以使用现有备份工具，他们依赖文件系统的修订历史跟踪功能。

❑ 可以基于如前所述的现有内存映射 API 和当前使用内存映射文件的应用程序进行构建，并在不经修改的情况下使用直接持久内存。

创建并打开持久内存支持的文件后，应用程序仍然调用 mmap() 或 MapViewOfFile()，以获取指向持久介质的指针。如图 3-5 所示，和普通文件系统相比持久内存感知型文件系统识别出文件在持久内存上，并对 CPU 中的内存管理单元（MMU）进行编程，以将持久内存直接映射到应用程序的地址空间。此过程中，不需要保存副本到操作系统内核的内存中，也不需要通过 I/O 操作同步到存储。应用程序可以使用 mmap() 或 MapViewOfFile() 返回的指针，直接在持久内存中对其数据进行操作。由于不需要内核的 I/O 操作，而且整个文件都被映射到应用程序的内存中，因此相比 I/O 访问存储上的文件，它能够以更高、更一致的性能来控制大量数据对象。

列表 3-7 显示了一个 C 源代码示例，使用 DAX 将字符串直接写入持久内存。该示例使用 Linux 和 Windows 中的一个持久内存 API 库 libpmem。我们后续会详细介绍这些库，以下步骤会涉及如何使用 libpmem 中的两个函数。libpmem 中的 API 在 Linux 和 Windows 中是通用的，它抽象了底层操作系统 API 之间的差异，因此该示例代码可以在这两个操作系统平台之间进行移植。

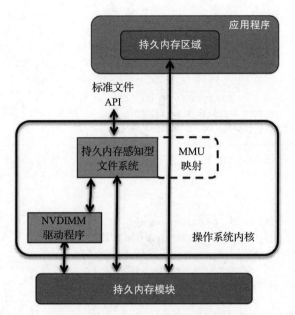

图 3-5 直接访问 I/O 和通过内核的标准文件 API I/O 路径

列表 3-7 DAX 编程示例

```
32  #include <sys/types.h>
33  #include <sys/stat.h>
34  #include <fcntl.h>
35  #include <stdio.h>
36  #include <errno.h>
37  #include <stdlib.h>
38  #ifndef _WIN32
39  #include <unistd.h>
40  #else
41  #include <io.h>
42  #endif
43  #include <string.h>
44  #include <libpmem.h>
45
46  /* Using 4K of pmem for this example */
47  #define PMEM_LEN 4096
48
49  int
50  main(int argc, char *argv[])
51  {
52      char *pmemaddr;
53      size_t mapped_len;
54      int is_pmem;
55
56      if (argc != 2) {
```

```
57          fprintf(stderr, "Usage: %s filename\n",
58              argv[0]);
59          exit(1);
60      }
61
62      /* Create a pmem file and memory map it. */
63      if ((pmemaddr = pmem_map_file(argv[1], PMEM_LEN,
64              PMEM_FILE_CREATE, 0666, &mapped_len,
65              &is_pmem)) == NULL) {
66          perror("pmem_map_file");
67          exit(1);
68      }
69
70      /* Store a string to the persistent memory. */
71      char s[] = "This is new data written to the file";
72      strcpy(pmemaddr, s);
73
74      /* Flush our string to persistence. */
75      if (is_pmem)
76          pmem_persist(pmemaddr, sizeof(s));
77      else
78          pmem_msync(pmemaddr, sizeof(s));
79
80      /* Delete the mappings. */
81      pmem_unmap(pmemaddr, mapped_len);
82
83      printf("Done.\n");
84      exit(0);
85  }
```

❑ 第 38 ～ 42 行：Linux 和 Windows 针对包含文件处理之间的差异。

❑ 第 44 行：为本示例所使用的 libpmem API 包含头文件。

❑ 第 56 ～ 60 行：从命令行参数中提取路径名称参数。

❑ 第 63 ～ 68 行：libpmem 中的 pmem_map_file 函数用于打开文件，并将文件映射到 Windows 和 Linux 上的地址空间。由于文件驻留在持久内存中，因此操作系统会在 CPU 中对硬件 MMU 进行编程，以将持久内存区域映射到应用程序的虚拟地址空间。指针 pmemaddr 设在该区域的开头位置。pmem_map_file 函数可通过内核主内存映射基于磁盘的文件，或者直接映射持久内存，如果文件驻留在持久内存中，is_pmem 将设为 TRUE，如果该文件已通过主内存映射，is_pmem 将设为 FALSE。

❑ 第 72 行：将字符串写入持久内存。

❑ 第 75 ～ 78 行：如果文件驻留在持久内存中，pmem_persist 函数将使用用户空间机器指令（如第 2 章所述）来确保字符串通过 CPU 缓存层刷新到断电保护域，并最终到达持久内存。如果文件驻留在基于磁盘的存储上，msync（Linux）或 FlushViewOfFile

（Windows）将用于刷新到存储。请注意，使用 msync() 或 FlushViewOfFile() 时，函数可以传递小尺寸（此示例中使用被写入字符串的尺寸），不需要以内存页粒度进行刷新。

☐ 第 81 行：最后，取消映射持久内存区域。

3.6 总结

图 3-6 完整显示了本章介绍的操作系统支持。如前所述，应用程序可以将持久内存用作快速固态盘，更直接地通过持久内存感知型文件系统或通过 DAX 选项直接映射到应用程序的内存空间。DAX 将操作系统服务用于内存映射文件，但可以充分利用服务器硬件的功能，将持久内存直接映射到应用程序的地址空间。这样就无须在主内存和存储之间传输数据。在接下来的几章，我们将探讨在持久内存中直接处理数据时的注意事项，然后介绍有助于简化开发流程的 API。

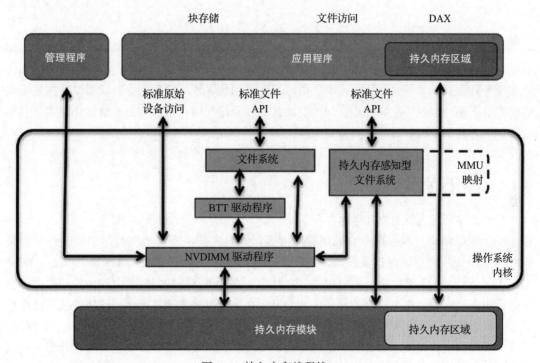

图 3-6 持久内存编程接口

Chapter 4 第 4 章

持久内存编程的基本概念

在第 3 章中，我们介绍了操作系统如何将持久内存以内存映射文件的形式呈现给应用程序。本章将以这一基本模型为基础，探讨由此产生的编程挑战。了解这些挑战对于持久内存编程十分重要，尤其是在系统崩溃、电源故障等问题导致应用程序中断后要设计恢复策略的情况下。虽然存在一定的挑战，但不要因此就放弃持久内存编程。第 5 章将介绍如何利用现有解决方案节省编程时间和降低复杂性。

4.1 有何区别

应用程序开发人员通常会考虑内存驻留（memory-resident）数据结构和存储驻留（storage-resident）数据结构。就数据中心应用程序而言，开发人员要谨慎地在存储中保持一致的数据结构，即使系统崩溃时也不例外。这个问题通常可以使用日志技巧（如预写日志（Write Ahead Log，WAL））来解决。先将更改写入日志，然后将其刷新到持久存储中。如果数据修改过程中断，应用程序可以借助日志中的信息，在重启时完成恢复操作。这样的技巧已存在多年，但正确的实现方法开发难度很大，维护起来也很耗时。开发人员通常要依赖于数据库、编程库和现代文件系统的组合来提供一致性。即便如此，最终还是需要应用程序开发人员设计一种策略，在运行时或者应用程序及系统从崩溃中恢复时，确保存储中数据结构的一致性。

与存储驻留数据结构不同，应用程序开发人员关心的是在运行时确保内存驻留数据结构的一致性。当应用程序有多个访问同一数据结构的线程时，可以使用锁（locking）之类的相应技巧，以便在一个线程执行完复杂的数据结构更改之前，其他线程不会看到其中的部分更改。如果应用程序退出或崩溃，或系统崩溃，内存中的内容将消失，因此不需要像在存储驻留数据结构之间那样，保持内存驻留数据结构的一致性。

这些解释看似清晰明确，但由于存储状态在运行之间保持不变，且内存内容具有易失性这些假设已成为应用程序开发过程中非常基础的要素，以致大多数开发人员都忽略了这一点。当然，持久内存的不同之处在于它具有持久性，因此存储和内存的所有注意事项都适用。应用程序负责在运行和重启之间保持数据结构的一致性，以及将线程安全锁用于内存驻留数据结构。

如果持久内存有类似存储的这些属性和要求，那么为何不使用这些年来为存储开发的代码呢？这种方法确实有用。第 3 章介绍过，在持久内存上使用存储 API 是编程模型的一部分。如果持久内存上的现有存储 API 速度足够快，且满足应用程序需求，就没有必要继续寻求更好的方法了。但为了要充分发挥持久内存的优势，在保持持久性的基础上读写数据结构，并以字节粒度进行访问，而非使用块存储栈，应用程序就会希望使用内存映射并直接访问。这样数据路径中就无须使用基于缓冲区的存储 API。

4.2　原子更新

每个支持持久内存的平台都有一套具备原子性的原生内存操作。在英特尔硬件上，原子持久存储为 8 字节。因此，如果正在传输与持久内存对齐的 8 字节存储过程，此时程序或系统发生崩溃，在恢复时，这 8 字节包含的要么全是旧内容，要么全是新内容。英特尔处理器拥有存储超过 8 字节的指令，但这些指令不具有故障原子性，所以发生电源故障等事件时会遭到破坏。有时，更新内存驻留数据结构要求使用多个指令，电源故障自然也会破坏这些更改，因为两个指令之间可能会出现断电情况。运行时锁可以防止其他线程看到部分完成的更改，但锁不提供任何故障原子性。如果应用程序需要对持久内存进行大于 8 字节的更改，必须在硬件提供的基本原子性（如英特尔硬件提供的 8 字节故障原子性）基础之上构建原子操作。

4.3　事务

事务通常是指将多个操作合并到单个原子操作中。在数据库领域，ACID 指的就是事务的四大特性：原子性、一致性、隔离性和持久性。

4.3.1　原子性

如前所述，原子性是指多个操作合并到单个原子操作中，这些操作要么整体全部运行，要么都不运行，即使出现系统故障也是如此。就持久内存而言，最常用的技巧包括：

❑ 重做日志，所有更改事先写入日志，在恢复期间，如果出现中断，它可以前滚。

❑ 撤销日志，信息记录到日志中，以便部分完成的更改在恢复期间回滚到前面的状态。

❑ 原子指针更新，通过以原子方式更新单个指针来激活更改，通常将指向旧数据改成指向新数据。

前面的列表并不详尽，它忽略了可能相对复杂的细节。需要注意的一点是，事务通常包含内存分配 / 回收。例如，将节点添加至树数据结构的事务通常包含分配新节点。如果事务回滚，必须释放内存以防内存泄漏。现在设想一下，如果是执行多次持久内存分配和释放操作的事务，那么所有这些操作都必须同属一个原子操作。相比仅将新值写入日志或更新单个指针，实现这种事务显然要复杂得多。

4.3.2　一致性

一致性是指事务仅将数据结构从一种有效状态变成另一种有效状态。对于持久内存，程序员通常会发现，他们用来确保更新线程安全的锁技巧通常也会显示为一致性点。如果线程看到中间状态是无效的，那么锁就可以阻止出现这种情况并且在安全的时候解除这个锁，因为这样其他线程就可以安全看到数据结构的当前状态。

4.3.3　隔离性

多线程（并发）执行在现代应用程序中十分常见。执行事务性更新时，隔离性可以使并发更新产生与顺序执行时相同的效果。在运行时，通常可以通过锁来实现持久内存更新的隔离性。由于内存具有持久性，因此必须考虑应用程序中断时正在运行的事务的隔离性。持久内存程序员通常要在重启时检查这种情况，并在允许通用线程访问数据结构之前，适当地前滚或回滚部分完成的事务。

4.3.4　持久性

如果事务完成时位于持久介质上，则认为该事务具有持久性。即使系统此时发生断电或崩溃，事务仍然保持已完成状态。如第 2 章所述，这通常意味着必须从 CPU 缓存中刷新更改。此操作可以通过标准 API（例如 Linux msync() 调用，或特定于平台的指令，如英特尔 CLWB）来完成。在持久内存上实现事务时，要注意确保在开始更改之前将日志条目刷新为持久性，并在事务被视作已完成之前将更新刷新为持久性。

持久特性的另一个方面是，能够在应用程序启动时重新查找持久性信息。这是存储运行的基本要素，我们已经习以为常。元数据（例如文件名称和目录名称）用于查找存储上应用程序的持续状态。由于在第 3 章所述的编程模型中，在访问持久内存时需要首先打开直接访问（DAX）文件系统上的文件，然后内存映射该文件，因此上述要素也适用于持久内存。然而，内存映射文件只是原始数据的一个区间，那么应用程序是如何查找驻留在该范围内的数据结构的呢？就持久内存而言，必须至少有一个已知数据结构位置用作起点，该起点通常被称为根对象（将在第 7 章介绍）。PMDK 中的许多高层库都使用根对象来访问数据。

4.4　刷新不具有事务性

我们必须将刷新到持久存储的概念与事务更新区分开来。在 Linux 上使用 msync() 或 fsync() 调用，以及在 Windows 上使用 FlushFileBuffers() 等调用来刷新存储更改从不提供事务更新。除了刷新存储更改外，应用程序还负责维持一致的存储数据结构。持久内存也是如此。在第 3 章中，简单的程序将字符串存储到持久内存中，然后刷新字符串，以确保更改的持久性。但该代码不具有事务性，如果发生故障，更改可能处于任何一种状态——完全丢失、部分丢失，或全部完成。

缓存的一个基本属性是，它们临时保存数据以提升性能，但通常在事务准备提交之前才保存数据。正常的系统活动可能造成缓存压力，并随时按任何顺序从缓存中逐出数据。如果第 3 章中的示例因电源故障而中断，存储的字符串的任何部分都有可能丢失，任何部分也可能按任意顺序写到持久内存。必须将缓存刷新操作视作刷新任何未刷新的元素，而不是刷新目前所有的更改。

最后，我们在第 2 章中展示了一棵决策树（图 2-5），其中应用程序可以在启动时确定持久内存不需要任何缓存刷新。例如，发生电源故障时自动刷新 CPU 缓存的平台可能会出现这种情况。甚至在不需要刷新指令的平台上，也仍然需要事务，以便在出现故障时保持数据结构的一致性。

4.5　启动时职责

在第 2 章（图 2-5 和图 2-6）中，我们显示了使用持久内存时应用程序的职责流程图。具体职责包括检测平台细节、可用指令、介质故障等。对存储而言，操作系统的存储栈中会涉及这几种职责。但持久内存支持直接访问，文件被内存映射后，数据就不需要再经过内核。

作为一位程序员，你可能想映射并使用持久内存，如第 3 章的示例所示。在产品级编程中，你需要确保已履行这些启动时职责。例如，如果跳过图 2-5 中的检查步骤，应用程序即使在不需要的情况下也会刷新 CPU 缓存，而且在不需要刷新的硬件上性能极低。如果跳过图 2-6 中的检查步骤，应用程序会忽略介质错误，并使用损坏的数据，造成不可预测、未经定义的行为。

4.6　针对硬件配置进行调优

将大型数据结构存储到持久内存时，可采用几种方法来复制数据，并使其具备持久性。可以使用通用存储操作复制数据，然后刷新缓存（如果需要），或使用特殊指令，例如可以绕过 CPU 缓存的非临时存储指令。另外需要注意的一点是，持久内存写入性能可能比写入普通内存低,因此你可能想采取一些步骤,将多个小型写入合并到较大的更改中,然后再将它们存储到持久内存,从而尽可能高效地存储至持久内存。持久内存的最佳写入大小取决于安装它的平台以及持久内存产品本身。上述示例表明,在使用持久内存时,不同的平台具有不同的特性,所有产品级应用程序都要经过调优,才能在目标平台上达到最佳效果。当然,我们可以利用已经过调优和验证的库或中间件来进行这种调优。

4.7 总结

本章介绍了持久内存编程的基本概念。开发使用持久内存的应用程序时,必须仔细考虑以下几个方面:

❑ 原子更新。

❑ 刷新不具有事务性。

❑ 启动时职责。

❑ 针对硬件配置进行调优。

若想克服产品级应用程序中的这些挑战,需要进行一些复杂的编程以及广泛的测试和性能分析。第 5 章将介绍持久内存开发套件,该套件旨在帮助应用程序开发人员解决这些挑战。

第 5 章 *Chapter 5*

持久内存开发套件简介

前几章介绍了持久内存的独特属性，因此读者认为为这项新技术编写软件是一件很复杂的事，这点没错。研究或开发过持久内存代码的人都可以证明这点。因此，为了减轻你的负担，英特尔创建了持久内存开发套件（PMDK）。PMDK 开发人员团队希望将其打造成适用于所有持久内存的标准库，帮助解决持久内存编程过程中的常见挑战。

5.1 背景

PMDK 经过发展，涵盖了大量开源库和工具，可帮助应用程序开发人员和系统管理员简化持久内存设备的管理和访问。该套件的开发工作与持久内存的操作系统支持是同步的，因此可确保库充分利用通过操作系统接口提供的所有特性。

PMDK 库基于 SNIA NVM 编程模型（如第 3 章所述）构建。它们对该模型进行了不同程度的扩展，一些只是将操作系统提供的原语封装成简单易用的函数，另一些则提供了复杂的数据结构和算法以便用于持久内存。这意味着你要负责决定哪个抽象级别最适合你的用例。

尽管英特尔创建 PMDK 是为了支持其硬件产品，但英特尔致力于确保库和工具同时具备厂商和平台中立的特性。这意味着 PMDK 不会受制于英特尔处理器或英特尔持久内存设备。它适用于其他平台，只要这些平台能通过操作系统（包括 Linux 和 Microsoft Windows）呈现必要的接口。我们欢迎并鼓励个人、硬件厂商和 ISV 为 PMDK 做出贡献。PMDK 使用 BSD 3-Clause 许可证，允许开发人员将其嵌入任何开源或专有软件中。这样你可以通过仅仅集成所需的代码来挑选 PMDK 中的单个组件。

PMDK 可在 GitHub（https://github.com/pmem/pmdk）上免费获取，并设有一个专门的网站 https://pmem.io。PMDK 还附带手册页，读者可以在每种库的页面下在线获取。本书附录 B 介绍了如何在你的系统上安装该套件。

读者可以登录 https://groups.google.com/forum/#!forum/pmem，访问谷歌论坛，加入持久内存社区。开发人员、系统管理员和其他对持久内存感兴趣的人都可以在论坛中提出问题，获得帮助。这是一个非常实用的资源。

5.2 选择正确的语义

由于 PMDK 提供了大量的库，因此读者必须仔细考虑自身的选择。PMDK 提供两种类型的库：

1）易失性库适用于只想利用持久内存大容量这一优势的用户和场景。

2）持久性库适用于想实现故障安全持久内存算法的软件。

你要一边决定如何最好地解决问题，一边仔细考虑哪类库最合适。故障安全持久程序所面临的挑战与易失性程序有很大的不同。提前选择正确的方式，可以最大限度地降低重写代码的风险。

你可以根据特性和功能要求，选择将这两种类型的库用在应用程序的不同部分。

5.3 易失性库

易失性库的用法比较简单，因为它们可以在持久内存不可用的情况下回退至动态随机访问内存（DRAM），这样可以简化实现过程。根据工作负载的不同，它们的总体开销比类似的持久性库低，因为它们不需要在出现故障时确保数据一致性。

本节介绍了应用程序中适用于易失性用例的库，包括库是什么，以及何时使用该库。库可能会出现用例重叠的情况。

5.3.1 libmemkind

它是什么？

memkind 库称为 libmemkind，是构建在 jemalloc 之上的用户可扩展堆管理器，支持控制内存特性以及在不同类型的内存之间对堆进行分区。内存的类型由应用于虚拟地址范围的操作系统内存策略进行定义。在没有用户扩展的情况下，memkind 支持的内存特性包括控制非一致性内存访问（NUMA）和内存页大小特性。jemalloc 非标准接口经过扩展，支持专门的类型通过 memkind 分区接口从操作系统请求虚拟内存。通过其他 memkind 接口，你可以控制和扩展内存分区特性和分配内存，同时选择已启用的特性。借助 memkind 接口，你可以从支持 PMEM 类型的持久内存创建和控制基于文件支持的内存。

第 10 章将深入介绍 memkind 库。读者可以从 http://memkind.github.io/memkind/ 下载 memkind 并阅读架构规格与 API 文档。memkind 是 GitHub 上的开源项目，可访问 https:// github.com/ memkind/memkind 查看。

何时使用？

如果想在易失性应用程序中将指定的内存对象移至持久内存，同时保留传统的编程模型，可以选择使用 libmemkind。memkind 库提供熟悉的 `malloc()` 和 `free()` 语义。建议在持久内存的大多数易失性用例中使用这种内存分配器。

现代内存分配器常常依赖匿名内存映射以从操作系统预留内存页。对于大多数系统，这意味着仅在首次访问内存页时分配实际的物理内存，从而允许操作系统超额预留虚拟内存。此外，如果需要，可以将匿名内存换出（page out）。如果将 memkind 用基于文件的类型（如 PMEM 类型），物理空间仍然只在首次访问内存页时分配，但上述其他方法将不再适用。当没有内存可供分配时，内存分配会失败，因此必须在应用程序中处理这种故障。

上述技巧在解决手动动态内存分配固有的低效问题方面也发挥着重要作用（例如碎片化），如果没有充足的连续可用空间，则会导致分配失败。因此，对于采用不规则分配 / 回收模式的应用程序，memkind 对于基于文件的类型的内存空间利用率很低。libvmemcache 更适用于这种工作负载。

5.3.2　libvmemcache

它是什么？

libvmemcache 是一种可嵌入式轻量级内存缓存解决方案，可以通过高效、可扩展的内存映射，充分利用大容量存储，例如支持 DAX 的持久内存。libvmemcache 具有自身的独特性：

❑ 基于区间的内存分配器可避免出现影响大多数内存数据库的碎片化问题，并支持缓存在大多数工作负载中实现极高的空间利用率。

❑ 缓冲的最近最少使用（LRU）算法将传统的 LRU 双向链表和非阻塞环形缓冲区相结合，可在现代多核 CPU 上实现较高的可扩展性。

❑ critnib 索引结构可提供高性能，同时非常节省空间。

缓存经过调优，能够以最佳方式处理大小相对较大的值，最小为 256 字节，但 libvmem-cache 最适用于预期数值大小超过 1 KB 的情况。

第 10 章会更详细地介绍该库。libvmemcache 是 GitHub 上的开源项目，可访问 https:// github.com/pmem/vmemcache 查看。

何时使用？

当使用基于普通内存分配方案的系统进行缓存时，如果对空间利用率通常较低的工作负载实现缓存，可以使用 libvmemcache。

5.3.3 libvmem

它是什么？

libvmem 是 libmemkind 的前身，目前已经不再使用。它是 jemalloc 衍生的内存分配器，支持以基于文件的映射方式放置的元数据和对象分配。libvmem 库是开源项目，读者可访问 https://pmem.io/pmdk/libvmem/ 获取该库。

何时使用？

libvmem 仅用于现有应用程序使用的是 libvmem 的情况，或者读者需要多个完全独立的内存堆的情况，否则，请考虑使用 libmemkind。

5.4 持久性库

持久性库可帮助应用程序在出现故障时保持数据结构的一致性。与前文所述的易失性库相比，持久性库可提供新的语义，并充分利用持久内存的独特性。

5.4.1 libpmem

它是什么？

libpmem 是一种低级 C 库，可针对操作系统呈现的原语提供基本抽象功能。它可以自动检测平台中的功能，选择合适的持久性语义以及面向持久内存优化的内存传输（memcpy()）方法。大多数应用程序都至少需要使用这个库的一部分。

第 4 章介绍应用程序使用持久内存的要求，第 6 章将更深入地介绍 libpmem。

何时使用？

如果修改已使用内存映射 I/O 的现有应用程序，可以使用 libpmem。这样应用程序可以用持久内存同步原语（如用户空间刷新）替换 msync()，从而减少内核开销。

如果想从头构建所有内容，也可以使用 libpmem。它支持应用程序实现采用自定义内存管理和恢复逻辑的低级持久数据结构。

5.4.2 libpmemobj

它是什么？

libpmemobj 是一种提供事务对象存储的 C 库，可为持久内存编程提供动态内存分配器、事务和常规功能。该库可以解决在持久内存编程时遇到的许多常见的算法和数据问题。第 7 章将深入介绍该库。

何时使用？

如果选择 C 编程语言，并且需要在数据结构设计方面具有灵活性，但可以使用通用内存分配器和事务时，可以使用 libpmemobj。

5.4.3　libpmemobj-cpp

它是什么？

libpmemobj-cpp 也称 libpmemobj++，是一种 C++ 仅头文件（header-only）库，可以使用 C++ 的元编程特性，为 libpmemobj 提供更简单且更不易出错的接口。它通过重复使用 C++ 程序员熟悉的概念（如智能指针和闭包事务），支持快速开发持久内存应用程序。

该库还附带兼容 STL 的定制数据结构和容器，因此应用程序开发人员无须重新为持久内存开发基本算法。

何时使用？

如果选择 C++，libpmemobj-cpp 比 libpmemobj 更适合通用持久内存编程。第 7 章将深入介绍该库。

5.4.4　libpmemkv

它是什么？

libpmemkv 是为持久内存而优化设计的通用嵌入式本地键值存储。它易于使用，且附带许多不同的语言集成，包括 C、C++ 和 JavaScript。

该库还有面向不同存储引擎可插拔的后端插件。尽管设计之初主要是用于支持持久性的应用程序场景，然而它也可用作易失性库。

第 9 章将深入介绍该库。

何时使用？

建议读者以 libpmemkv 库为起点开始持久内存编程，因为它更实用，且接口非常简单。如果不需要复杂的自定义数据结构，且通用键值存储接口足以解决当前问题，可以使用该库。

5.4.5　libpmemlog

它是什么？

libpmemlog 是一种 C 库，能够实现持久内存仅可追加的日志文件（append-only log file），且支持断电保护操作。

何时使用？

如果你的使用场景完全符合所提供的日志 API，则可以使用 libpmemlog。否则，libpmemobj、

`libpmemobj-cpp` 等通用性较高的库效果更好。

5.4.6 libpmemblk

它是什么？

`libpmemblk` 是用于管理固定大小数据块数组的 C 库。它提供故障安全接口，以通过基于缓冲区的函数更新数据块。

何时使用？

`libpmemblk` 仅用于需要简单固定数据块数组，且不需要直接字节级访问数据块的情况。

5.5 工具和命令程序

PMDK 附带各种工具和程序，帮助开发和部署持久内存应用程序。

5.5.1 pmempool

它是什么？

`pmempool` 程序是用于管理和离线分析持久内存池的工具。它具备各种功能，可用在应用程序的整个生命周期，包括：

❑ 从内存池获取信息和统计数据。
❑ 检查内存池的一致性如果可能进行修复。
❑ 创建内存池。
❑ 删除之前创建的内存池。
❑ 将内部元数据更新至最新布局（layout）版本。
❑ 同步 poolset 中的副本。
❑ 修改 poolset 中的内部数据结构。
❑ 启用或禁用内存池和 poolset 特性。

何时使用？

无论何时想使用 PMDK 的持久性库为应用程序创建持久内存池，都可以使用 `pmempool`。

5.5.2 pmemcheck

它是什么？

`pmemcheck` 程序是基于 Valgrind 的工具，用于对通用持久内存错误（如缺失刷新或事务使用错误）执行动态运行时分析。第 12 章将深入介绍该程序。

何时使用？

pmemcheck 程序适用于使用 libpmemobj、libpmemobj-cpp 或 libpmem 开发应用程序的情况，因为它可以帮助你查找持久应用程序中的常见漏洞。建议在代码库生命周期的早期运行检错工具，以避免调试难度大的问题不断堆积。PMDK 开发人员将 pmemcheck 测试加入 PMDK 的持续集成（Continuous Integration，CI）系统中，我们建议对持久应用程序也采用相同的方法。

5.5.3　pmreorder

它是什么？

出现故障时，pmreorder 程序可帮助检测持久应用程序的数据结构一致性问题。它首先记录，然后回放应用程序的持久状态，来校验处于任何可能的中间状态的应用数据的一致性。第 12 章将深入介绍该程序。

何时使用？

和 pmemcheck 一样，pmreorder 也是查找调试难度大的持久性问题的基本工具，因此应集成到持久内存应用程序的开发和测试周期中。

5.6　总结

本章简要列出了 PMDK 提供的库和工具，以及何时使用这些库和工具。现在，大家对它们的具体内涵已经有了充分的了解。后续章节将具体介绍如何使用这些库和工具来创建软件。

第 6 章将介绍 libpmem，以及如何使用该库创建简单的持久应用程序。

Chapter 6 第 6 章

libpmem：底层持久内存支持

本章介绍了 PMDK 中最小的一个库，即 libpmem。这是一个非常底层的 C 语言库，负责处理与持久内存相关的 CPU 指令，以最佳方式将数据复制到持久内存以及文件映射。程序员如果只想完全原始地访问持久内存并且无须库提供分配器或事务功能，那么可能想将 libpmem 用作开发的基础。

例如，libpmem 中用于检测可用 CPU 指令的代码是一个简单的样板代码，无须在应用程序中重复创建该代码。libpmem 库中经过全面测试与优化的少量代码将帮助用户从中受益，节省宝贵的时间。

对于大多数程序员而言，libpmem 非常底层。可以快速浏览本章（或者直接跳过本章），进一步了解更高层、更友好的 PMDK 库。处理持久性的所有 PMDK 库（例如 libpmemobj）均基于 libpmem 而构建，以满足底层需求。

所有 PMDK 库均提供了在线手册页。有关 libpmem 的更多信息，请访问 http://pmem.io/pmdk/libpmem/。本网站包含 Linux 和 Windows 版手册页的链接。虽然 PMDK 项目的目标是使不同操作系统的接口保持一致，但还是有细微差异。本章使用的 C 代码示例在 Linux 和 Windows 上构建与运行。

本章使用的示例如下：

❑ simple_copy.c 是一个简单的程序，将 4KiB 数据块从源文件复制到持久内存上的目标文件。

❑ full_copy.c 是一个较完整的复制程序，可复制整个文件。

❑ manpage.c 是 libpmem 手册页中的一个简单示例。

6.1　使用库

要使用 libpmem，首先添加对应的头文件，如列表 6-1 所示。

列表 6-1　添加 libpmem 头文件

```
32
33  /*
34   * simple_copy.c
35   *
36   * usage: simple_copy src-file dst-file
37   *
38   * Reads 4KiB from src-file and writes it to dst-file.
39   */
40
41  #include <sys/types.h>
42  #include <sys/stat.h>
43  #include <fcntl.h>
44  #include <stdio.h>
45  #include <errno.h>
46  #include <stdlib.h>
47  #ifndef _WIN32
48  #include <unistd.h>
49  #else
50  #include <io.h>
51  #endif
52  #include <string.h>
53  #include <libpmem.h>
```

请注意第 53 行的 include。要使用 libpmem，请引用该 include 行，并在 Linux 中编译时使用 -lpmem 选项将 C 程序与 libpmem 相链接。

6.2　映射文件

libpmem 库包含一些用于内存映射文件的便捷函数。当然，用户可以直接在 Linux 上调用 mmap() 或者在 Windows 上调用 MapViewOfFile()，但是使用 libpmem 具有以下优势：

❑ libpmem 可以保证操作系统映射调用的正确参数。例如，在 Linux 上，直接使用 CPU 指令将更改刷新至持久内存并不安全，除非使用 mmap() 的 MAP_SYNC 标记创建映射。

❑ libpmem 可以检测映射是否为持久内存以及使用 CPU 指令直接刷新是否安全。

列表 6-2 展示了如何将持久内存感知型文件系统上的文件内存映射至应用程序。

列表 6-2　映射持久内存文件

```
80      /* create a pmem file and memory map it */
81      if ((pmemaddr = pmem_map_file(argv[2], BUF_LEN,
```

```
82              PMEM_FILE_CREATE|PMEM_FILE_EXCL,
83              0666, &mapped_len, &is_pmem)) == NULL) {
84          perror("pmem_map_file");
85          exit(1);
86      }
```

作为前述持久内存检测的一部分，pmem_map_file 返回标记 is_pmem。调用程序负责使用此标记来确定如何将更改刷新至持久内存。只有 is_pmem 标记被设置的情况下，调用程序才可以使用 libpmem 提供的最佳刷新函数 pmem_persist，将一个内存范围持久化。列表 6-3 的手册页摘录示例对此进行了说明。

列表 6-3　manpage.c：使用 is_pmem 标记

```
74      /* Flush above strcpy to persistence */
75      if (is_pmem)
76          pmem_persist(pmemaddr, mapped_len);
77      else
78          pmem_msync(pmemaddr, mapped_len);
```

列表 6-3 显示了便捷函数 pmem_msync()，该函数是一个 msync() 或 Windows 同类函数的小型包装程序。用户无须为 Linux 和 Windows 构建不同的逻辑，因为 libpmem 就可以处理该操作。

6.3　复制到持久内存

libpmem 中的多个接口支持以最佳方式复制或清零持久内存区域。列表 6-4 展示了一个最简单的接口把数据块从源文件复制到持久内存上的目标文件，并刷新使其持久化。

列表 6-4　simple_copy.c：复制到持久内存

```
88      /* read up to BUF_LEN from srcfd */
89      if ((cc = read(srcfd, buf, BUF_LEN)) < 0) {
90          pmem_unmap(pmemaddr, mapped_len);
91          perror("read");
92          exit(1);
93      }
94
95      /* write it to the pmem */
96      if (is_pmem) {
97          pmem_memcpy_persist(pmemaddr, buf, cc);
98      } else {
99          memcpy(pmemaddr, buf, cc);
100         pmem_msync(pmemaddr, cc);
101     }
```

请注意，第 96 行 is_pmem 标记的用法与 pmem_persist() 调用的用法相似，因为 pmem_memcpy_persist() 函数包含持久内存刷新。

接口 pmem_memcpy_persist() 包含持久内存刷新，因为它可能决定使用非临时存储，从而可以更好地执行复制。非临时存储会绕过 CPU 缓存，无须后续缓存刷新指令便可确保持久性。通过该 API，libpmem 可自主使用最佳的方式执行复制与刷新这两个步骤。

6.4　分解刷新步骤

刷新至持久内存包含两个步骤：

1）如之前的示例所述，刷新 CPU 缓存或者完全绕过它们。

2）等待硬件缓冲区排空（drain），以确保写入到达介质。

调用 pmem_persist() 时，这两个步骤会一起执行，或者可以单独调用两个函数，第一步调用 pmem_flush()，然后第二步调用 pmem_drain()。请注意，在特定平台，这两个步骤可能并不是必需的，库会检查并执行正确的操作。例如，在只支持 CLFLUSH 的英特尔平台上，pmem_drain() 是一个空函数。

什么时候需要将刷新分为多个步骤？列表 6-5 中的示例给出了这样做的原因。由于示例使用了多个 memcpy() 调用来复制数据，因此它使用仅执行刷新的 libpmem (pmem_memcpy_nodrain()) 版本，把最终的排空步骤推迟到了最后。这种操作可行的原因是排空步骤不同于刷新步骤，不需要接收地址范围，它是一个系统级排空操作，因此可以发生在循环复制单个数据块的最后。

列表 6-5　full_copy.c：分解刷新步骤

```
58  /*
59   * do_copy_to_pmem
60   */
61  static void
62  do_copy_to_pmem(char *pmemaddr, int srcfd, off_t len)
63  {
64      char buf[BUF_LEN];
65      int cc;
66
67      /*
68       * Copy the file,
69       * saving the last flush & drain step to the end
70       */
71      while ((cc = read(srcfd, buf, BUF_LEN)) > 0) {
72          pmem_memcpy_nodrain(pmemaddr, buf, cc);
73          pmemaddr += cc;
74      }
75
```

```
76      if (cc < 0) {
77          perror("read");
78          exit(1);
79      }
80
81      /* Perform final flush step */
82      pmem_drain();
83  }
```

在列表 6-5 中，pmem_memcpy_nodrain() 专为持久内存而设计。使用其他库和如 memcpy() 标准函数时，是在持久内存出现之前编写的，它们不执行任何刷新至持久内存。尤其需要注意的是，C 运行时提供的 memcpy() 通常在普通存储（需要刷新）和非临时存储（不需要刷新）之间进行选择。它是基于性能（而非持久性）做出选择。由于无法知晓选择哪一个指令，用户需要使用 pmem_persist() 或 msync() 显式地执行刷新至持久内存。

在许多应用程序中，选择将一段内存区域复制到持久内存时使用的指令对性能相当重要。清零持久内存区域时也是如此。为了满足这些需求，libpmem 提供了 pmem_memmove()、pmem_memcpy() 和 pmem_memset()，它们均接收标记参数，可以帮助调用程序更好地控制所使用的指令。例如，标记 PMEM_F_MEM_NONTEMPORAL 的参数将通知这些函数使用非临时存储，而不是根据区域的大小来选择使用的指令。函数的手册页中记录了标记的完整列表。

6.5 总结

本章展示了 libpmem 所提供的 API 集合中较小的一部分。该库不跟踪更改的内容、不提供电源故障安全保护事务，也不提供分配器。而 libpmemobj（详见第 7 章）等库能完成这些任务，并在内部使用 libpmem，以简化刷新与复制操作。

libpmemobj：原生事务性对象存储

第 6 章我们介绍了底层持久内存库 libpmem，提供了一种直接访问持久内存的简单方法。libpmem 是一个小型的、功能较少的轻量级库，它是为跟踪每个持久内存存储以及需要将修改刷新至持久内存的软件而设计的。然而，大多数开发人员发现持久内存开发套件（PMDK）中的上层库（例如 libpmemobj）更为实用。

本章介绍 libpmemobj，该库基于 libpmem 构建，可将持久内存映射文件转换为灵活的对象存储。它支持事务、内存管理、锁、列表和一些其他特性。

7.1　什么是 libpmemobj

libpmemobj 库为需要事务和持久内存管理的应用程序提供了事务性对象，该对象以直接访问（DAX）的方式存储在持久内存中。简要回顾一下第 3 章中的 DAX 概述，DAX 支持应用程序在持久内存感知型文件系统上内存映射文件，提供直接加载 / 存储操作，而无须从块存储设备中对块进行分页。它可以绕过内核，避免上下文切换和中断，并支持应用程序在可字节寻址的持久内存中直接读写。

7.2　为什么不使用 malloc()

使用 libpmem 看起来很简单，但是需要刷新所有的写入，并按照一定的规则排序，以保证使用指针之前数据已经持久化。

假如持久内存编程真有这么简单就好了。虽然也可以简化特定的模式，例如使用

libpmemlog 来高效处理"只追加"的记录，但是所有新的数据片段都需要分配内存。分配器应在何时以及如何将内存标记为已使用？分配器应在写入数据前还是写入后将内存标记为已分配？这两种方法均不可行，原因如下：

- 如果分配器在写入数据前将内存标记为已分配，那么写入过程中的断电将导致不完整的更新，称为"持久泄漏"。
- 如果分配器先写入数据，然后再将其标记为已分配，如果在写入完成和将其标记为已分配之间发生了断电，那么应用程序重启时将覆盖数据，因为分配器会认为该块是可用的。

另一个问题是大量包含循环引用的数据结构无法构成一棵树。虽然这些数据结构也可以用树来实现，但是这种方法通常难以实现。

可字节寻址的内存仅确保单次写入的原子性。对于当前的处理器，单次写入通常是指一个对齐的 64 位字（8 字节），但是在实践中这不是必需的。

如果写入数据和标记分配可以同时发生，上述问题将迎刃而解。在发生电源故障时，应重新执行任何未完成的写入（就像从未发生过电源故障）或删除该写入（就像从未发生过写入）。应用程序通常使用原子操作、事务、重做/撤销日志等不同的方法来解决该问题。使用 libpmemobj 就可以解决这些问题，因为它也使用了原子事务和重做/撤销日志。

7.3　组合操作

除了修改适用于处理器字（8 字节）的单个标量值，一系列数据的修改必须组合在一起，并在完成前检测中断。

7.4　内存池

内存池位于挂载 DAX 的文件系统中。libpmemobj 库可提供便捷的 API，用于轻松管理内存池的创建和访问，避免直接映射和数据同步的复杂性。PMDK 还提供了 pmempool 程序，用于通过命令行来管理内存池。

7.4.1　创建内存池

利用 pmempool 程序创建持久内存池，供应用程序使用。可创建多个池类型，包括 pmemblk、pmemlog 和 pmemobj。在应用程序中使用 libpmemobj 时，需要创建一个 obj（pmemobj）类型的池。请参见 pmempool-create(1) 手册页以获取所有可用的命令和选项。以下示例可供参考：

示例 1　在挂载文件系统 /mnt/pmemfs0/ 中创建一个具有最小允许 size 的 libpmemobj (obj) 类型的池，布局（layout）名称为"my_layout"。

```
$ pmempool create --layout my_layout obj /mnt/pmemfs0/pool.obj
```

示例 2　在挂载文件系统 /mnt/pmemfs0/ 中创建一个 20GiB 的 libpmemobj (obj) 池，布局名称为 "my_ layout"。

```
$ pmempool create --layout my_layout --size 20G obj \
/mnt/pmemfs0/pool.obj
```

示例 3　在 /mnt/pmemfs0/ 文件系统中创建一个使用所有可用容量的 libpmemobj (obj) 池，布局名称为 "my_layout"。

```
$ pmempool create --layout my_layout --max-size obj \
/mnt/pmemfs0/pool.obj
```

应用程序可使用 pmemobj_create()，通过编程创建在应用程序启动时不存在的池。pmemobj_create() 具有以下参数：

```
PMEMobjpool *pmemobj_create(const char *path,
    const char *layout, size_t poolsize, mode_t mode);
```

❑ path 指定要创建的内存池文件的名称，包括文件的完整或相对路径。

❑ layout 以字符串形式指定应用程序的布局类型，用于识别池。

❑ poolsize 指定所需的池大小。使用 posix_fallocate(3) 将内存池文件完全分配给 poolsize。在 <libpmemobj.h> 中将池的最小 size 定义为 PMEMOBJ_MIN_POOL。如果池已经存在，pmemobj_create() 将返回一个 EEXISTS 错误。将 poolsize 指定为 0 后，将从文件大小中获取池大小，并在文件开头的池头文件中搜索非 0 数据，从而验证文件是否为空白。

❑ 如 create(2) 所述，mode 指定创建文件时使用的 ACL 权限。

列表 7-1 展示了如何使用 pmemobj_create() 函数创建池。

列表 7-1　pwriter.c —— 展示如何使用 pmemobj_create() 创建池

```
33  /*
34   * pwriter.c -  Write a string to a
35   *             persistent memory pool
36   */
37
38  #include <stdio.h>
39  #include <string.h>
40  #include <libpmemobj.h>
41
42  #define LAYOUT_NAME "rweg"
43  #define MAX_BUF_LEN 31
44
45  struct my_root {
46      size_t len;
47      char buf[MAX_BUF_LEN];
48  };
```

```
49
50   int
51   main(int argc, char *argv[])
52   {
53       if (argc != 2) {
54           printf("usage: %s file-name\n", argv[0]);
55           return 1;
56       }
57
58       PMEMobjpool *pop = pmemobj_create(argv[1],
59           LAYOUT_NAME, PMEMOBJ_MIN_POOL, 0666);
60
61       if (pop == NULL) {
62           perror("pmemobj_create");
63           return 1;
64       }
65
66       PMEMoid root = pmemobj_root(pop,
67           sizeof(struct my_root));
68
69       struct my_root *rootp = pmemobj_direct(root);
70
71       char buf[MAX_BUF_LEN] = "Hello PMEM World";
72
73       rootp->len = strlen(buf);
74       pmemobj_persist(pop, &rootp->len,
75           sizeof(rootp->len));
76
77       pmemobj_memcpy_persist(pop, rootp->buf, buf,
78           rootp->len);
79
80       pmemobj_close(pop);
81
82       return 0;
83   }
```

- ❏ 第 42 行：将池布局名称定义为 "rweg"（读写示例）。这只是一个名称，它可以是任意的字符串，用来唯一标识应用程序的内存池。空值是无效的。如果应用程序打开了多个池，该名称是池的唯一标识。

- ❏ 第 43 行：定义写入缓冲的最大长度。

- ❏ 第 45 ～ 47 行：定义具有 len 和 buf 成员的根（root）对象数据结构，buf 包含想要写入的字符串，len 是缓冲区的长度。

- ❏ 第 53 ～ 56 行：pwriter 命令接受一个参数，即写入的路径和池名称，例如 /mnt/pmemfs0/helloworld_obj.pool。文件名和扩展名是任意可选的。

- ❏ 第 58 ～ 59 行：调用 pmemobj_create() 来创建池，使用从命令行传输的文件名、布局名称"rweg"、被设置为对象池类型最小 size 的大小，以及权限 0666。我们无法创建小于 PMEMOBJ_MIN_POOL 所定义的大小或者大于文件系统上可用的池空间的池。由于示例中的字符串非常小，所以仅需要最小的池。创建成功后，pmemobj_create()返回 PMEMObjpool 类型的池对象指针（POP），可以使用该指针获取指向 root 对象的指针。

- □ 第 61 ～ 64 行：如果 pmemobj_create() 失败，将会退出程序并返回一个错误。
- □ 第 66 行：pmemobj_ root() 使用第 58 行获得的 pop，定位 root 对象。
- □ 第 69 行：使用 pmemobj_direct() 函数获取指向第 66 行找到的 root 对象的指针。
- □ 第 71 行：将字符串 / 缓冲区设置为"Hello PMEM World"。
- □ 第 73 ～ 78 行：确定缓冲区长度后，先后将 root 对象的 len 和 buf 成员写入持久内存。
- □ 第 80 行：通过取消映射来关闭持久内存池。

7.4.2　池对象指针和根对象

由于大多数操作系统使用地址空间布局随机化（Address Space Layout Randomization，ASLR）特性，一旦内存映射至应用程序地址空间后，池的基地址会在执行和系统重启之间改变。由于以上原因而无法访问池中的数据，因此定位池中的数据具有一定的挑战性。基于 PMDK 的池可以通过包含少量的元数据来解决此问题。

每个 pmemobj (obj) 类型的池都有一个根（root）对象。root 对象必不可少，因为它用作查找池中创建的其他所有对象（即用户数据）的入口点。应用程序使用被称为池对象指针（POP）的特殊对象来查找根对象。POP 对象驻留在易失性内存中，并在每个程序调用创建。它跟踪与池相关的元数据，如相对于池中根对象的偏移（offset）。图 7-1 描述了 POP 和内存池布局。

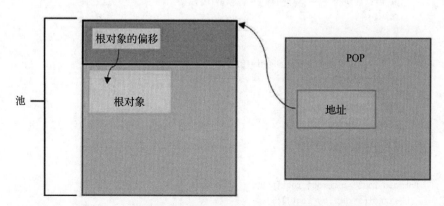

图 7-1　包含指向根对象的 POP 的持久内存池高级概述

借助有效的 pop 指针，可以使用 pmemobj_root() 函数获取 root 对象的指针。在内部，该函数通过添加已映射池的当前内存地址以及根的内部偏移，创建一个有效的指针。

7.4.3 打开内存池并从内存池中读取数据

使用 pmemobj_create() 创建池，并使用 pmemobj_open() 打开现有的池。这两个函数均返回 PMEMobjpool *pop 指针。列表 7-1 中的 pwriter 示例展示了如何创建池，并向其写入字符串。列表 7-2 展示如何打开相同的池，以读取并显示字符串。

列表 7-2　preader.c —— 展示如何打开池，并访问根对象和数据

```
33  /*
34   * preader.c - Read a string from a
35   *              persistent memory pool
36   */
37
38  #include <stdio.h>
39  #include <string.h>
40  #include <libpmemobj.h>
41
42  #define LAYOUT_NAME "rweg"
43  #define MAX_BUF_LEN 31
44
45  struct my_root {
46      size_t len;
47      char buf[MAX_BUF_LEN];
48  };
49
50  int
51  main(int argc, char *argv[])
52  {
53      if (argc != 2) {
54          printf("usage: %s file-name\n", argv[0]);
55          return 1;
56      }
57
58      PMEMobjpool *pop = pmemobj_open(argv[1],
59          LAYOUT_NAME);
60
61      if (pop == NULL) {
62          perror("pmemobj_open");
63          return 1;
64      }
65
66      PMEMoid root = pmemobj_root(pop,
67          sizeof(struct my_root));
68      struct my_root *rootp = pmemobj_direct(root);
69
70      if (rootp->len == strlen(rootp->buf))
```

```
71            printf("%s\n", rootp->buf);
72
73        pmemobj_close(pop);
74
75        return 0;
76    }
```

- 第 42 ～ 48 行：使用与 pwriter.c 中声明的相同的数据结构。在实践中，应在头文件中声明，以保持一致。
- 第 58 行：打开池并向其返回一个指向它的指针 pop。
- 第 66 行：成功后，pmemobj_root() 向与持久内存池 pop 相关的 root 对象返回一个句柄。
- 第 68 行：pmemobj_direct() 返回一个指向 root 对象的指针。
- 第 70 ～ 71 行：确定 rootp->buf 指向的缓冲区的长度。如果它与写入的缓冲区的长度相匹配，缓冲区的内容将指向 STDOUT。

7.5　内存池集

多个池的容量可以整合成一个池集（poolset）。池集不仅可以用于增加可用空间，还可以横跨多个持久内存设备并提供本地和远程复制。

可以使用 pmemobj_open() 打开池集，打开方式与单个池相同。在本书出版时，pmemobj_create() 和 pmempool 程序还无法创建池集，但这些特性的需求已经存在了。虽然创建池集需要手动管理，但是可通过 libpmempool 或 pmempool 程序自动执行池集管理。poolset(5) 手册页提供了所有详情。

7.5.1　串联池集

可以将单个或多个文件系统上的池进行串联。串联仅适用于相同的池类型：块、对象或日志池。列表 7-3 展示了一个"myconcatpool.set"池集文件的示例，该文件将 3 个较小的池串联成一个较大的池。为了便于说明，每个池具有不同的大小并位于不同的文件系统中。使用该池集的应用程序将看到单个 700GiB 的内存池。

列表 7-3　myconcatpool.set —— 通过 3 个池创建串联池集，每个池均位于不同的文件系统上

```
PMEMPOOLSET
OPTION NOHDRS
100G /mountpoint0/myfile.part0
200G /mountpoint1/myfile.part1
400G /mountpoint2/myfile.part2
```

> 备注 /mountpoint0/myfile.part0 中 的 数 据 将 被 保 留，但 是 /mountpoint0/myfile.part1 或 /mountpoint0/myfile.part2 中的数据将丢失。建议只在池集中添加新的池和空池。

7.5.2 副本池集

池集不仅可以将多个池结合在一起以提供更多空间，还能保持相同数据的多个副本以提高弹性。数据可以被复制到本地主机不同文件的另一个池集中，以及远程主机的池集中。

列表 7-4 展示了池集文件"myreplicatedpool.set"如何将 /mnt/pmem0/pool1 池的本地写入复制到不同文件系统上的另一个本地池 /mnt/pmem1/pool1 中，以及复制到远程主机 example.com 的 remote-objpool.set 池集中。

列表 7-4　myreplicatedpool.set —— 展示如何将本地数据复制到本地或远程主机

```
PMEMPOOLSET
256G /mnt/pmem0/pool1

REPLICA
256G /mnt/pmem1/pool1

REPLICA user@example.com remote-objpool.set
```

远程持久内存支持库——librpmem 支持该特性。第 18 章会更加详细地介绍 librpmem 和副本池。

7.6　管理内存池和池集

pmempool 程序为开发人员和系统管理员提供了多个实用功能。因为每个命令均有详细的手册页，在此不介绍它们的详细信息：

❑ pmempool info 以可读的格式显示有关特定池的信息和统计数据。

❑ pmempool check 检查池的一致性，如果不一致，则对其进行修复。

❑ pmempool create 创建特定类型的池，并提供特定于该类型池的其他属性。

❑ pmempool dump 以十六进制或二进制格式从池中转储可用数据。

❑ pmempool rm 删除池集配置文件中列出的池文件或所有池文件。

❑ pmempool convert 将池更新为最新的布局版本。

❑ pmempool sync 同步池集中的副本。

❑ pmempool transform 修改池集的内部结构。

❑ pmempool feature 切换或查询池集的特性。

7.7　类型化对象标识符

将数据写入持久内存池或设备时，通过物理地址提交数据。借助操作系统的 ASLR 特性，每次应用程序打开池并将其内存映射至地址空间时，虚拟地址都将改变。因此，需要一种不会被更改的句柄（指针），该句柄被称为 OID（对象标识符）。在内部，它是池或池集唯一的标识符（UUID）以及池或池集内的偏移量的一对组合。OID 可以在固有形式和指针之间反复转化，以让程序的特定实例可直接使用。

在底层，可通过 pmemobj_direct() 等函数手动执行转化，列表 7-2 中的 preader.c 示例展示了如何使用这些函数。由于手动转化需要显式类型转换，并且容易出错，因此建议为每个对象标记一个类型。这使得可以通过宏在编译时进行某种形式的类型安全性检查。

例如在具有以下布局的池中，可通过 D_RO(x)->field 读取通过 TOID(struct foo) x 声明的持久变量：

```
POBJ_LAYOUT_BEGIN(cathouse);
POBJ_LAYOUT_TOID(cathouse, struct canaries);
POBJ_LAYOUT_TOID(cathouse, int);
POBJ_LAYOUT_END(cathouse);
```

在第一行声明的 val 字段可以使用随后的三种操作中的任意一种进行访问。

```
TOID(int) val;
TOID_ASSIGN(val, oid_of_val); // Assigns 'oid_of_val' to typed OID 'val'
D_RW(val) = 42; // Returns a typed write pointer to 'val' and writes 42
return D_RO(val); // Returns a typed read-only (const) pointer to 'val'
```

7.8　分配内存

对于使用 C 或者其他不支持自动分配和释放内存的语言的开发人员，使用 malloc() 分配内存是一项常规操作。对于持久内存，可以使用 pmemobj_alloc()、pmemobj_reserve() 或 pmemobj_ xreserve() 为临时对象保留内存，其使用方法与 malloc() 相同。在应用程序不需要这些内存时，建议使用 pmemobj_free() 或 POBJ_FREE() 释放分配的内存，以避免运行时的内存泄漏。这些易失性内存分配不会在系统崩溃或正常应用程序退出后导致持久泄漏。

7.9　持久保存数据

使用持久内存通常旨在持久保存数据。为此，需要使用以下 libpmemobj 提供的任意一种 API：

❑ 原子操作 API

❏ 保留 / 发布 API
❏ 事务 API

7.9.1 原子操作

如下所示，pmemobj_alloc() 及其变体易于使用，但是其特性受限，因此，开发人员需要进行额外的编码：

```
int pmemobj_alloc(PMEMobjpool *pop, PMEMoid *oidp,
    size_t size, uint64_t type_num, pmemobj_constr
    constructor, void *arg);
int pmemobj_zalloc(PMEMobjpool *pop, PMEMoid *oidp,
    size_t size, uint64_t type_num);
void pmemobj_free(PMEMoid *oidp);
int pmemobj_realloc(PMEMobjpool *pop, PMEMoid *oidp,
    size_t size, uint64_t type_num);
int pmemobj_zrealloc(PMEMobjpool *pop, PMEMoid *oidp,
    size_t size, uint64_t type_num);
int pmemobj_strdup(PMEMobjpool *pop, PMEMoid *oidp,
    const char *s, uint64_t type_num);
int pmemobj_wcsdup(PMEMobjpool *pop, PMEMoid *oidp,
    const wchar_t *s, uint64_t type_num);
```

对于大多数函数，基于类型化对象标识符（TOID）的包装程序包含：

```
POBJ_NEW(PMEMobjpool *pop, TOID *oidp, TYPE,
    pmemobj_constr constructor, void *arg)
POBJ_ALLOC(PMEMobjpool *pop, TOID *oidp, TYPE, size_t size,
    pmemobj_constr constructor, void *arg)
POBJ_ZNEW(PMEMobjpool *pop, TOID *oidp, TYPE)
POBJ_ZALLOC(PMEMobjpool *pop, TOID *oidp, TYPE, size_t size)
POBJ_REALLOC(PMEMobjpool *pop, TOID *oidp, TYPE, size_t size)
POBJ_ZREALLOC(PMEMobjpool *pop, TOID *oidp, TYPE, size_t size)
POBJ_FREE(TOID *oidp)
```

这些函数将对象保留为临时状态，调用用户提供的构造函数，然后在一个原子操作中将分配标记为持久的。它们将新初始化对象的指针插入用户提供的变量中。

如果只需对新对象进行清零，可以使用 pmemobj_zalloc() 来完成，无须构造函数。

由于复制空结尾的字符串是一项操作，libpmemobj 提供了 pmemobj_strdup() 及其宽字节变体 pmemobj_wcsdup() 来处理此操作。pmemobj_strdup() 提供了与 strdup(3) 相同的语义，但是运行在内存池相应的持久内存堆上。

处理完对象后，pmemobj_free() 将释放对象，同时对存储对象指针的变量进行清零。pmemobj_free() 函数释放了由 oidp 表示的内存空间，该内存必须通过之前的 pmemobj_alloc()、pmemobj_xalloc()、pmemobj_zalloc()、pmemobj_realloc() 或 pmemobj_zrealloc() 调用分配。pmemobj_free() 函数提供了与 free(3) 相同的语义，但是在持久内存

堆（而非系统提供的进程堆）上运行。

列表 7-5 展示了一个使用 libpmemobj API 分配与释放内存的小示例。

列表 7-5　使用 pmemobj_alloc() 分配内存并使用 pmemobj_ free() 释放内存

```
33  /*
34   * pmemobj_alloc.c - An example to show how to use
35   *                   pmemobj_alloc()
36   */
..
47  typedef uint32_t color;
48
49  static int paintball_init(PMEMobjpool *pop,
50          void *ptr, void *arg)
51  {
52      *(color *)ptr = time(0) & 0xffffff;
53      pmemobj_persist(pop, ptr, sizeof(color));
54      return 0;
55  }
56
57  int main()
58  {
59      PMEMobjpool *pool = pmemobj_open(POOL, LAYOUT);
60      if (!pool) {
61          pool = pmemobj_create(POOL, LAYOUT,
62          PMEMOBJ_MIN_POOL, 0666);
63          if (!pool)
64              die("Couldn't open pool: %m\n");
65
66      }
67      PMEMoid root = pmemobj_root(pool,
68              sizeof(PMEMoid) * 6);
69      if (OID_IS_NULL(root))
70          die("Couldn't access root object.\n");
71
72      PMEMoid *chamber = (PMEMoid *)pmemobj_direct(root)
73          + (getpid() % 6);
74      if (OID_IS_NULL(*chamber)) {
75          printf("Reloading.\n");
76          if (pmemobj_alloc(pool, chamber, sizeof(color)
77              , 0, paintball_init, 0))
78              die("Failed to alloc: %m\n");
79      } else {
80          printf("Shooting %06x colored bullet.\n",
81          *(color *)pmemobj_direct(*chamber));
82          pmemobj_free(chamber);
83      }
84
```

```
85    pmemobj_close(pool);
86    return 0;
87  }
```

- ❑ 第 47 行：定义需存储到池中的颜色。
- ❑ 第 49 ~ 54 行：分配内存（第 76 行）时调用 paintball_init() 函数。该函数获取池和对象指针，计算彩弹（paintball）颜色的随机十六进制值，并将其持久地写入池中。写入完成后退出程序。
- ❑ 第 59 ~ 70 行：打开或创建一个池，并获取指向池内根对象的指针。
- ❑ 第 72 行：获取一个指向池内偏移的指针。
- ❑ 第 74 ~ 78 行：如果第 72 行的指针不是有效对象，将分配一些空间并调用 paintball_init()。
- ❑ 第 79 ~ 80 行：如果第 72 行的指针是有效对象，将读取颜色值，显示字符串，并释放对象。

7.9.2　保留 / 发布 API

在以下情况，原子分配 API 将无效：
- ❑ 需要更新超过一个对象的引用
- ❑ 需要更新多个标量

例如，如果程序需要从账户 A 中取款并将其存入账户 B，这两个操作必须一起完成，则可以通过保留 / 发布 API 完成该操作。

为了使用该 API，请指定任意需要执行的操作数。这些操作可能使用 pmemobj_set_value() 设置标量 64 位值，使用 pmemobj_defer_free() 释放对象，或者使用 pmemobj_reserve() 分配对象。其中，只有分配操作立即执行，支持初始化新保留的对象。在调用 pmemobj_publish() 之前，无法持久保存更改。

libpmemobj 提供的与保留 / 发布特性相关的函数包括：

```
PMEMoid pmemobj_reserve(PMEMobjpool *pop,
    struct pobj_action *act, size_t size, uint64_t type_num);
void pmemobj_defer_free(PMEMobjpool *pop, PMEMoid oid,
    struct pobj_action *act);
void pmemobj_set_value(PMEMobjpool *pop,
    struct pobj_action *act, uint64_t *ptr, uint64_t value);
int pmemobj_publish(PMEMobjpool *pop,
    struct pobj_action *actv, size_t actvcnt);
void pmemobj_cancel(PMEMobjpool *pop,
    struct pobj_action *actv, size_t actvcnt);
```

列表 7-6 是一个简单的银行示例，展示了如何在将更新发布到池之前，更改多个标量（如账户余额）。

列表 7-6 使用保留 / 发布 API 修改银行账户余额

```
32
33  /*
34   * reserve_publish.c – An example using the
35   *                    reserve/publish libpmemobj API
36   */
37
..
44  #define POOL "/mnt/pmem/balance"
45
46  static PMEMobjpool *pool;
47
48  struct account {
49      PMEMoid name;
50      uint64_t balance;
51  };
52  TOID_DECLARE(struct account, 0);
53
..
60  static PMEMoid new_account(const char *name,
61              int deposit)
62  {
63      int len = strlen(name) + 1;
64
65      struct pobj_action act[2];
66      PMEMoid str = pmemobj_reserve(pool, act + 0,
67                  len, 0);
68      if (OID_IS_NULL(str))
69          die("Can't allocate string: %m\n");
..
75      pmemobj_memcpy(pool, pmemobj_direct(str), name,
76                  len, PMEMOBJ_F_MEM_NODRAIN);
77      TOID(struct account) acc;
78      PMEMoid acc_oid = pmemobj_reserve(pool, act + 1,
79                  sizeof(struct account), 1);
80      TOID_ASSIGN(acc, acc_oid);
81      if (TOID_IS_NULL(acc))
82          die("Can't allocate account: %m\n");
83      D_RW(acc)->name = str;
84      D_RW(acc)->balance = deposit;
85      pmemobj_persist(pool, D_RW(acc),
86                  sizeof(struct account));
87      pmemobj_publish(pool, act, 2);
88      return acc_oid;
89  }
90
91  int main()
92  {
```

```
93    if (!(pool = pmemobj_create(POOL, "",
94                         PMEMOBJ_MIN_POOL, 0600)))
95      die("Can't create pool "%s": %m\n", POOL);
96
97    TOID(struct account) account_a, account_b;
98    TOID_ASSIGN(account_a,
99                  new_account("Julius Caesar", 100));
100   TOID_ASSIGN(account_b,
101                  new_account("Mark Anthony", 50));
102
103   int price = 42;
104   struct pobj_action act[2];
105   pmemobj_set_value(pool, &act[0],
106                  &D_RW(account_a)->balance,
107                  D_RW(account_a)->balance - price);
108   pmemobj_set_value(pool, &act[1],
109                  &D_RW(account_b)->balance,
110                  D_RW(account_b)->balance + price);
111   pmemobj_publish(pool, act, 2);
112
113   pmemobj_close(pool);
114   return 0;
115 }
```

- ❑ 第 44 行：定义内存池的位置。
- ❑ 第 48 ~ 52 行：声明包含名称和余额的账户数据结构。
- ❑ 第 60 ~ 89 行：new_account() 函数保留内存（第 66 行和第 78 行），更新名称和余额（第 83 行和第 84 行），持久保存更改（第 85 行），然后发布更新（第 87 行）。
- ❑ 第 93 ~ 95 行：创建一个新的池，或失败后退出。
- ❑ 第 97 行：声明两个账户实例。
- ❑ 第 98 ~ 101 行：为具有初期余额的每位拥有人创建一个新账户。
- ❑ 第 103 ~ 111 行：从 Julius Caesar 的账户中提取 42 美元，并将其添加至 Mark Anthony 的账户。更改发布在第 111 行中。

7.9.3 事务 API

保留 / 发布 API 速度很快，但是不支持读取刚写入的数据。如果有这种需要，可以使用事务 API。

首次写入变量时，必须将其明确添加至事务。可通过 pmemobj_tx_add_range() 或其变体（pmemobj_tx_add_range_direct）执行该操作。TX_ADD() 或 TX_SET() 等便捷的宏也可以执行该操作。libpmemobj 提供了以下基于事务的函数和宏：

```
int pmemobj_tx_add_range(PMEMoid oid, uint64_t off,
```

```
    size_t size);
int pmemobj_tx_add_range_direct(const void *ptr, size_t size);

TX_ADD(TOID o)
TX_ADD_FIELD(TOID o, FIELD)
TX_ADD_DIRECT(TYPE *p)
TX_ADD_FIELD_DIRECT(TYPE *p, FIELD)

TX_SET(TOID o, FIELD, VALUE)
TX_SET_DIRECT(TYPE *p, FIELD, VALUE)
TX_MEMCPY(void *dest, const void *src, size_t num)
TX_MEMSET(void *dest, int c, size_t num)
```

事务还可以分配全新的对象，保留其内存，然后通过一次提交将这些分配持久化。这些函数包括：

```
PMEMoid pmemobj_tx_alloc(size_t size, uint64_t type_num);
PMEMoid pmemobj_tx_zalloc(size_t size, uint64_t type_num);
PMEMoid pmemobj_tx_realloc(PMEMoid oid, size_t size,
    uint64_t type_num);
PMEMoid pmemobj_tx_zrealloc(PMEMoid oid, size_t size,
    uint64_t type_num);
PMEMoid pmemobj_tx_strdup(const char *s, uint64_t type_num);
PMEMoid pmemobj_tx_wcsdup(const wchar_t *s,
    uint64_t type_num);
```

可以使用事务 API 重写列表 7-6 中的银行示例。除非需要从余额中进行存取，否则大多数代码都保持不变。我们将这些更新封装在一个事务中，如列表 7-7 所示。

列表 7-7　使用事务 API 修改银行账户余额

```
33   /*
34    * tx.c - An example using the transaction API
35    */
36

..

94   int main()
95   {
96       if (!(pool = pmemobj_create(POOL, "",
97                       PMEMOBJ_MIN_POOL, 0600)))
98         die("Can't create pool "%s": %m\n", POOL);

99

100      TOID(struct account) account_a, account_b;
101      TOID_ASSIGN(account_a,
102                  new_account("Julius Caesar", 100));
103      TOID_ASSIGN(account_b,
104                  new_account("Mark Anthony", 50));

105

106      int price = 42;
107      TX_BEGIN(pool) {
```

```
108          TX_ADD_DIRECT(&D_RW(account_a)->balance);
109          TX_ADD_DIRECT(&D_RW(account_b)->balance);
110          D_RW(account_a)->balance -= price;
111          D_RW(account_b)->balance += price;
112      } TX_END
113
114      pmemobj_close(pool);
115      return 0;
116  }
```

❑ 第 107 行：启动事务。

❑ 第 108 ~ 111 行：对多个账户的余额进行修改。

❑ 第 112 行：完成事务。所有更新将全部完成，或者在事务完成前应用程序或系统崩溃时回滚。

每个事务均包含可与应用程序交互的多个阶段。这些事务阶段包括：

❑ TX_STAGE_NONE：该线程中没有打开的事务。

❑ TX_STAGE_WORK：事务正在进行中。

❑ TX_STAGE_ONCOMMIT：已成功提交。

❑ TX_STAGE_ONABORT：事务启动失败或中止。

❑ TX_STAGE_FINALLY：准备清理。

列表 7-7 中的示例使用两个强制阶段：TX_BEGIN 和 TX_END。但是，也可以轻松添加其他阶段以执行相应操作，例如：

```
TX_BEGIN(Pop) {
        /* the actual transaction code goes here... */
} TX_ONCOMMIT {
      /*
       * optional - executed only if the above block
       * successfully completes
       */
} TX_ONABORT {
      /*
       * optional - executed only if starting the transaction
       * fails, or if transaction is aborted by an error or a
       * call to pmemobj_tx_abort()
       */
} TX_FINALLY {
      /*
       * optional - if exists, it is executed after
       * TX_ONCOMMIT or TX_ONABORT block
       */
} TX_END /* mandatory */
```

用户可以选择提供一个事务的参数列表。每个参数包含一个类型，以及一个特定于类型的值。

- ❑ TX_PARAM_NONE 用作终止标记，其后不包含值。
- ❑ TX_PARAM_MUTEX 后面包含一个值——持久内存驻留 PMEMmutex。
- ❑ TX_PARAM_RWLOCK 后面包含一个值——持久内存驻留 PMEMrwlock。
- ❑ TX_PARAM_CB 后面包含两个值：pmemobj_tx_callback 类型的回调函数和 void 指针。

使用 TX_PARAM_MUTEX 或 TX_PARAM_RWLOCK 将在事务开始时获取指定的锁。TX_PARAM_RWLOCK 可获取用于写入的锁。pmemobj_tx_begin() 可确保在成功完成前获取所有的锁，它们将保存在当前的线程中，直到最外层的事务完成。按照从左到右的顺序获取锁。为了避免死锁，需要对锁进行正确的排序。

TX_PARAM_CB 注册特定的回调函数，它们在事务的相应阶段执行。对于 TX_STAGE_WORK，回调在提交之前执行。对于所有其他阶段，回调作为阶段转换后的第一个操作执行。此外，还将在每个事务后调用回调。

7.9.4　可选标记

在原子、保留 / 发布和事务 API 部分讨论的许多函数均有一个包含"标记"参数的变体，该参数接受以下值：

- ❑ POBJ_XALLOC_ZERO 对分配的对象进行清零。
- ❑ POBJ_XALLOC_NO_FLUSH 抑制自动刷新。如果没有以预期的方式刷新数据，在意外断电时，可能无法持久保存数据。

7.9.5　持久保存数据总结

原子、保留 / 发布和事务性 API 具有不同的优势：

- ❑ 原子分配是最简单、最快速的操作，但是它只能用于分配与初始化全新的块。
- ❑ 当所有操作涉及分配或释放整个对象，或修改标量值时，保留 / 发布 API 的速度和原子分配一样快。但是，它可能无法读取刚写入的数据。
- ❑ 无论何时将变量添加至事务，事务 API 都需要慢速同步。如果在事务期间多次修改变量，后续操作将不受限制。它还允许便捷地更改大于单个机器字的数据片段。

7.10　libpmemobj 的 API 可提供保障

libpmemobj 中的事务 API、原子分配 API 和保留 / 发布 API 均提供了故障安全原子性和一致性。

事务 API 可确保已添加至事务的对象的内存修改的持久性。使用 POBJ_X***_ NO_FLUSH 标记是一个例外，在这种情况下，应用程序负责自行刷新内存范围，或使用 libpmemobj 中类似于 memcpy 的函数来刷新。NO_FLUSH 标记无法在线程之间实现隔离，也就是说，部分写入将对其他线程立即可见。

原子分配 API 需要应用程序通过对象构造函数完成数据的刷新。这样确保了操作成功后的持久性。这是唯一可实现线程间完全隔离的 API。

保留 / 发布 API 要求显式刷新通过 pmemobj_reserve() 分配的内存块，它将刷新通过 pmemobj_set_value() 完成的写入操作。虽然在 pmemobj_ publish() 开始前不会进行任何更改，但是线程之间没有隔离，仅允许在发布阶段使用显式锁。

使用数据库中的已知术语提供以下隔离等级：

❑ 事务 API：READ_UNCOMMITTED
❑ 原子分配 API：READ_COMMITTED
❑ 保留 / 发布 API：发布开始前是 READ_COMMITTED，然后是 READ_UNCOMMITTED

7.11　管理库操作

pmemobj_set_funcs() 函数支持应用程序重写（override）libpmemobj 内部使用的内存分配调用。向任意处理程序传递 NULL 都将导致 libpmemobj 默认函数被使用。库不会大量使用系统 malloc() 函数，但会为每个使用的内存池分配 4 ~ 8 KB 空间。

默认情况下，libpmemobj 支持多达 1024 个并行事务 / 分配。出于调试目的，可以通过将 PMEMOBJ_NLANES shell 环境变量设置为期望的限值来减小该值。例如，在 shell 提示符中运行 "export PMEMOBJ_NLANES=512"，然后运行应用程序：

```
$ export PMEMOBJ_NLANES=512
$ ./my_app
```

若要返回默认行为，清除 PMEMOBJ_NLANES：

```
$ unset PMEMOBJ_NLANES
```

7.12　调试与错误处理

如果在调用 libpmemobj 函数的过程中检测到错误，应用程序可以从 pmemobj_errormsg() 检索出描述故障原因的错误消息。该函数返回一个指向静态缓冲区的指针，包含当前线程记录的最后一条错误消息。如果设置了 errno，错误消息可能包含 strerror(3) 返回的相应错误代码的描述。错误消息缓冲区是线程本地的缓冲区，在一个线程中出现的错误不会影响其他线程中的值。任何库函数都不会清理缓冲区，只有前一个 libpmemobj 函数调用显示错误或者设置 errno 时，其内容才有意义。应用程序不能修改或释放错误消息字符串，但是可通过随后调用其他库函数来修改该字符串。

开发系统通常提供两个版本的 libpmemobj。非调试版本进行了性能优化，可在 -lpmemobj 选项链接程序时使用。该库跳过了可能影响性能的检查，从不记录任何跟踪信息，也不会执行任何运行时断言。

/usr/lib/pmdk_debug 或 /usr/local/lib64/pmdk_debug 中提供了 libpmemobj 的调试版本。调试版本包含运行时断言和跟踪点。

使用调试版本的常用方法是设置环境变量 LD_LIBRARY_PATH。也可以视情况来使用 LD_PRELOAD 指向 /usr/lib/pmdk_debug 或 /usr/lib64/pmdk_debug。这些库可能位于不同的位置（例如 /usr/local/lib/pmdk_debug 和 /usr/local/lib64/pmdk_debug），这取决于当前 Linux 发行版或者是否从源代码对 PMDK 进行编译和安装并将 /usr/local 选作安装路径。以下示例是通过 **my_app** 应用程序加载与使用 libpmemobj 调试版本的等效方法：

```
$ export LD_LIBRARY_PATH=/usr/lib64/pmdk_debug
$ ./my_app
```

或者

```
$ LD_PRELOAD=/usr/lib64/pmdk_debug ./my_app
```

使用 PMEMOBJ_LOG_LEVEL 和 PMEMOBJ_LOG_FILE 环境变量控制调试库提供的输出。这些变量不会影响库的非调试版本。

PMEMOBJ_LOG_LEVEL

PMEMOBJ_LOG_LEVEL 的值在调试版本的库中启用跟踪点，如下所示：

1）这是未设置 PMEMOBJ_LOG_LEVEL 时的默认级别。该级别不会发出任何日志消息。

2）除了照常返回基于 errno 的错误之外，还记录有关检测出的所有错误的更多详细信息。可使用 pmemobj_errormsg() 检索相同的信息。

3）记录少量的基本操作。

4）在库中启用大量函数调用跟踪。

5）启用大量非常模糊的跟踪信息，这些信息可能只对 libpmemobj 开发人员有用。

调试输出被写入 STDERR，除非已设置 PMEMOBJ_LOG_FILE。如需设置调试级别，请使用如下方法：

```
$ export PMEMOBJ_LOG_LEVEL=2
$ ./my_app
```

PMEMOBJ_LOG_FILE

PMEMOBJ_LOG_FILE 的值包含应写入所有日志信息的文件的完整路径和文件名。如果未设置 PMEMOBJ_LOG_FILE，日志输出将写入 STDERR。

以下示例将日志文件的位置定义为 /var/tmp/libpmemobj_debug.log（以确保在后台执行 **my_app** 时使用 libpmemobj 调试版本），将调试日志级别设置为 2，并使用 **tail -f** 实时监控日志：

```
$ export PMEMOBJ_LOG_FILE=/var/tmp/libpmemobj_debug.log
$ export PMEMOBJ_LOG_LEVEL=2
$ LD_PRELOAD=/usr/lib64/pmdk_debug ./my_app &
$ tail -f /var/tmp/libpmemobj_debug.log
```

　　如果调试日志文件名的最后一个字符为 "-"，在创建日志文件时，当前进程的进程标识符（PID）将被附加到文件名中。调试多个进程时可执行该操作。

7.13　总结

　　本章介绍了用于简化持久内存编程的 `libpmemobj` 库。该库通过提供具有原子操作、事务和保留 / 发布特性的 API，可减少创建应用程序时的错误，同时确保数据的完整性。

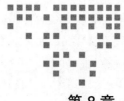

libpmemobj-cpp：
自适应语言 C++ 和持久内存

8.1　简介

持久内存开发套件（PMDK）包含多个不同的库，每个库均针对特定的使用需求而设计。libpmemobj 是其中最灵活、最强大的库。它符合持久内存编程模型的要求，无须修改编译器。libpmemobj 库面向底层系统软件开发人员和语言创建人员，提供了分配器、事务以及自动操作对象的方法。然而由于它不会修改编译器，导致它的 API 冗长，且包含大量的宏。

为了简化持久内存编程，减少错误，英特尔创建了针对 libpmemobj 的高级语言绑定，并将其添加至 PMDK。我们选择使用 C++ 语言创建新的友好型 libpmemobj API，它被称作 libpmemobj-cpp 或 libpmemobj++。C++ 是一个特性丰富的通用语言，拥有庞大的开发人员受众，并且随着 C++ 编程标准的更新不断改进。

libpmemobj-cpp 设计的主要目标是专注于在数据结构层面（而非代码层面）对易失性程序进行修改。也就是说，libpmemobj-cpp 针对想要修改易失性应用程序的开发人员，提供了便捷的 API 来修改结构体和类，而只需对函数进行细微改动。

本章介绍了如何利用支持元编程的 C++ 语言特性来简化持久内存编程。本章还介绍了如何通过提供持久容器（persistent container），使其更符合 C++ 语言的习惯。最后，我们讨论了持久内存编程的 C++ 标准限制，包括对象的生命周期和存储在持久内存中的对象的内部布局。

8.2　元编程

元编程是一项支持计算机程序将其他程序视作数据的技术。也就是说，程序可以读取、生成、分析或转换其他程序，甚至在运行时进行自我修改。在某些情况下，元编程支持程序员为解决方案最大限度地减少代码行数，从而缩短开发时间。它还提高了程序的灵活性，以便更高效地处理新的情况，而无须重新编译。

对于 libpmemobj-cpp 库，英特尔在使用类型安全容器封装 PMEMoid（持久内存对象 ID）方面付出了巨大的努力。使用模板和元编程（而非一组复杂的宏）提供类型安全。这极大地简化了原生 C 语言中的 libpmemobj API。

8.2.1 持久指针

网络存储工业协会（SNIA）创建了基于内存映射文件的持久内存编程模型。PMDK 在其架构和设计实现中使用了该模型。我们在第 3 章对 SNIA 编程模型进行了讨论。

大多数操作系统实现地址空间布局随机化（ASLR）。ASLR 是一项有助于防止利用内存损坏漏洞的计算机安全技术。为了防止攻击者从可靠的途径（比如内存中特定函数）跳转到内存中，ASLR 随机安排进程关键数据区的地址空间位置，包括可执行文件的基址以及栈、堆与库的位置。每次执行应用程序时，ASLR 都可以将文件映射到进程地址空间的不同地址。因此，无法使用存储绝对地址的传统指针。每次执行时，传统指针可能指向未初始化的内存，对该指针解除引用时可能导致段错误（segmentation fault）。它也可能指向有效的内存范围，但并不是用户期望的内存范围，这将导致不可预测或不确定的行为。

为了解决持久内存编程中的这个问题，需要一种不同类型的指针。libpmemobj 引入了名为 PMEMoid 的 C 结构体，PMEMoid 包含内存池的标识符和从内存池开始的偏移。在 libpmemobj C++ 绑定中，该胖指针（fat pointer）被封装为模板类 pmem::obj::persistent_ptr。C 和 C++ 的实现都有相同的 16 字节空间。原始 PMEMoid 提供了一个构造函数，以便混合使用 C 的 API 与 C++。pmem::obj::persistent_ptr 在概念和实现方面与 C++11 中引入的智能指针（std::shared_ptr、std::auto_ptr、std::unique_ptr 和 std::weak_ptr）类似，两者的最大区别是前者不会管理对象的生命周期。

除了 operator*、operator->、operator[] 以及与 std::pointer_traits 和 std::iterator_traits 兼容的 typedef 外，pmem::obj::persistent_ptr 还定义了内容持久化的方法。pmem::obj::persistent_ptr 可用于标准库算法和容器。

8.2.2 事务

对于使用持久内存的大多数复杂的应用程序，必须能够以原子方式一次修改超过 8 字节的数据。单个逻辑操作通常需要多个存储操作。例如，插入简单的基于链表的队列需要两个单独的存储操作：尾指针和最后一个元素的 next 指针。为了支持开发人员以原子方式修改更多数据，以应对电源故障中断，PMDK 的某些库提供了事务支持。C++ 语言绑定将这些事务封装成两种概念：一种基于资源获取即初始化（RAII）用语，另一种基于一个可调用的 std::function 对象。此外，由于一些 C++ 标准问题，范围内的事务采用手动和自动两种形式。在本章，我们只介绍采用 `std::function` 对象的方法。有关基于 RAII 的事务的更多信息请参见 libpmemobj-cpp 文档（https://pmem.io/pmdk/ cpp_obj/）。

使用 `std::function` 的方法被声明为：

```
void pmem::obj::transaction::run(pool_base &pop,
    std::function<void ()> tx, Locks&... locks)
```

`locks` 参数是一个可变参数模板。`std::function` 支持将大量类型传递给 run。首选方法是将 lambda 函数作为 tx 参数传输。这使代码更紧凑、更易于分析。列表 8-1 展示了如何使用 lambda 在事务中执行任务。

列表 8-1　函数对象事务

45	`// execute a transaction`
46	`pmem::obj::transaction::run(pop, [&]() {`
47	`    // do transactional work`
48	`});`

当然，该 API 不仅限于 lambda 函数。任何可调用目标均可以作为 tx 传输，例如函数、绑定表达式、函数对象和指向成员函数的指针。由于 run 是一个普通的静态成员函数，因此可以抛出异常。如果在执行事务的过程中抛出异常，事务将自动中止，然后再次抛出活动异常，这样中断信息将不会丢失。如果底层 C 库由于某种原因而失败，事务也会中止，并抛出 C++ 库异常。开发人员不必检查前一个事务状态。

libpmemobj-cpp 事务为 `pmem::obj::mutex`、`pmem::obj::shared_mutex` 和 `pmem::obj::timed_mutex` 等同步原语给驻留在持久内存的同步原语提供了一个入口。libpmemobj 确保在首次尝试获取锁时，正确地重新初始化所有的锁。是否使用 pmem 锁完全是可选的，没有它们，事务也可以被执行。libpmemobj 提供可自由混合类型的任意数量的锁。锁将保留到事务结束，在嵌套的情况下将保留到最外层的事务结束。也就是说，当事务被包含在 try-catch 语句块中时，锁在到达 catch 语句前被释放。如果某种类型的事务中止清理时需要修改共享状态，该操作极其重要。在这种情况下，需要以正确的顺序重新获取必要的锁。

8.2.3　创建快照

在修改事务中的数据之前，C 库需要手动创建快照。而 C++ 绑定自动创建所有快照，以降低程序员出错的可能性。`pmem::obj::p` 模板包装类是该机制的基本构建模块。它用于处理基本类型，而非复合类型，例如类或 POD（Plain Old Data，该结构体只包含字段，不包含任何面向对象的特性）。这是因为它不会定义 operator->()，不可能实现 operator.()。`pmem::obj::p` 的实现基于 operator=()。每次调用赋值运算符时，p 封装的值都将改变，libpmemobj 库需要创建旧值的快照。除了创建快照，p<> 模板还确保变量被正确地持久化，在必要时刷新数据。列表 8-2 提供了一个使用 p<> 模板的示例。

列表 8-2 使用 p<> 模板正确地持久保存值

```
39    struct bad_example {
40        int some_int;
41        float some_float;
42    };
43
44    struct good_example {
45        pmem::obj::p<int> pint;
46        pmem::obj::p<float> pfloat;
47    };
48
49    struct root {
50        bad_example bad;
51        good_example good;
52    };
53
54    int main(int argc, char *argv[]) {
55        auto pop = pmem::obj::pool<root>::open("/daxfs/file", "p");
56
57        auto r = pop.root();
58
59        pmem::obj::transaction::run(pop, [&]() {
60            r->bad.some_int = 10;
61            r->good.pint = 10;
62
63            r->good.pint += 1;
64        });
65
66        return 0;
67    }
```

❑ 第 39 ～ 42 行：此处，我们声明包含两个变量（即 some_int 和 some_float）的结构体 bad_example。在持久内存上存储并修改该结构体是一项危险操作，因为不会自动创建数据快照。

❑ 第 44 ～ 47 行：我们声明包含两个 p<> 类型变量（即 pint 和 pfloat）的结构体 good_example。由于每次在事务中修改 pint 或 pfloat 都会执行快照，该结构体可以安全地存储在持久内存上。

❑ 第 55 ～ 57 行：此处，我们打开一个使用 pmempool 命令创建的持久内存池，并获得一个指向 root 变量中存储的根对象的指针。

❑ 第 60 行：我们修改 bad_example 结构体中的整数值。该修改并不安全，因为我们没有将该变量添加至事务，所以如果应用程序或系统崩溃，或者电源故障，将无法正确地持久保存修改。

❑ 第 61 行：此处，我们修改 p<> 模板封装的整数值。这是一项安全操作，因为 operator=()

将自动创建元素的快照。

❑ 第 63 行：在 p<> 上使用算术运算符（如果底层类型支持的话）也是安全的。

8.2.4　分配

和 std::shared_ptr 一样，pmem::obj::persistent_ptr 附带一套分配和释放函数。这有助于分配内存、创建对象，以及销毁与释放内存。这对持久内存尤为重要，因为所有分配和对象构建 / 销毁必须以原子方式执行，以应对电源故障中断。事务性分配使用完美转发和可变参数模板来构建对象。这使对象创建与 std::make_shared 相同，并且类似于调用构造函数。但是，创建事务性数组要求对象为默认可构建。创建的数组可以是多维数组。pmem::obj::make_persistent 和 pmem::obj::make_persistent_array 必须在一个事务内调用，否则将抛出异常。在对象构建期间，也可以进行其他事务性分配，这体现了该 API 的灵活性。持久内存的属性要求引入用于销毁对象和对象数组的 pmem::obj::delete_persistent 函数。由于 pmem::obj::persistent_ptr 不会自动处理被指向对象的生命周期，因此用户需要负责处置不再使用的对象。列表 8-3 展示了事务性分配的示例。

由于原子分配不返回指针，所以开发人员必须提供一个引用作为函数参数，并且由于原子操作不是在事务的上下文中执行的，因此必须通过其他方法（例如通过重写日志操作）执行实际的空间分配。列表 8-3 还提供了一个原子分配示例。

列表 8-3　事务性和原子分配示例

```
39    struct my_data {
40        my_data(int a, int b): a(a), b(b) {
41
42        }
43
44        int a;
45        int b;
46    };
47
48    struct root {
49        pmem::obj::persistent_ptr<my_data> mdata;
50    };
51
52    int main(int argc, char *argv[]) {
53        auto pop = pmem::obj::pool<root>::open("/daxfs/file", "tx");
54
55        auto r = pop.root();
56
57        pmem::obj::transaction::run(pop, [&]() {
58            r->mdata = pmem::obj::make_persistent<my_data>(1, 2);
59        });
60
61        pmem::obj::transaction::run(pop, [&]() {
```

```
62                pmem::obj::delete_persistent<my_data>(r->mdata);
63          });
64      pmem::obj::make_persistent_atomic<my_data>(pop, r->mdata,
        2, 3);
65
66      return 0;
67   }
```

❑ 第 58 行：此处，我们以事务方式分配 my_data 对象。传输至 make_persistent 的参数将被转发至 my_data 构造函数。请注意，对 r->mdata 的赋值将创建旧持久指针值的快照。

❑ 第 62 行：此处，我们删除 my_data 对象。delete_persistent 将调用对象的析构函数并释放内存。

❑ 第 64 行：我们以原子方式分配 my_data 对象。**无法**在事务中调用该函数。

8.3 C++ 标准限制

C++ 语言限制和持久内存编程模式对存储在持久内存上的对象具有严格限制。libpmemobj 和 SNIA 编程模型支持应用程序使用内存映射文件方式访问持久内存，以利用其可字节寻址性。由于不会进行序列化，因此即使在关闭与重新打开应用程序或者电源故障后，应用程序也必须能够直接从持久内存介质读取并修改。

从 C++ 和 libpmemobj 的角度来看，以上内容意味着什么？主要有 4 个问题：

1）对象的生命周期。

2）在事务中创建对象的快照。

3）存储对象的固定介质上的布局。

4）指针作为对象成员。

我们将在接下来的 4 个小节分别介绍这 4 个问题。

8.3.1 对象的生命周期

C++ 标准（https://isocpp.org/std/the-standard）的 [basic.life] 章节将对象的生命周期描述为：

对象或引用的生命周期是对象或引用的一个运行时属性。如果变量为默认初始化，那么它有一个空初始化，如果它是一个类类型或者类类型的数组（可能是多维），那么该类类型有一个平凡（trivial）默认构造函数。类型 T 对象的生命周期在满足以下 2 种条件时开始：

（1.1）获得了具有适合类型 T 的对齐和尺寸的存储。

（1.2）其初始化（如果有）已完成（包括空初始化)([dcl.init])。

但是如果对象是一个联合体成员或该成员的子对象，那么只有在该联合体成员为联合体中的初始化成员（[dcl.init.aggr]、[class.base.init]），或者如 [class. union] 所述的情况下，其生命周期才会开始。类型 T 对象的生命周期在满足以下条件之一时终止：

（1.3）如果 T 是一个非类类型，对象将被销毁。

（1.4）如果 T 是一个类类型，析构函数调用开始。

（1.5）对象占用的存储被释放，或者被未嵌套在 o（[intro.object]）中的对象重复使用。

标准指出，赋予对象的属性只有在给定对象的生命周期内适用于该对象。在这种情况下，持久内存编程问题类似于通过网络传输数据，其中，为 C++ 应用程序提供了一组字节，但是它可能识别发送的对象类型。但是对象不是在该应用程序中构建的，因此使用它将导致未定义行为。该问题已广为人知，并且 WG21 C++ 标准委员会工作小组（https://isocpp.org/std/the-committee 和 http:// www.open-std.org/jtc1/sc22/wg21/）正在着手解决该问题。

从 C++ 标准的角度来看，目前无法克服对象生命周期的障碍，也不可能停止依赖未定义行为。libpmemobj-cpp 通过了符合 C++11 要求的编译器和应用程序场景的测试与验证。对 libpmemobj-cpp 用户的唯一建议是，必须在开发持久内存应用程序时牢记这些限制。

8.3.2　平凡类型

事务是 libpmemobj 的核心。因此，我们在设计 C++ 版本时非常谨慎地实现 libpmemobj-cpp，使其尽可能简单易用。开发人员无须了解实现细节，也不必担心创建修改数据的快照，从而运行基于撤销日志的事务。我们实现了特殊的半透明模板属性类，以将变量修改自动添加至事务撤销日志，8.2.3 节中介绍了这一点。

但是创建数据快照是什么意思？答案非常简单，但是对 C++ 造成的影响却很复杂。libpmemobj 使用 memcpy() 将给定长度的数据从特定地址复制到另一个地址，从而实现快照。如果事务中止或系统断电，则在重新打开内存池时从撤销日志写入数据。请思考列表 8-4 展示的以下 C++ 对象的定义，以及 memcpy() 对它的影响。

列表 8-4　该示例展示了对象上的不安全 memcpy()

```
35    class nonTriviallyCopyable {
36    private:
37        int* i;
38    public:
39        nonTriviallyCopyable (const nonTriviallyCopyable & from)
40        {
41            /* perform non-trivial copying routine */
42            i = new int(*from.i);
43        }
44    };
```

深复制和浅复制是最简单的示例。问题的关键在于通过手动复制数据，我们可能打破了对象依赖于拷贝构造函数的固有行为。共享或唯一指针也是一个很好的例子，通过使用 memcpy() 轻松地复制它，我们打破了使用类时与其达成的"交易"，这有可能导致泄漏或崩溃。

当应用程序手动复制对象内容时，必须处理更复杂的细节。C++11 标准提供了一个 `<type_traits>` 类型特性和 `std::is_trivially_copyable`，以确保给定类型满足 Trivially-Copyable 的要求。根据 C++ 标准，当复制不变类具有以下特性时，对象满足 Trivially-Copyable 的要求：

- 每个复制构造函数均为平凡的（12.8）。
- 每个移动构造函数均为平凡的（12.8）。
- 每个复制赋值运算符均为平凡的（13.5.3，12.8）。
- 每个移动赋值运算符均为平凡的（13.5.3，12.8）。
- 平凡的析构函数（12.4）。

平凡类是一个具有平凡默认构造函数（12.1）的类并且是可平凡复制的。

[注：特别地，可平凡复制或者平凡类不包含虚函数或虚基类。]

C++ 标准将非平凡方法定义为：

如果 X 类的复制 / 移动构造函数不是用户提供的，并且满足以下条件，则复制 / 移动构造函数是平凡的：

- X 类不具有虚函数（10.3）或虚基类（10.1）。
- 用于复制 / 移动每个直接基类子对象的选定构造函数是平凡的。
- 对于类类型（或者其数组）X 的每个非静态数据成员，用于复制 / 移动该成员的选定构造函数是平凡的。

否则，复制 / 移动构造函数是非凡的。

也就是说，如果复制或移动构造函数不是用户提供的，则它们是平凡的。类中不包含虚拟内容，为所有类成员和基类以递归方式保留该属性。你可以看到，C++ 标准和 libpmemobj 事务实现限制了可能存储在持久内存上的对象类型，以满足平凡类型的要求，但是必须考虑到对象的布局。

8.3.3 对象布局

对象表示（也被称作布局）可能因编译器、编译器标记和应用程序二进制接口（ABI）的不同而异。编译器可执行与布局相关的优化，打乱具有相同说明符类型的成员顺序。例如，先是 public，然后是 protected，随后又是 public。与未知对象布局相关的另一个问题是多态类型。目前，重新打开内存池后，没有可靠、可移植的 **vtable** 重建实现方法，因此，多态对象不支持持久内存。

想要使用映射文件方式在持久内存上存储对象并遵循 SNIA NVM 编程模型，必须确保以下转换始终有效：

```
someType A = *reinterpret_cast<someType*>(mmap(...));
```

存储对象类型的位表示必须始终相同，我们的应用程序应能够从映射文件中检索存储对象，而无须序列化。

C++11 提供了名为 std::is_standard_layout 的另一种类型特性。可以确保特定类型满足上述要求。标准指出，该类型特性可与其他语言进行通信，例如用于创建与原生 C++ 库的语言绑定。因此，标准布局类与同等 C struct 或 union 具有相同的内存布局。一般规则是标准布局类中的所有非静态数据成员必须具有相同的访问控制。我们在本节的开头提到了符合 C++ 要求的编译器可以自由地打乱相同类定义的访问范围。

使用继承时，在整个继承树中只有一个类可以具有非静态数据成员，第一个非静态数据成员不能是基类类型，因为这会违反别名规则。否则，它不是一个标准布局类。

C++11 标准对 std::is_standard_layout 的定义如下：

标准布局类：

– 不具有非标准布局类类型（或该类型的数组）或引用的非静态数据成员。

– 不具有虚函数（10.3）或虚基类（10.1）。

– 所有非静态数据成员均具有相同的访问控制（第 11 条）。

– 不具有非标准布局基类。

– 大多数派生类中不具有非静态数据成员，最多只有一个包含非静态数据成员的基类，或者不具有包含非静态数据成员的基类。

– 没有一个基类与第一个非静态数据成员类型相同。

标准布局结构体是使用 class-key 结构体或 class-key 类定义的标准布局类。

标准布局联合体是一个使用 class-key 联合体定义的标准布局类。

［注：标准布局类对于与使用其他编程语言编写的代码进行通信非常有用。其布局在 9.2 中指定。］

讨论了对象布局后，我们接下来将研究另一个有趣的问题——指针类型以及如何将其存储在持久内存上。

8.3.4　指针

在 8.3.3 节，我们引用了 C++ 标准的部分规定。我们介绍了类型的限制，哪些类型可以安全地执行快照与复制，以及我们可以对哪些类型进行二进制转换，而无须考虑固定布局。那么指针具有哪些限制？使用持久内存编程模型时，如何在对象中处理指针？请思考列表 8-5 展示的代码片段，该列表提供了一个将易失性指针用作类成员的类的示例。

列表 8-5　该示例展示了将易失性指针用作类成员的类

```
39    struct root {
40        int* vptr1;
41        int* vptr2;
42    };
43
44    int main(int argc, char *argv[]) {
45        auto pop = pmem::obj::pool<root>::open("/daxfs/file", "tx");
46
47        auto r = pop.root();
48
49        int a1 = 1;
50
51        pmem::obj::transaction::run(pop, [&](){
52            auto ptr = pmem::obj::make_persistent<int>(0);
53            r->vptr1 = ptr.get();
54            r->vptr2 = &a1;
55        });
56
57        return 0;
58    }
```

❑ 第 39 ~ 42 行：创建一个以两个易失性指针作为成员的 root 结构体。

❑ 第 51 ~ 52 行：应用程序以事务的方式分配两个虚拟地址。将一个地址分配至栈上的一个整数，另一个地址分配至持久内存上的一个整数。如果在执行事务后应用程序崩溃或退出，我们再次执行应用程序，将会发生什么？由于变量 a1 驻留在栈，旧值将消失。但是分配给 vptr1 的值是什么？即使它驻留在持久内存，易失性指针也不再有效。由于 ASLR，如果调用 mmap()，我们无法保证再次获得相同的虚拟地址。指针可能指向某个对象、垃圾或者不指向任何对象。

如上个示例所示，大家需要意识到将易失性内存指针存储在持久内存中几乎总会引发设计错误。但是，使用 pmem::obj::persistent_ptr<> 类模板是安全的。它提供了在应用程序崩溃后安全访问特定内存的唯一方法。但是，pmem::obj::persistent_ptr<> 类型由于明确定义的构造函数，无法满足 TriviallyCopyable 的要求。因此，包含 pmem::obj::persistent_ptr<> 成员的对象将不会通过 std::is_trivially_copyable 验证检查。每个持久内存开发人员都应经常检查能否在特定情况下复制 pmem::obj::persistent_ptr<>，确保它不会导致错误和持久内存泄漏。开发人员应意识到 std::is_ trivially_copyable 只是一个语法检查，而不会测试语义。在这种上下文中使用 pmem::obj::persistent_ptr<> 将导致未定义的行为。没有解决方案能够解决该问题。截至撰写本书之时，C++ 标准还未完全支持持久内存编程，因此，开发人员必须确保复制 pmem::obj::persistent_ptr<> 在任何情况下都可以安全使用。

8.3.5　限制总结

C++11 为持久内存编程提供了几种非常实用的类型特性：

❑ template <typename T> struct
　std::is_pod

❑ template <typename T> struct
　std::is_trivial

❑ template <typename T>
　struct std::is_trivially_copyable

❑ template <typename T>
　struct std::is_standard_layout

它们彼此相关。最常见、最具限制性的特性是图 8-1 展示的 POD 类型定义。

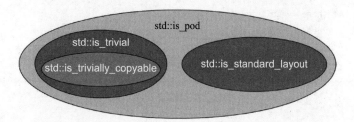

图 8-1　与持久内存相关的 C++ 类型特性之间的相关性

我们之前提到了持久内存驻留类必须满足以下要求：

❑ std::is_trivially_copyable

❑ std::is_standard_layout

如果需要，持久内存开发人员可以自由使用更具限制性的类型特性。如果我们想要使用持久指针，便无法依赖类型特性。我们必须了解与使用 memcpy() 复制对象以及对象的布局表示相关的所有问题。对于持久内存编程，上述概念和特性的格式描述和标准化需要在 C++ 标准机构小组内完成，以便正式设计与实现。在此之前，开发人员必须了解这些限制以管理未定义的对象生命周期行为。

8.4　简化持久性

请思考列表 8-6 展示的简单队列的实现，它在易失性 DRMA 中存储元素。

列表 8-6　一个易失性队列的实现

```
33    #include <cstdio>
34    #include <cstdlib>
```

```
35    #include <iostream>
36    #include <string>
37
38    struct queue_node {
39        int value;
40        struct queue_node *next;
41    };
42
43    struct queue {
44        void
45        push(int value)
46        {
47            auto node = new queue_node;
48            node->value = value;
49            node->next = nullptr;
50
51            if (head == nullptr) {
52                head = tail = node;
53            } else {
54                tail->next = node;
55                tail = node;
56            }
57        }
58
59        int
60        pop()
61        {
62            if (head == nullptr)
63                throw std::out_of_range("no elements");
64
65            auto head_ptr = head;
66            auto value = head->value;
67
68            head = head->next;
69            delete head_ptr;
70
71            if (head == nullptr)
72                tail = nullptr;
73
74            return value;
75        }
76
77        void
78        show()
79        {
80            auto node = head;
```

```
81              while (node != nullptr) {
82                  std::cout << "show: " << node->value << std::endl;
83                  node = node->next;
84              }
85
86              std::cout << std::endl;
87          }
88
89      private:
90          queue_node *head = nullptr;
91          queue_node *tail = nullptr;
92      };
```

❑ 第 38 ～ 40 行：声明 queue_node 结构体的布局，它存储一个整数值和一个指向队列
中 next 节点的指针。

❑ 第 44 ～ 57 行：实现 push() 方法，该方法用于分配新节点并设置其值。

❑ 第 59 ～ 75 行：实现用于删除队列中首个元素的 pop() 方法。

❑ 第 77 ～ 87 行：show() 方法遍历链表，并向标准输出显示每个节点的内容。

之前的队列实现将类型 int 的值存储在链表中，并提供了 3 个基本方法：push()、pop()
和 show()。

本节将展示如何修改你的易失性结构体，以使用 libpmemobj-cpp 绑定在持久内存中存
储元素。所有修饰符方法都应该用事务来保证原子性和一致性。

如果你想修改易失性应用程序，使其开始利用持久内存，你应仅对函数中的结构和类
进行少量修改。首先，我们通过更改 queue_node 结构体的布局来修改该结构体，如列表 8-7
所示。

列表 8-7　持久队列的实现 —— 修改 **queue_node** 结构体

```
38      #include <libpmemobj++/make_persistent.hpp>
39      #include <libpmemobj++/p.hpp>
40      #include <libpmemobj++/persistent_ptr.hpp>
41      #include <libpmemobj++/pool.hpp>
42      #include <libpmemobj++/transaction.hpp>
43
44      struct queue_node {
45          pmem::obj::p<int> value;
46          pmem::obj::persistent_ptr<queue_node> next;
47      };
48
49      struct queue {
...
100     private:
101         pmem::obj::persistent_ptr<queue_node> head = nullptr;
102         pmem::obj::persistent_ptr<queue_node> tail = nullptr;
103     };
```

你可以看到，所有修改仅限于将易失性指针替换为 pmem:obj::persistent_ptr 并开始使用 p<> 属性。

接下来，我们将修改 push() 方法，如列表 8-8 所示。

列表 8-8　持久队列的实现 —— 持久 push() 方法

```
50      void
51      push(pmem::obj::pool_base &pop, int value)
52      {
53          pmem::obj::transaction::run(pop, [&]{
54              auto node = pmem::obj::make_persistent<queue_node>();
55              node->value = value;
56              node->next = nullptr;
57
58              if (head == nullptr) {
59                  head = tail = node;
60              } else {
61                  tail->next = node;
62                  tail = node;
63              }
64          });
65      }
```

所有修饰符方法必须了解它们应在哪个持久内存池上运行。对于单个内存池，这很简单。但是如果应用程序内存映射来自不同的文件系统，我们需要跟踪每个池的数据。我们引入了一个额外的、类型为 pmem::obj::pool_base 的参数来解决该问题。在 push() 方法中，我们使用 C++ lambda 表达式 [&] 来封装代码与事务，以保证修改的原子性和一致性。我们调用 pmem::obj::make_ persistent<>() 以事务方式在持久内存上分配它，而不是在栈上分配新的节点。

列表 8-9 展示了对 pop() 方法的修改。

列表 8-9　持久队列的实现 —— 持久 pop() 方法

```
67      int
68      pop(pmem::obj::pool_base &pop)
69      {
70          int value;
71          pmem::obj::transaction::run(pop, [&]{
72              if (head == nullptr)
73                  throw std::out_of_range("no elements");
74
75              auto head_ptr = head;
76              value = head->value;
77
78              head = head->next;
79              pmem::obj::delete_persistent<queue_node>(head_ptr);
80
```

```
81              if (head == nullptr)
82                  tail = nullptr;
83          });
84
85          return value;
86      }
```

pop() 的逻辑封装在 libpmemobj-cpp 事务中。唯一的额外修改是使用事务性 pmem::obj::delete_persistent<>() 交换易失性删除调用。

show() 方法不修改易失性 DRAM 或持久内存上的任何内容，因此我们无须对其做任何更改，因为 pmem:obj::persistent_ptr 实现提供了 operator->。

如需使用该队列示例的持久版本，我们的应用程序可以将其与 root 对象相关联。列表 8-10 展示了一个使用持久队列的应用程序示例。

列表 8-10　使用持久队列的应用程序示例

```
39      #include "persistent_queue.hpp"
40
41      enum queue_op {
42          PUSH,
43          POP,
44          SHOW,
45          EXIT,
46          MAX_OPS,
47      };
48
49      const char *ops_str[MAX_OPS] = {"push", "pop", "show", "exit"};
50
51      queue_op
52      parse_queue_ops(const std::string &ops)
53      {
54          for (int i = 0; i < MAX_OPS; i++) {
55              if (ops == ops_str[i]) {
56                  return (queue_op)i;
57              }
58          }
59          return MAX_OPS;
60      }
61
62      int
63      main(int argc, char *argv[])
64      {
65          if (argc < 2) {
66              std::cerr << "Usage: " << argv[0] << " path_to_pool"
                    << std::endl;
67              return 1;
```

```
68          }
69
70          auto path = argv[1];
71          pmem::obj::pool<queue> pool;
72
73          try {
74              pool = pmem::obj::pool<queue>::open(path, "queue");
75          } catch(pmem::pool_error &e) {
76              std::cerr << e.what() << std::endl;
77              std::cerr << "To create pool run: pmempool create obj
                 --layout=queue -s 100M path_to_pool" << std::endl;
78          }
79
80          auto q = pool.root();
81
82          while (1) {
83              std::cout << "[push value|pop|show|exit]" << std::endl;
84
85              std::string command;
86              std::cin >> command;
87
88              // parse string
89              auto ops = parse_queue_ops(std::string(command));
90
91              switch (ops) {
92                  case PUSH: {
93                      int value;
94                      std::cin >> value;
95
96                      q->push(pool, value);
97
98                      break;
99                  }
100                 case POP: {
101                     std::cout << q->pop(pool) << std::endl;
102                     break;
103                 }
104                 case SHOW: {
105                     q->show();
106                     break;
107                 }
108                 case EXIT: {
109                     exit(0);
110                 }
111                 default: {
112                     std::cerr << "unknown ops" << std::endl;
113                     exit(0);
114                 }
```

```
115             }
116         }
117     }
```

8.5　生态系统

libpmemobj C++ 的整体目标是为持久内存编程创建不易出错的友好型 API。即使在持久内存池分配器的帮助下，使用便捷的接口来创建与管理事务、自动创建模板类和智能持久指针的快照，以及设计使用持久内存的应用程序仍具有一定的挑战性，因为缺少 C++ 程序员习以为常的卓越特性。为了简化持久编程，我们将致力于为程序员提供高效、实用的容器。

8.5.1　持久容器

持久内存程序员可能需要使用 C++ 标准库容器集。容器使用分配器，通过分配 / 创建和取消分配 / 销毁来管理所持有的对象的生命周期。针对 C++ STL（标准模板库）容器实现自定义持久分配器有两个主要缺点：

❑ 实现细节：
  • STL 容器并不使用为持久内存优化设计的算法。
  • 持久内存容器应具有持久性和一致性属性，但是并不是每种 STL 方法都能保证较高的异常安全性。
  • 设计持久内存容器时应考虑碎片化限制。
❑ 内存布局：
  • STL 无法保证容器布局在新的库版本中保持不变。

由于存在这些缺点，`libpmemobj-cpp` 提供了一组从零实现的自定义容器，包含经过优化的介质上布局和算法，以充分挖掘持久内存的潜力和特性。这些方法确保了原子性、一致性和持久性。除了特定的内部实现细节，`libpmemobj-cpp` 持久内存容器还包含一个类似于 STL 的常用接口，并且适用于 STL 算法。

8.5.2　持久容器示例

由于 `libpmemobj-cpp` 设计的主要目标是专注于在数据结构层面（而非代码层面）对易失性程序进行修改，所以 `libpmemobj-cpp` 持久容器的使用方法基本上与同类 STL 产品相同。列表 8-11 展示了持久向量示例。

列表 8-11　使用持久容器以事务方式分配向量

```
33    #include <libpmemobj++/make_persistent.hpp>
```

```
34    #include <libpmemobj++/transaction.hpp>
35    #include <libpmemobj++/persistent_ptr.hpp>
36    #include <libpmemobj++/pool.hpp>
37    #include "libpmemobj++/vector.hpp"
38
39    using vector_type = pmem::obj::experimental::vector<int>;
40
41    struct root {
42            pmem::obj::persistent_ptr<vector_type> vec_p;
43    };
44

      ...

63
64        /* creating pmem::obj::vector in transaction */
65        pmem::obj::transaction::run(pool, [&] {
66            root->vec_p = pmem::obj::make_persistent<vector_type>
                  (/* optional constructor arguments */);
67        });
68
69        vector_type &pvector = *(root->vec_p);
```

列表 8-11 展示了必须使用事务在持久内存中创建和分配 pmem::obj::vector，以避免抛出异常。vector 类型构造函数可以通过内部打开另一个事务来构建一个对象。在这种情况下，内部事务将被展平为外部事务。pmem::obj::vector 的接口和语义类似于 std::vector，如列表 8-12 所示。

列表 8-12 使用持久容器

```
71        pvector.reserve(10);
72        assert(pvector.size() == 0);
73        assert(pvector.capacity() == 10);
74
75        pvector = {0, 1, 2, 3, 4};
76        assert(pvector.size() == 5);
77        assert(pvector.capacity() == 10);
78
79        pvector.shrink_to_fit();
80        assert(pvector.size() == 5);
81        assert(pvector.capacity() == 5);
82
83        for (unsigned i = 0; i < pvector.size(); ++i)
84            assert(pvector.const_at(i) == static_cast<int>(i));
85
86        pvector.push_back(5);
87        assert(pvector.const_at(5) == 5);
88        assert(pvector.size() == 6);
89
```

```
90        pvector.emplace(pvector.cbegin(), pvector.back());
91        assert(pvector.const_at(0) == 5);
92        for (unsigned i = 1; i < pvector.size(); ++i)
93            assert(pvector.const_at(i) == static_cast<int>(i - 1));
```

修改持久内存容器的每种方法都在隐式事务中执行，以充分保证异常安全性。如果在另一个事务范围内调用了任何一种方法，操作将在该事务的上下文中执行；否则，它在自己的范围内具有原子性。

pmem::obj::vector 的迭代方式与 std::vector 完全相同。我们可以在 for 循环或迭代器中使用基于范围的索引运算符。我们还可以使用 std::algorithms 处理 pmem::obj::vector，如列表 8-13 所示。

列表 8-13　迭代持久容器以及与 STD 算法的兼容性

```
95        std::vector<int> stdvector = {5, 4, 3, 2, 1};
96        pvector = stdvector;
97
98        try {
99            pmem::obj::transaction::run(pool, [&] {
100               for (auto &e : pvector)
101                   e++;
102               /* 6, 5, 4, 3, 2 */
103
104               for (auto it = pvector.begin();
                  it != pvector.end(); it++)
105                   *it += 2;
106               /* 8, 7, 6, 5, 4 */
107
108               for (unsigned i = 0; i < pvector.size(); i++)
109                   pvector[i]--;
110               /* 7, 6, 5, 4, 3 */
111
112               std::sort(pvector.begin(), pvector.end());
113               for (unsigned i = 0; i < pvector.size(); ++i)
114                   assert(pvector.const_at(i) == static_cast<int>
                      (i + 3));
115
116               pmem::obj::transaction::abort(0);
117           });
118       } catch (pmem::manual_tx_abort &) {
119           /* expected transaction abort */
120       } catch (std::exception &e) {
121           std::cerr << e.what() << std::endl;
122       }
123
124       assert(pvector == stdvector); /* pvector element's value was
```

```
        rolled back */
125
126        try {
127            pmem::obj::delete_persistent<vector_type>(&pvector);
128        } catch (std::exception &e) {
129        }
```

如果存在活动事务，将对使用上述方法访问的元素创建快照。当 begin() 和 end() 返回迭代器时，将在迭代器解引用阶段执行快照。请注意，仅针对可变元素执行快照。对于常量迭代器或索引运算符的常量版本，不向事务添加任何内容。因此，有必要尽可能使用 const 限定符重载的函数，例如 cbegin() 或 cend()。如果对象快照发生在当前事务中，将不会执行相同内存地址的第二个快照，因此不会产生性能开销。这有助于减少快照数量，并显著降低事务对性能的影响。另外请注意，pmem::obj::vector 定义了便捷的构造函数，以及以 std::vector 作为参数的比较运算符。

8.6　总结

本章介绍了 libpmemobj-cpp 库。它有助于减少创建应用程序时的错误，并且类似于标准 C++ API，从而允许更轻松地修改现有的易失性程序，以使用持久内存。我们还列出了该库的限制以及在开发过程中必须思考的问题。

第 9 章 *Chapter 9*

pmemkv：持久内存键值存储

持久内存编程并非易事。在前几章我们介绍过，利用持久内存的应用程序必须负责确保操作的原子性和数据结构的一致性。PMDK 库（如 `libpmemobj`）在设计时充分考虑了灵活性和简单性。这两种需求通常相互冲突、不可兼得。事实上，在大多数情况下，API 如果具备灵活性，其复杂性就会有所增加。

在当前的云计算生态系统中，我们无法预测对数据的需求。消费者希望 Web 服务在提供数据时具有可预测的低延时可靠性。持久内存具备字节寻址能力和大容量特性，因此极其适合广泛定义的云环境。

目前，随着越来越多的高智能设备连接到各种网络，由于云能够支持用户随时随地快速访问数据，因此开始日渐受到企业和消费者的青睐。同时，消费者也日益接受终端设备有更低的存储容量，因为这样更有利于云环境中使用。IDC 曾预测，到 2020 年，公有云中的数据存储量将超过消费者设备（见图 9-1）。

众所周知，云生态系统及其模块化，以及各种服务模式定义了编程和应用程序部署。我们称之为"云原生计算"，它的普及催生出了越来越多的高级语言、框架和抽象层。图 9-2 显示了 GitHub 中根据 pull request 数目列出的最常用的 15 种语言。

在云环境中，平台通常是虚拟化的，且应用程序高度抽象化，以避免对底层硬件细节做出显式假定。问题是：如果物理设备仅对特定服务器本地可用，那么如何在云原生环境中简化持久内存编程呢？

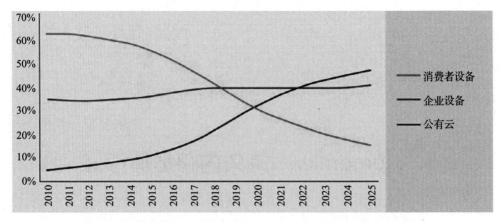

图 9-1　数据存储在何处？资料来源：IDC 白皮书（#US44413318）

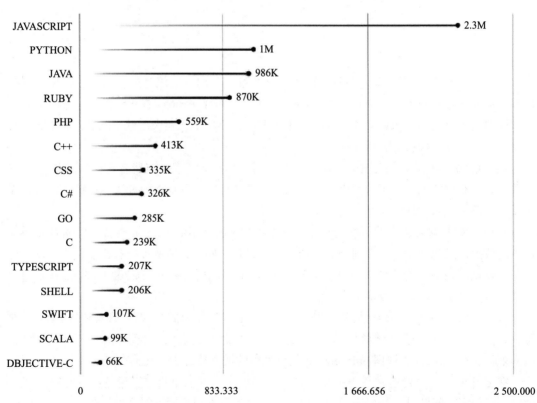

图 9-2　根据 pull request 数目列出的 GitHub 中最常用的 15 种语言（2017 年）。资料来源：https://octoverse.
github.com/2017/

　　其中一个解决方法是键值存储。这种数据存储方式旨在用简单直接的 API 存储、检索
和管理相关数组，从而轻松利用持久内存的优势。这就是创建 pmemkv 的原因。

9.1　pmemkv 架构

市面上有许多键值数据存储解决方案。它们的特性和许可各不相同，其 API 也是针对不同的用例而设计的，但它们的核心 API 是相同的。它们全都可以提供 put、get、remove、exists、open、close 等方法。在本书出版之际，最常用的键值数据存储是 Redis，它提供开源版（https://redis.io/）和企业版（https://redislabs.com）。DB-Engines（https://db-engines.com）显示 Redis 在该领域的排名明显高于其他同类产品（见图 9-3）。

排名	名称	分数
1.	Redis	144.26
2.	Amazon DynamoDB	56.42
3.	Microsoft Azure Cosmos DB	29.08
4.	Memcached	27.07
5.	Hazelcast	8.27
6.	Aerospike	6.59
7.	Ehcache	6.56
8.	Riak KV	6.06
9.	OrientDB	5.69
10.	ArangoDB	4.66
11.	Ignite	4.26
12.	Oracle NoSQL	3.46
13.	InterSystems Caché	3.30
14.	LevelDB	3.29
15.	Oracle Berkeley DB	3.04

图 9-3　DB-Engines 键值存储排名（2019 年 7 月）。评分方法参见 https://db-engines.com/en/ranking_definition。资料来源：https://db-engines.com/en/ranking/key-value+store

pmemkv 作为单独的项目创建，不仅为 PMDK 中的一套库提供云原生支持，还提供面向持久内存构建的键值 API。pmemkv 开发人员的主要目标之一是为开源社区创建一个友好的环境，支持他们在 PMDK 的帮助下开发新引擎，并将它与其他编程语言集成。pmemkv 使用与 PMDK 相同的 BSD 3-Clause 许可证。pmemkv 的原生 API 是 C 和 C++。它还提供其他编程语言绑定，如 JavaScript、Java 和 Ruby，也可以轻松添加其他语言。

pmemkv API 与大多数键值数据库类似（见图 9-4）。许多存储引擎都具备出色的灵活性和功能性。每种引擎都具有不同的性能特点，用于解决不同的问题。因此，每种引擎提供的功能各不相同，可以通过以下特性来描述：

- ❏ 持久：持久引擎确保修改能够得到保存，而且是断电安全的，而易失性引擎仅在应用程序生命周期内保留其内容。
- ❏ 并发：并发引擎确保某些方法（如 get()、put()、remove()）是线程安全的。
- ❏ 键的排序："排序"（sorted）引擎提供范围查询方法（如 get_above()）。

pmemkv 与其他键值数据库的不同之处在于，它支持直接访问数据。这意味着从持久内存中读取数据不需要复制到 DRAM 中。第 1 章已经提到这一点，图 9-5 中将会再次提及它。

直接访问数据可以显著加快应用程序的速度。在程序仅对数据库中存储的部分数据感兴趣时，这种优势最为明显。在传统方法中，需要将所有数据复制到某个缓冲区中，然后将其返回给应用程序。借助 pmemkv，我们为应用程序提供直接指针，应用程序仅读取所需的数据即可。

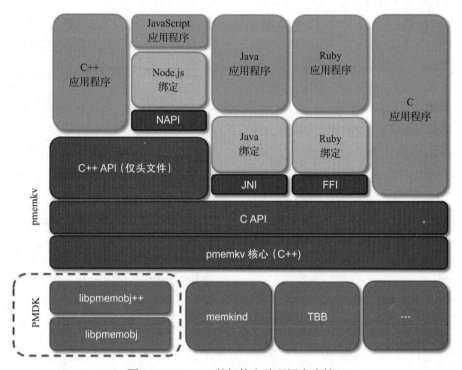

图 9-4　pmemkv 的架构和编程语言支持

为了借助不同类型的引擎充分发挥 API 的功能，我们引入了灵活的 pmemkv_config 结构。它包含引擎配置选项，允许对其行为进行调整。每种引擎都记录了所有支持的 config 参数。pmemkv 库的设计方式是，引擎是可插入和可扩展的，以满足开发人员的自身需求。开发人员可以自由修改现有引擎，或开发新引擎（https://github.com/pmem/pmemkv/blob/master/ CONTRIBUTING.md#engines）。

列表 9-1 显示了使用原生 C API 的 pmemkv_config 结构的基本设置。所有设置代码（setup code）均包含在自定义函数 config_setup() 中，9.2 节的电话簿示例中将会用到该函数。大家可以看到 pmemkv 如何处理错误——除 pmemkv_close() 和 pmemkv_errormsg() 外，其他方法都会返回一个状态值。我们使用 pmemkv_errormsg() 函数获取错误消息。pmemkv 手册页提供

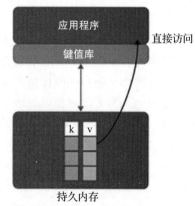

图 9-5　应用程序使用 pmemkv 直接访问数据

完整的返回值列表。

列表 9-1　pmemkv_config.h——使用 C API 的 pmemkv_config 结构示例

```
1    #include <cstdio>
2    #include <cassert>
3    #include <libpmemkv.h>
4
5    pmemkv_config* config_setup(const char* path, const uint64_t fcreate,
     const uint64_t size) {
6        pmemkv_config *cfg = pmemkv_config_new();
7        assert(cfg != nullptr);
8
9        if (pmemkv_config_put_string(cfg, "path", path) != PMEMKV_STATUS_OK) {
10           fprintf(stderr, "%s", pmemkv_errormsg());
11           return NULL;
12       }
13
14       if (pmemkv_config_put_uint64(cfg, "force_create", fcreate) !=
         PMEMKV_STATUS_OK) {
15           fprintf(stderr, "%s", pmemkv_errormsg());
16           return NULL;
17       }
18
19       if (pmemkv_config_put_uint64(cfg, "size", size) != PMEMKV_STATUS_OK) {
20           fprintf(stderr, "%s", pmemkv_errormsg());
21           return NULL;
22       }
23
24       return cfg;
25   }
```

❑ 第 5 行：自定义函数 config_setup，以准备 config 并设置所有需要的参数以供引擎
　使用。

❑ 第 6 行：创建 C config 类的实例。它会在失败时返回 nullptr。

❑ 第 9 ～ 22 行：（使用该类型专用的函数）将所有参数独立放置在 config（cfg 实例）
　中，并逐个检查是否存储成功（如果没有错误，将返回 PMEMKV_STATUS_OK）。

9.2　电话簿示例

　　列表 9-2 显示了使用 pmemkv C++ API v0.9 实现的简单的电话簿示例。pmemkv 的一个
主要目的是，提供类似于其他键值存储的熟悉的 API，这样更加直观且易于使用。我们将再
次使用列表 9-1 中的 config_setup() 函数。

列表 9-2　使用 pmemkv C++ API 的简单的电话簿示例

```
37    #include <iostream>
38    #include <cassert>
39    #include <libpmemkv.hpp>
40    #include <string>
41    #include "pmemkv_config.h"
42
43    using namespace pmem::kv;
44
45    auto PATH = "/daxfs/kvfile";
46    const uint64_t FORCE_CREATE = 1;
47    const uint64_t SIZE = 1024 * 1024 * 1024; // 1 Gig
48
49    int main() {
50        // Prepare config for pmemkv database
51        pmemkv_config *cfg = config_setup(PATH, FORCE_CREATE, SIZE);
52        assert(cfg != nullptr);
53
54        // Create a key-value store using the "cmap" engine.
55        db kv;
56
57        if (kv.open("cmap", config(cfg)) != status::OK) {
58            std::cerr << db::errormsg() << std::endl;
59            return 1;
60        }
61
62        // Add 2 entries with name and phone number
63        if (kv.put("John", "123-456-789") != status::OK) {
64            std::cerr << db::errormsg() << std::endl;
65            return 1;
66        }
67        if (kv.put("Kate", "987-654-321") != status::OK) {
68            std::cerr << db::errormsg() << std::endl;
69            return 1;
70        }
71
72        // Count elements
73        size_t cnt;
74        if (kv.count_all(cnt) != status::OK) {
75            std::cerr << db::errormsg() << std::endl;
76            return 1;
77        }
78        assert(cnt == 2);
79
80        // Read key back
81        std::string number;
82        if (kv.get("John", &number) != status::OK) {
83            std::cerr << db::errormsg() << std::endl;
```

```
84          return 1;
85      }
86      assert(number == "123-456-789");
87
88      // Iterate through the phonebook
89      if (kv.get_all([](string_view name, string_view number) {
90              std::cout << "name: " << name.data() <<
91              ", number: " << number.data() << std::endl;
92              return 0;
93              }) != status::OK) {
94          std::cerr << db::errormsg() << std::endl;
95          return 1;
96      }
97
98      // Remove one record
99      if (kv.remove("John") != status::OK) {
100         std::cerr << db::errormsg() << std::endl;
101         return 1;
102     }
103
104     // Look for removed record
105     assert(kv.exists("John") == status::NOT_FOUND);
106
107     // Try to use one of methods of ordered engines
108     assert(kv.get_above("John", [](string_view key, string_view
        value) {
109         std::cout << "This callback should never be called" <<
        std::endl;
110         return 1;
111     }) == status::NOT_SUPPORTED);
112
113     // Close database (optional)
114     kv.close();
115
116     return 0;
117 }
```

❏ 第 51 行：通过调用上文介绍的 config_setup() 函数（用 #include "pmemkv_config.h" 导入），设置 pmemkv_config 结构。

❏ 第 55 行：创建类 pmem::kv::db 的易失性对象实例，该类提供用于管理持久数据库的接口。

❏ 第 57 行：此处我们使用 config 参数打开使用 cmap 作为后端引擎的键值数据库。cmap 引擎是一种使用 libpmemobj-cpp 实现的持久并发的散列映射（hash map）引擎。第 13 章将详细介绍 cmap 引擎的内部算法和数据结构。

❏ 第 58 行：pmem::kv::db 类提供静态方法 errormsg() 处理更多错误消息。在该示例中，我们将 errormsg() 函数用作错误处理例程的一部分。

❑ 第 63 和 67 行：put() 方法将键值对插入数据库。必须确保所有引擎都实现该函数。在本示例中，将两个键值对插入数据库，并将返回的状态值与 status::OK 进行对比。建议采用此方法检查函数是否成功调用。

❑ 第 74 行：count_all() 有一个类型为 size_t 的参数。该方法返回由参数变量（cnt）存储在数据库中的元素（电话簿条目）数量。

❑ 第 82 行：此处使用 get() 方法返回"John"键的值。将该值复制到用户提供的数量变量中。get() 方法会在成功时返回 status::OK，或在失败时返回错误。必须确保所有引擎都实现该函数。

❑ 第 86 行：例如，"John"预期的变量 number 值为"123-456-789"。如果没有获得该值，就会抛出一个断言错误。

❑ 第 89 行：本示例中使用的 get_all() 方法支持应用程序以只读方式直接访问数据。键和值变量均是对存储在持久内存中的数据的引用。在本示例中，我们仅显示每个访问的键值对的名称和数量。

❑ 第 99 行：此处调用 remove() 方法，从数据库中删除"John"及其电话号码。必须确保所有引擎都实现该函数。

❑ 第 105 行：删除键值对"John, 123-456-789"后，验证该键值对是否仍在数据库中。API 方法 exists() 用于检查某元素以及给定的键是否存在。如果该元素存在，将返回 status::OK，否则返回 status::NOT_FOUND。

❑ 第 108 行：并非所有引擎支持实现所有可用的 API 方法。在该示例中，使用的是 cmap 引擎，它属于无序引擎类型。因此 cmap 不支持 get_above() 函数（以及类似的 get_below()、get_between()、count_above()、count_below()、count_between()）。调用这些函数将返回 status::NOT_SUPPORTED。

❑ 第 114 行：最后，调用 close() 方法关闭数据库。调用该函数是可选的，因为 kv 在栈上分配，且所有必要析构函数都自动调用，和驻留在栈上的其他变量一样。

9.3 让持久内存更靠近云

本章将使用 JavaScript 语言绑定重写电话簿示例。有许多适用于 pmemkv 的语言绑定——JavaScript、Java、Ruby 和 Python。但并非所有语言都提供功能等同于原生 C 和 C++ 语言的 API。列表 9-3 显示了如何实现使用 JavaScript 语言绑定 API 编写的电话簿应用程序。

列表 9-3　简单的电话簿示例，使用 pmemkv v0.8 的 JavaScript 绑定编写

```
1    const Database = require('./lib/all');
2
```

```
 3    function assert(condition) {
 4        if (!condition) throw new Error('Assert failed');
 5    }
 6
 7    console.log('Create a key-value store using the "cmap" engine');
 8    const db = new Database('cmap', '{"path":"/daxfs/
      kvfile","size":1073741824, "force_create":1}');
 9
10    console.log('Add 2 entries with name and phone number');
11    db.put('John', '123-456-789');
12    db.put('Kate', '987-654-321');
13
14    console.log('Count elements');
15    assert(db.count_all == 2);
16
17    console.log('Read key back');
18    assert(db.get('John') === '123-456-789');
19
20    console.log('Iterate through the phonebook');
21    db.get_all((k, v) => console.log(`   name: ${k}, number: ${v}`));
22
23    console.log('Remove one record');
24    db.remove('John');
25
26    console.log('Lookup of removed record');
27    assert(!db.exists('John'));
28
29    console.log('Stopping engine');
30    db.stop();
```

高级 pmemkv 语言绑定旨在简化持久内存编程，并为云软件开发人员提供方便好用的工具。

9.4　总结

本章介绍了常用的键值数据存储技术，以及它如何支持更多云软件开发人员，轻松使用持久内存和直接访问数据。凭借其模块化设计、灵活的引擎 API 以及与许多常见云编程语言的集成，pmemkv 已经成为许多云原生软件开发人员的首选。作为一种开源轻量级库，它可以轻松集成到现有应用程序中，并立即发挥持久内存的优势。

许多引擎都可以使用第 8 章介绍的 `libpmemobj-cpp` 来实现。实现此类引擎可以提供真实示例，便于开发人员直观地了解如何在应用程序中使用 PMDK（以及相关的库）。

第 10 章

持久内存编程的易失性用途

10.1 简介

本章主要介绍需要大量易失性内存的应用程序如何将大容量持久内存用作动态随机存取内存（DRAM）的补充解决方案。

处理大型数据集的应用程序（如内存数据库、缓存系统和科学模拟），通常受制于系统中可用易失性内存的容量或加载整个数据集所需的 DRAM 成本。持久内存可以提供大容量内存层，来解决这些需要大量内存的应用程序的问题。

在内存 – 存储层次结构（如第 1 章所述）中，数据存储在不同的层，经常访问的数据放在 DRAM 中以实现低延迟访问，而较少访问的数据放在大容量、高延迟存储设备中。例如，RoF（Redis on Flash）(https://redislabs.com/redis-enterprise/technology/redis-on-flash/) 和用于 Memcached 的 Extstore（https://memcached.org/blog/extstore-cloud/）都属于这类解决方案。

对于不要求数据持久性，但需要大量内存的应用程序，大容量持久内存用作易失性内存可以为其提供新的机遇和解决方案。

如果应用程序存在以下情况，将持久内存用作易失性内存解决方案更为有利：

❏ 可以控制系统中 DRAM 和其他存储层之间的数据放置。

❏ 不需要对数据进行持久化。

❏ 可以使用持久内存的原生延迟，该延迟高于 DRAM，但是低于 NVMe 固态盘（NVMe SSD）。

10.2　背景

应用程序管理着不同类型的数据结构，如用户数据、键值存储、元数据和工作缓冲区。构建使用分层内存与存储的解决方案可以增强应用程序性能。例如，将经常访问且要求低延迟访问的对象放在 DRAM 中，而将要求更大块分配且对延迟不敏感的对象存储在持久内存上。传统存储设备可用来提供持久性。

10.2.1　内存分配

如第 1 章和第 3 章所述，持久内存通过持久内存感知文件系统（提供应用程序直接访问的特性）上的内存映射文件向应用程序公开。由于 malloc() 和 free() 无法适用于不同类型的内存或内存映射文件，因此需要通过接口为多种内存类型提供 malloc() 和 free() 语义。该接口以 memkind 库的形式实现（http://memkind.github.io/memkind/）。

10.2.2　工作原理

memkind 库是构建在 jemalloc 之上的用户可扩展堆管理器，支持在不同类型的内存之间对堆进行分区。memkind 最初是在引入高带宽内存（HBM）时被创建，用于支持不同类型的内存。为了支持持久内存，引入了 PMEM 类型。

不同"类型"的内存由应用于虚拟地址范围的操作系统内存策略进行定义。在没有用户扩展的情况下，memkind 支持的内存特性包括控制非一致性内存访问（NUMA）和内存页大小。图 10-1 显示了 libmemkind 组件和硬件支持。

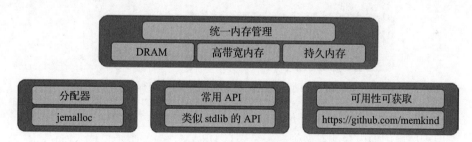

图 10-1　memkind 组件和硬件支持概览

memkind 库充当包装器，将内存分配请求从应用程序重定向到管理堆的分配器。在本书出版之际，memkind 库仅支持 jemalloc 分配器。未来的版本可能会引入并支持多种分配器。memkind 为 jemalloc 提供不同类型的内存：静态类型自动创建，而动态类型由应用程序使用 memkind_create_kind() 创建。

10.2.3　支持的内存"类型"

动态 PMEM 类型最好通过支持 DAX 的文件系统与内存可寻址的持久存储一起使用，

该文件系统支持不通过系统页缓存（page cache）的加载 / 存储操作。对于 PMEM 类型，memkind 库在内存映射文件上支持传统的类 malloc/free 接口。当应用程序使用 PMEM 调用 memkind_create_kind() 时，将在挂载的 DAX 文件系统上创建一个临时文件（tmpfile(3)），并将该文件映射到应用程序的虚拟地址空间。当程序终止时，这个临时文件会自动删除，因此具有易失性。

图 10-2 显示了来自两个内存源的内存映射：DRAM（MEMKIND_DEFAULT）和持久内存（PMEM_KIND）。

对于来自 DRAM 的分配，该应用程序并未使用通用的 malloc()，而是用设为 MEMKIND_DEFAULT 的 "类型" 参数调用 memkind_malloc()。MEMKIND_DEFAULT 属于静态类型，使用操作系统的默认内存页大小进行分配。请读者参见 memkind 文档，了解大内存页和巨大内存页支持。

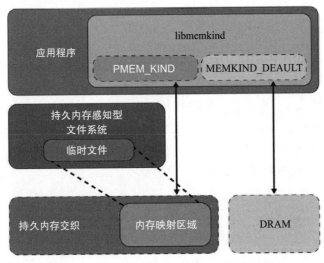

图 10-2　使用不同内存 "类型" 的应用程序

将 libmemkind 用于 DRAM 和持久内存时，需要了解以下几个要点：

❑ 应用程序可用的内存池有两个，一个来自 DRAM，另一个来自持久内存。

❑ 将 kind 类型设为 PMEM_KIND 以使用持久内存，以及设为 MEMKIND_DEFAULT 以使用 DRAM，这样可以同时访问这两个内存池。

❑ jemalloc 是用于管理所有内存类型的单一内存分配器。

❑ memkind 库是 jemalloc 的包装器，可以提供统一的应用程序接口来分配不同类型的内存。

❑ PMEM_KIND 内存分配由持久内存感知文件系统上创建的临时文件（tmpfile(3)）提供。应用程序退出时，该文件将被销毁。分配不具有持久性。

❑ 将 libmemkind 用于持久内存要求对应用程序进行简单修改。

10.3　memkind API

列表 10-1 显示了与持久内存编程相关的 memkind API 函数，之后的小节将详细介绍。完整的 memkind API 请参见 memkind 操作页面（http://memkind.github.io/memkind/man_pages/memkind.html）。

列表 10-1　与持久内存相关的 memkind API 函数

类型创建管理：

```
int memkind_create_pmem(const char *dir, size_t max_size, memkind_t *kind);
int memkind_create_pmem_with_config(struct memkind_config *cfg, memkind_t
*kind);
memkind_t memkind_detect_kind(void *ptr);
int memkind_destroy_kind(memkind_t kind);
```

类型堆管理：

```
void *memkind_malloc(memkind_t kind, size_t size);
void *memkind_calloc(memkind_t kind, size_t num, size_t size);
void *memkind_realloc(memkind_t kind, void *ptr, size_t size);
void memkind_free(memkind_t kind, void *ptr);
size_t memkind_malloc_usable_size(memkind_t kind, void *ptr);
memkind_t memkind_detect_kind(void *ptr);
```

类型配置管理：

```
struct memkind_config *memkind_config_new();
void memkind_config_delete(struct memkind_config *cfg);
void memkind_config_set_path(struct memkind_config *cfg, const char
*pmem_dir);
void memkind_config_set_size(struct memkind_config *cfg, size_t pmem_size);
void memkind_config_set_memory_usage_policy(struct memkind_config *cfg,
memkind_mem_usage_policy policy);
```

10.3.1　类型管理 API

memkind 库支持一种插件架构，用于合并新的内存类型，被称为"动态类型"。memkind 库提供 API，用来创建和管理用于动态类型的堆。

1. 类型创建

使用 memkind_create_pmem() 函数从基于文件的源创建 PMEM 类型的内存。该文件在特定目录（PMEM_DIR）中创建 tmpfile(3)，属于无链接文件，因此目录下方并未列出文件名称。该临时文件会在程序终止时自动删除。

根据应用程序要求，使用 memkind_create_pmem() 创建固定或动态大小的堆。此外，也可以创建和提供配置，而不是将配置选项传递给 *_create_* 函数。

（1）创建固定大小的堆

需要固定内存量的应用程序可以为 memkind_create_pmem() 的 PMEM_MAX_SIZE 参数指定一个非零值，如下所示。它可以定义为特定内存类型创建的内存池的大小。PMEM_MAX_SIZE 的值应小于 PMEM_DIR 中指定的文件系统的可用容量，以避免出现 ENOMEM 或 ENOSPC 错误。内部数据结构 struct memkind 由库在内部填充，并用于内存管理函数。

int memkind_create_pmem(PMEM_DIR, PMEM_MAX_SIZE, &pmem_kind)

memkind_create_pmem() 的参数包括：

❏ PMEM_DIR，创建临时文件的目录。

❏ PMEM_MAX_SIZE，指定传递给 jemalloc 的持久内存区域的字节大小。

❏ &pmem_kind，memkind 数据结构的地址。

如果成功，memkind_create_pmem() 返回零。如果失败，将返回一个错误值，memkind_error_message() 可以将该错误值转换成错误消息字符串。列表 10-2 显示了如何在文件系统 /daxfs 目录上创建一个大小为 32MiB 的 PMEM 类型。该列表中包含 memkind_fatal() 的定义，用于显示 memkind 错误消息并退出。本章中的其他示例假设该例程的定义如下所示。

列表 10-2　创建大小为 32MiB 的 PMEM 类型

```
void memkind_fatal(int err)
{
    char error_message[MEMKIND_ERROR_MESSAGE_SIZE];
    memkind_error_message(err, error_message,
        MEMKIND_ERROR_MESSAGE_SIZE);
    fprintf(stderr, "%s\n", error_message);
    exit(1);
}

/* ... in main() ... */

#define PMEM_MAX_SIZE (1024 * 1024 * 32)

struct memkind *pmem_kind;
int err;

// Create PMEM memory pool with specific size
err = memkind_create_pmem("/daxfs",PMEM_MAX_SIZE, &pmem_kind);
if (err) {
    memkind_fatal(err);
}
```

用户还可以使用函数 memkind_create_pmem_with_config() 创建包含特定配置的堆。该函数采用 memkind_config 结构，其中包含大小、文件路径、内存使用策略等可选参数。列表 10-3 显示了如何使用 memkind_config_new() 构建 test_cfg，以及如何将该配置传递给 memkind_create_pmem_with_config() 以创建 PMEM 类型。此处使用与列表 10-2 示例中相同的路径和大小参数，以做对比。

列表 10-3　创建包含配置的 PMEM 类型

```
struct memkind_config *test_cfg = memkind_config_new();
memkind_config_set_path(test_cfg, "/daxfs");
memkind_config_set_size(test_cfg, 1024 * 1024 * 32);
memkind_config_set_memory_usage_policy(test_cfg, MEMKIND_MEM_USAGE_POLICY_
CONSERVATIVE);

// create a PMEM partition with specific configuration
err = memkind_create_pmem_with_config(test_cfg, &pmem_kind);
if (err) {
    memkind_fatal(err);
}
```

（2）创建大小可变的堆

如果将 PMEM_MAX_SIZE 设为零（如下所示），只要临时文件能够增长，就能满足分配要求。堆大小增量的最大量取决于 PMEM_DIR 参数下方挂载的文件系统的容量。

```
memkind_create_pmem(PMEM_DIR, 0, &pmem_kind)
```

memkind_create_pmem() 的参数包括：

❑ PMEM_DIR，指创建临时文件的路径。

❑ PMEM_MAX_SIZE，设为 0。

❑ &pmem_kind，指 memkind 数据结构的地址。

如果成功创建 PMEM 类型，memkind_create_pmem() 将返回 0。如果失败，可以使用 memkind_error_message() 将 memkind_create_pmem() 返回的错误值转换成错误消息字符串，如列表 10-2 中的 memkind_fatal() 例程所示。

列表 10-4 显示了如何创建大小可变的 PMEM 类型。

列表 10-4　创建大小可变的 PMEM 类型

```
struct memkind *pmem_kind;
int err;
err = memkind_create_pmem("/daxfs",0,&pmem_kind);
if (err) {
    memkind_fatal(err);
}
```

2. 删除内存类型

memkind 支持自动类型检测，也就是提供一个函数来检测一个指针所引用的内存对应的类型。

（1）自动类型检测

memkind 支持自动检测内存类型，以简化使用 libmemkind 时的代码修改。因此，memkind

库将自动检索分配所使用的内存池类型，以便在不指定类型的情况下调用表 10-1 中列举的堆管理函数。

表 10-1　自动类型检测函数及其等效的特定类型函数与操作

操作	包含类型的 memkind API	使用自动检测的 memkind API
free	memkind_free(kind, ptr)	memkind_free(NULL, ptr)
realloc	memkind_realloc(kind, ptr, size)	memkind_realloc(NULL, ptr, size)
获取已分配内存的大小	memkind_malloc_usable_size(kind, ptr)	memkind_malloc_usable_size(NULL, ptr)

memkind 库从内部跟踪分配器元数据中指定对象的类型。但为了获取此类信息，其中部分操作需要获得一个锁来防止其他线程的访问，避免对多线程环境的性能产生负面影响。

（2）检测内存类型

memkind 还提供 memkind_detect_kind() 函数（如下所示），来查询和返回传递给该函数的指针所引用的内存类型。如果输入指针参数为 NULL，该函数将返回 NULL。传递至 memkind_detect_kind() 的输入指针参数必须是之前对 memkind_malloc()、memkind_calloc()、memkind_realloc() 或 memkind_posix_memalign() 的调用返回。

memkind_t memkind_detect_kind(void *ptr)

与自动检测方法类似，该函数的性能开销较大。列表 10-5 显示了如何检测 kind 类型。

列表 10-5　pmem_detect_kind.c —— 如何自动检测 kind 类型

```
73  err = memkind_create_pmem(path, 0, &pmem_kind);
74  if (err) {
75      memkind_fatal(err);
76  }
77
78  /* do some allocations... */
79  buf0 = memkind_malloc(pmem_kind, 1000);
80  buf1 = memkind_malloc(MEMKIND_DEFAULT, 1000);
81
82  /* look up the kind of an allocation */
83  if (memkind_detect_kind(buf0) == MEMKIND_DEFAULT) {
84      printf("buf0 is DRAM\n");
85  } else {
86      printf("buf0 is pmem\n");
87  }
```

3. 销毁类型对象

使用 memkind_destroy_kind() 函数（如下所示），检测之前使用 memkind_create_pmem() 或 memkind_create_pmem_with_config() 函数创建的类型对象。

int memkind_destroy_kind(memkind_t kind);

使用与列表 10-5 相同的 pmem_detect_kind.c 代码，列表 10-6 显示了如何在程序退出之前销毁该类型。

列表 10-6　销毁类型对象

```
89    err = memkind_destroy_kind(pmem_kind);
90    if (err) {
91        memkind_fatal(err);
92    }
```

成功销毁 memkind_create_pmem() 或 memkind_create_pmem_with_config() 返回的类型后，将释放出所有为该类型对象分配的内存。

10.3.2　堆管理 API

本节中描述的堆管理函数以 ISO C 标准为基础，增加了一个"kind"参数来指定用于分配的内存类型。

1. 分配内存

memkind 库提供 memkind_malloc()、memkind_calloc() 和 memkind_realloc() 函数用于分配内存，定义如下所示：

```
void *memkind_malloc(memkind_t kind, size_t size);
void *memkind_calloc(memkind_t kind, size_t num, size_t size);
void *memkind_realloc(memkind_t kind, void *ptr, size_t size);
```

memkind_malloc() 分配指定类型未经初始化的内存大小（即字节）。分配的空间适当对齐（在可能的指针强制之后），以存储任何对象类型。如果大小是 0，memkind_malloc() 将返回 NULL。

memkind_calloc() 为数量为 num 个的对象分配空间，每个对象的字节长度由参数 size 指定。其结果与使用 num * size 参数调用 memkind_malloc() 相同。但有一个不同之处是，分配的内存被显式地初始化为 0 字节。如果 num 或 size 为 0，memkind_calloc() 将返回 NULL。

memkind_realloc() 将先前 ptr 引用的已分配的指定类型的内存大小（即字节）进行更改。内存内容是否保持不变，取决于新旧大小中较小的那个。如果新的比较大，将不定义新分配内存的内容。如果成功，将释放 ptr 引用的内存，且返回指向新分配内存的指针。

列表 10-7 中的代码示例显示了如何使用 memkind_malloc() 从 DRAM 和持久内存（pmem_kind）分配内存。我们不建议将通用 C 库 malloc() 和 memkind_malloc() 分别用于 DRAM 和持久内存，而是使用同一个库以简化代码。

列表 10-7　从 DRAM 和持久内存分配内存的示例

```
/*
 * Allocates 100 bytes using appropriate "kind"
```

```
 * of volatile memory
 */
// Create a PMEM memory pool with a specific size
  err = memkind_create_pmem(path, PMEM_MAX_SIZE, &pmem_kind);
  if (err) {
      memkind_fatal(err);
  }
  char *pstring = memkind_malloc(pmem_kind, 100);
  char *dstring = memkind_malloc(MEMKIND_DEFAULT, 100);
```

2. 释放分配的内存

为避免内存泄漏，可以使用 memkind_free() 函数释放已分配的内存，定义如下：

void memkind_free(memkind_t *kind*, void *ptr*);

memkind_free() 可令 ptr 引用的已分配内存释放出来用于后续的分配。该指针必须由之前对 memkind_malloc()、memkind_calloc()、memkind_realloc() 或 memkind_posix_memalign() 的调用返回。否则，如果先调用了 memkind_free(kind, ptr)，可能会出现未定义的行为。如果 ptr 为 NULL，则不会执行任何操作。在调用 memkind_free() 的环境中，如果类型未知，NULL 类型将会被指定给 memkind_free() 函数，但这需要在内部查找正确的类型。通常需要指定正确的类型，因为查找类型可能会严重影响性能。

列表 10-8 显示了四个使用 memkind_free() 的示例。前两个示例指定类型，后两个示例使用 NULL 自动检测类型。

列表 10-8 memkind_free() 用途的示例

```
/* Free the memory by specifying the kind */
memkind_free(MEMKIND_DEFAULT, dstring);
memkind_free(PMEM_KIND, pstring);

/* Free the memory using automatic kind detection */
memkind_free(NULL, dstring);
memkind_free(NULL, pstring);
```

10.3.3 类型配置管理

用户还可以使用函数 memkind_create_pmem_with_config() 创建包含特定配置的堆。该函数要求使用可选的参数（大小、文件路径和内存使用策略）来填充 memkind_config 结构。

内存使用策略

在 jemalloc 中，运行时选项 dirty_decay_ms 决定它以多快的速度将未用内存返回至操作系统。较短的衰减时间可以更快地删除未用内存页，但这种删除会消耗 CPU 周期。使用该参数之前，应慎重考虑如何针对该操作权衡内存与 CPU 周期。

memkind 库支持两种与此特性相关的策略：

1）MEMKIND_MEM_USAGE_POLICY_DEFAULT

2）MEMKIND_MEM_USAGE_POLICY_CONSERVATIVE

对于分配给 PMEM 类型的区域，使用 MEMKIND_MEM_USAGE_POLICY_DEFAULT 的 dirty_decay_ms 的最小值和最大值分别为 0 毫秒和 10 000 毫秒。将 MEMKIND_MEM_USAGE_POLICY_CONSERVATIVE 设置为更短的衰减时间可更快地删除未用内存，从而降低内存占用率。若要定义内存使用策略，可以使用 memkind_config_set_memory_usage_policy()，如下所示：

```
void memkind_config_set_memory_usage_policy (struct memkind_config *cfg,
memkind_mem_usage_policy policy );
```

❑ MEMKIND_MEM_USAGE_POLICY_DEFAULT 是默认内存使用策略。

❑ MEMKIND_MEM_USAGE_POLICY_CONSERVATIVE 支持更改 dirty_decay_ms 参数。

列表 10-9 显示了如何在自定义配置中使用 memkind_config_set_memory_usage_policy()。

列表 10-9　自定义配置和内存策略使用的示例

```
73  struct memkind_config *test_cfg =
74      memkind_config_new();
75  if (test_cfg == NULL) {
76      fprintf(stderr,
77          "memkind_config_new: out of memory\n");
78      exit(1);
79  }
80
81  memkind_config_set_path(test_cfg, path);
82  memkind_config_set_size(test_cfg, PMEM_MAX_SIZE);
83  memkind_config_set_memory_usage_policy(test_cfg,
84      MEMKIND_MEM_USAGE_POLICY_CONSERVATIVE);
85
86  // Create PMEM partition with the configuration
87  err = memkind_create_pmem_with_config(test_cfg,
88      &pmem_kind);
89  if (err) {
90      memkind_fatal(err);
91  }
```

10.3.4　更多 memkind 代码示例

memkind 源代码树包含许多其他的代码示例，读者可访问 GitHub（https://github.com/memkind/memkind/tree/master/examples）获取。

10.4　面向 PMEM 类型的 C++ 分配器

一个新的 pmem::allocator 类模板被创建来支持持久内存分配，它符合 C++11 分配器的要求。它可用于下列库中符合 C++ 的数据结构：

❑ 标准模板库（STL）

❑ 英特尔®线程构建模块（英特尔® TBB）库

pmem::allocator 类模板使用上述 memkind_create_pmem() 函数。此分配器是有状态的，并且没有默认的构造函数。

10.4.1　pmem::allocator 方法

```
pmem::allocator(const char *dir, size_t max_size);
pmem::allocator(const std::string& dir, size_t max_size) ;
template <typename U> pmem::allocator<T>::allocator(const
pmem::allocator<U>&);
template <typename U> pmem::allocator(allocator<U>&& other);
pmem::allocator<T>::~allocator();
T* pmem::allocator<T>::allocate(std::size_t n) const;
void pmem::allocator<T>::deallocate(T* p, std::size_t n) const ;
template <class U, class... Args> void pmem::allocator<T>::construct(U* p,
Args... args) const;
void pmem::allocator<T>::destroy(T* p) const;
```

更多关于 pmem::allocator 类模板的信息，请参见 pmem allocator(3) 的手册页。

10.4.2　嵌套容器

多级容器（如列表、元组、映射、字符串的向量）给处理嵌套对象带来了挑战。

假如用户需要创建字符串向量，并将其存储在持久内存中，该任务所面临的挑战以及解决方法包括：

1）挑战：std::string 不能用于此目的，因为它是 std::basic_string 的别名。分配器需要一个新别名，该别名使用 pmem::allocator。

解决方法：当使用 pmem::allocator 创建时，使用 typedef 将 std::basic_string 定义为一个新别名 pmem_string。

2）挑战：如何确保最外层向量使用相应的 pmem::allocator 实例，正确构造嵌套的 pmem_string。

解决方法：从 C++11 及更高版本起，std::scoped_allocator_adaptor 类模板可与多级容器一起使用。该适配器可以在嵌套容器中正确初始化状态分配器，比如当嵌套容器的所有级别都必须放在相同的内存分段中时。

10.5　C++ 示例

本节将列举几个全代码示例，以演示使用 C 和 C++ 语言时如何使用 libmemkind 库。

10.5.1 使用 pmem::allocator

如前所述，用户可以将 pmem::allocator 用在任何类 STL 的数据结构中。列表 10-10 中的代码示例包括使用 pmem::allocator 的 pmem_allocator.h 头文件。

列表 10-10 pmem_allocator.cpp：将 pmem::allocator 用于 std::vector

```
37  #include <pmem_allocator.h>
38  #include <vector>
39  #include <cassert>
40
41  int main(int argc, char *argv[]) {
42      const size_t pmem_max_size = 64 * 1024 * 1024; //64 MB
43      const std::string pmem_dir("/daxfs");
44
45      // Create allocator object
46      libmemkind::pmem::allocator<int>
47          alc(pmem_dir, pmem_max_size);
48
49      // Create std::vector with our allocator.
50      std::vector<int,
51          libmemkind::pmem::allocator<int>> v(alc);
52
53      for (int i = 0; i < 100; ++i)
54          v.push_back(i);
55
56      for (int i = 0; i < 100; ++i)
57          assert(v[i] == i);
```

❑ 第 43 行：定义 64MiB 的持久内存池。

❑ 第 46 ～ 47 行：创建类型 pmem::allocator<int> 的分配器对象 alc。

❑ 第 50 行：创建 std::vector<int, pmem::allocator<int>> 类型的向量对象 v，并将其以参数形式传递给第 47 行中的对象 alc。pmem::allocator 是有状态的，并且没有默认的构造函数。它要求将分配器对象传递给向量构造函数，否则，如果调用 std::vector<int, pmem::allocator<int>> 的默认构造函数会出现编译错误，因为向量构造函数将尝试调用尚不存在的 pmem::allocator 的默认构造函数。

10.5.2 创建字符串向量

列表 10-11 显示如何创建驻留在持久内存中的字符串向量。此处将 pmem_string 定义为 std::basic_string 的 typedef，并使用 pmem_string 类型定义 pmem::allocator。在本示例中，std::scoped_allocator_adaptor 允许向量将 pmem::allocator 实例传给存储在向量对象中的所有 pmem_string 对象。

列表 10-11 vector_of_strings.cpp：创建字符串向量

```
37  #include <pmem_allocator.h>
38  #include <vector>
39  #include <string>
40  #include <scoped_allocator>
41  #include <cassert>
42  #include <iostream>
43
44  typedef libmemkind::pmem::allocator<char> str_alloc_type;
45
46  typedef std::basic_string<char, std::char_traits<char>,
    str_alloc_type> pmem_string;
47
48  typedef libmemkind::pmem::allocator<pmem_string> vec_alloc_type;
49
50  typedef std::vector<pmem_string, std::scoped_allocator_adaptor
    <vec_alloc_type> > vector_type;
51
52  int main(int argc, char *argv[]) {
53      const size_t pmem_max_size = 64 * 1024 * 1024; //64 MB
54      const std::string pmem_dir("/daxfs");
55
56      // Create allocator object
57      vec_alloc_type alc(pmem_dir, pmem_max_size);
58      // Create std::vector with our allocator.
59      vector_type v(alc);
60
61      v.emplace_back("Foo");
62      v.emplace_back("Bar");
63
64      for (auto str : v) {
65              std::cout << str << std::endl;
66      }
```

❑ 第 46 行：将 pmem_string 定义为 std::basic_string 的别名。

❑ 第 48 行：使用 pmem_string 类型定义 pmem::allocator。

❑ 第 50 行：std::scoped_allocator_adaptor 允许向量将 pmem::allocator 实例传给存储在向量对象中的所有 pmem_string 对象。

10.6 使用持久内存扩展易失性内存

内核将持久内存视作一种设备。在常见用例中，持久内存感知型文件系统用 –o dax 选项创建并挂载，且文件内存映射到进程的虚拟地址空间，以支持应用程序直接加载 / 存储访问持久内存区域。

Linux 内核 v5.1 新增了一项特性，以便更广泛地将持久内存用作易失性内存。这是通过将持久内存设备绑定至内核，而内核会将其当作 DRAM 扩展进行管理来实现的。由于持久内存的特性与 DRAM 不同，该设备提供的内存将作为相应插槽上单独的 NUMA 节点可见。

为了使用 MEMKIND_DAX_KMEM 类型，你需要使用设备直接访问（DAX）来使持久内存可用，它将持久内存以 /dev/dax* 名称的设备形式呈现。如果用户有 DAX 设备，并且想转换为 DEV_DAX_KMEM 设备模式类型，可以使用：

```
$ sudo daxctl migrate-device-model
```

若要创建使用首个可用区（NUMA 节点）上的所有可用容量的新 DAX 设备，可以使用：

```
$ sudo ndctl create-namespace --mode=devdax --map=mem
```

若要创建指定区域和容量的新 DAX 设备，可以使用：

```
$ sudo ndctl create-namespace --mode=devdax --map=mem --region=region0
--size=32g
```

若要显示命名空间列表，可以使用：

```
$ ndctl list
```

如果已创建其他模式的命名空间，比如默认 fsdax，用户可以通过以下方式重新配置设备，其中 namespace0.0 是用户想重新配置的现有命名空间：

```
$ sudo ndctl create-namespace --mode=devdax --map=mem --force -e namespace0.0
```

更多关于创建新命名空间的详情，请参见 https://docs.pmem.io/ ndctl-users-guide/managing-namespaces#creating-namespaces。

DAX 设备必须进行转换才能使用 system-ram 模式。可以使用以下命令将 DAX 设备转换成适合用于系统内存的 NUMA 节点：

```
$ sudo daxctl reconfigure-device dax2.0 --mode=system-ram
```

这样可以将设备从使用 device_dax 驱动程序迁移至使用 dax_pmem 驱动程序。以下为示例输出，dax1.0 配置为默认 devdax 类型，dax2.0 配置为 system-ram：

```
$ daxctl list
  [
    {
      "chardev":"dax1.0",
      "size":263182090240,
      "target_node":3,
      "mode":"devdax"
    },
    {
```

```
      "chardev":"dax2.0",
      "size":263182090240,
      "target_node":4,
      "mode":"system-ram"
    }
  ]
```

现在，用户可以使用 numactl -H 显示硬件 NUMA 配置。以下是从双插槽（CPU）系统中收集的示例输出，该示例显示节点 4 是从持久内存创建的支持新 system-ram 的 NUMA 节点：

```
$ numactl -H
    available: 3 nodes (0-1,4)
    node 0 cpus: 0 1 2 3 4 5 6 7 8 9 10 11 12 13 14 15 16 17 18 19 20 21 22
                 23 24 25 26 27 56 57 58 59 60 61 62 63 64 65 66 67 68 69
                 70 71 72 73 74 75 76 77 78 79 80 81 82 83
    node 0 size: 192112 MB
    node 0 free: 185575 MB
    node 1 cpus: 28 29 30 31 32 33 34 35 36 37 38 39 40 41 42 43 44 45 46
                 47 48 49 50 51 52 53 54 55 84 85 86 87 88 89 90 91 92 93
                 94 95 96 97 98 99 100 101 102 103 104 105 106 107 108 109
                 110 111
    node 1 size: 193522 MB
    node 1 free: 193107 MB
    node 4 cpus:
    node 4 size: 250880 MB
    node 4 free: 250879 MB
    node distances:
    node   0   1   4
     0:   10  21  17
     1:   21  10  28
     4:   17  28  10
```

要将 NUMA 节点上线并通过内核管理新内存，可以使用：

```
$ sudo daxctl online-memory dax0.1
dax0.1: 5 sections already online
dax0.1: 0 new sections onlined
onlined memory for 1 device
```

此时，内核将使用新容量执行正常操作。在下面的示例中，使用工具如 lsmem 可以显示新内存，可以看到 0x0000003380000000-0x00000035ffffffff 地址范围中有额外的 10GiB 的 system-ram：

```
$ lsmem
RANGE                                     SIZE  STATE  REMOVABLE   BLOCK
0x0000000000000000-0x000000007fffffff      2G  online     no        0
0x0000000100000000-0x000000277fffffff    154G  online     yes      2-78
0x0000002780000000-0x000000297fffffff      8G  online     no      79-82
0x0000002980000000-0x0000002effffffff     22G  online     yes     83-93
```

```
0x0000002f00000000-0x0000002fffffffff    4G online       no   94-95
0x0000003380000000-0x00000035ffffffff   10G online      yes 103-107
0x000001aa80000000-0x000001d0ffffffff  154G online      yes 853-929
0x000001d100000000-0x000001d37fffffff   10G online       no 930-934
0x000001d380000000-0x000001d8ffffffff   22G online      yes 935-945
0x000001d900000000-0x000001d9ffffffff    4G online       no 946-947
Memory block size:        2G
Total online memory:      390G
Total offline memory:     0B
```

为了从使用持久内存创建的 NUMA 节点以编程方式分配内存，新的静态类型（称为 MEMKIND_DAX_KMEM）已添加到使用 system-ram 的 DAX 设备的 libmemkind 中。

通过将 MEMKIND_DAX_KMEM 用作 memkind_malloc() 的首个参数（如下所示），用户可以在单个应用程序中使用独立 NUMA 节点的持久内存。持久内存仍然以物理方式连接至 CPU 插槽，所以应用程序应确保 CPU 亲和性，以实现最佳性能。

memkind_malloc(MEMKIND_DAX_KMEM, size_t size)

图 10-3 显示创建了 2 个静态类型对象的应用程序：MEMKIND_DEFAULT 和 MEMKIND_DAX_KMEM。

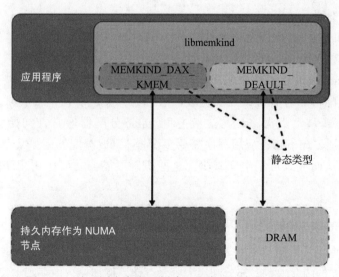

图 10-3　从不同内存类型创建 2 个类型对象的应用程序

上述 PMEM_KIND 和 MEMKIND_DAX_KMEM 之间的区别在于，MEMKIND_DAX_KMEM 是静态类型且使用 mmap() 时带上 MAP_PRIVATE 标志位，而动态 PMEM_KIND 使用 memkind_create_pmem() 创建而成，并且在支持 DAX 的文件系统上对文件进行内存映射时带上 MAP_SHARED 标志位。

使用 fork(2) 系统调用创建的子进程继承了父进程的 MAP_PRIVATE 映射。当父进程修改内存页时，内核会触发写时复制（copy-on-write）机制，为子进程创建未经修改的副本。这些内存页与原始内存页在同一个 NUMA 节点上分配。

10.7　libvmemcache：面向大容量持久内存的高效易失性键值缓存

一些现有的内存数据库（IMDB）依赖于动态内存分配（malloc、jemalloc、tcmalloc），长时间运行后可能会出现外部和内部内存碎片化，从而导致大量内存无法分配。下面简要介绍一下内部和外部碎片化：

- 如果分配的内存超过需求，且已分配区域中包含未用内存，就会出现内部碎片化。例如，如果请求的分配大小为 200 字节，而分配了一个 256 字节的内存块，就会出现内部碎片化。
- 如果内存分配时大小可变，就会出现外部碎片化，尽管请求的内存块在系统中仍然可用，外部碎片化仍会导致连续内存块分配失败。如果大容量持久内存当作易失性内存使用，这个问题会更加明显。运行时极长的应用程序需要解决这个问题，特别是在已分配内存有很大变化的情况下。应用程序和运行时环境会用不同方式处理这个问题，例如：
  - Java 和 .NET 使用压缩垃圾回收。
  - Redis 和 Apache Ignite* 使用碎片整理算法。
  - Memcached 使用 slab 分配器。

上述所有分配机制各有优缺点。垃圾回收和碎片整理算法需要在堆上进行处理，以释放未用的分配或移动数据来创建连续空间。slab 分配器通常在初始化时定义固定数量、大小不同的桶，却不知道应用程序需要多少桶。slab 分配器用尽某个桶后，会从尺寸较大的桶分配，从而导致可用空间减少。这些机制可能会妨碍应用程序的处理，并降低性能。

10.7.1　libvmemcache 概述

libvmemcache 是一款嵌入式、轻量级内存缓存解决方案，其核心是键值存储。它可以通过高效、可扩展的内存映射，充分利用大容量存储，例如持久内存。它经过优化，可通过支持 DAX 的文件系统（该系统支持加载 / 存储操作）用于内存寻址持久存储。libvmemcache 具有自身的独特性：

- 基于区间的内存分配器可避免出现影响大多数内存数据库的碎片化问题，使得该缓存方案在大多数工作负载中实现极高的空间利用率。
- 带缓冲的 LRU（最近最少使用）算法将传统 LRU 双向链表和非阻塞环形缓冲区相结合，可在现代多核 CPU 上实现较高的可扩展性。

❑ 独特的 critnib 索引数据结构可提供高性能，同时非常节省空间。

libvmemcache 缓存经过调优，能够以最佳方式处理大小很大的值。尽管最小为 256 字节，但 libvmemcache 最适用于预期数值大小超过 1 KB 的情况。

libvmemcache 可以更好地控制分配，因为它使用基于区间的方法（与文件系统中的区间类似）实现可定制的内存分配方案。因此，libvmemcache 可以串级起来，从而显著节省空间。此外，由于它是缓存，所以能够在最坏的情况下驱逐数据来分配新条目。除去元数据的开销之外，libvmemcache 将始终分配原先释放的内存。但对于基于通用内存分配器（如 memkind）的缓存来说，情况并非如此。libvmemcache 适用于 TB 大小的内存工作负载，其空间利用率极高。

libvmemcache 在支持 DAX 的文件系统上自动创建临时文件，然后将其内存映射到应用程序的虚拟空间。该临时文件会在程序终止时删除，因此会被认为具有易失性。图 10-4 显示了使用传统 malloc() 从 DRAM 分配内存的应用程序，并且该应用程序使用 libvmemcache 从持久内存对驻留在支持 DAX 的文件系统上的临时文件进行内存映射。

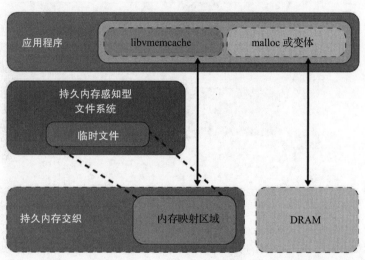

图 10-4　一个应用程序，使用 libvmemcache 从支持 DAX 的文件系统内存映射临时文件

尽管 libmemkind 支持不同类型的内存和内存使用策略，但基础分配器是使用动态内存分配的 jemalloc。表 10-2 比较了 libvmemcache 和 libmemkind 的实现详情。

表 10-2　libmemkind 和 libvmemcache 的设计方面

	libmemkind (PMEM)	libvmemcache
分配方案	动态分配器	基于区间（不限于扇区、内存页等）
用途	通用	轻量级内存缓存
碎片化	支持随机大小分配 / 长时间运行时取消分配的应用程序	最小化

10.7.2　libvmemcache 设计

libvmemcache 包含两个主要设计方面：

1）分配器的设计有助于改进 / 解决碎片化问题。

2）可扩展且高效的 LRU 策略。

1. 基于区间的分配器

运行 TB 大小的内存工作负载时，`libvmemcache` 可以解决碎片化问题，并实现较高的空间利用率。图 10-5 显示了创建多个小对象，且随时间推移分配器由于碎片化问题停止运行的工作负载示例。

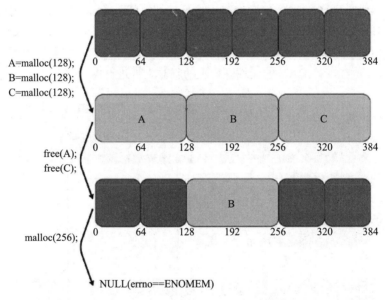

图 10-5　创建多个小对象，且分配器由于碎片化问题停止运行的工作负载示例

`libvmemcache` 使用基于区间的分配器，其中区间是指一组连续的内存块，分配后用于将数据存储在数据库中。区间通常与文件系统支持的大内存块（如扇区、内存页等）一起使用，但如果区间用于支持小内存块（缓存行）的持久内存，就不存在这种限制了。图 10-6 显示如果单个连续可用内存块无法分配对象，则使用多个非连续内存块来满足分配要求。非连续分配以单次分配的形式呈现给应用程序。

2. 可扩展置换策略

LRU 缓存一直以来以双向链表的形式实现。从该表中检索项目时，项目从表的中间移到前端，因此不会被驱逐。在多线程环境中，多个线程可能与前端元素竞争，它们都尝试将正在检索的元素移到前端。因此，在移动正在被检索的元素之前，前端元素通常被锁定，从而导致出现锁争用现象。这种方法无法扩展，且效率低。

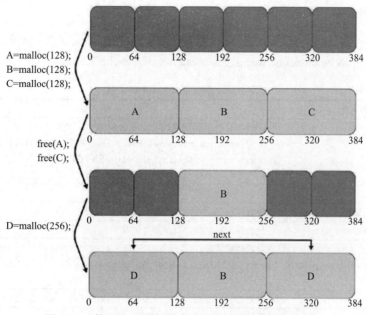

图 10-6　使用非连续可用内存块满足较大的分配要求

基于缓冲的 LRU 策略创建了一种可扩展且高效的置换策略。非阻塞环形缓冲区放置在 LRU 链表的前端，以跟踪正被检索的元素。元素被检索到后，添加到该缓冲区中，只有在缓冲区已满（或元素正被驱逐）的时候，链表才被锁定，且该缓冲区中的元素被处理并移到链表的前端。此方法保留了 LRU 策略，并提供一种可扩展的 LRU 机制，同时对性能产生的影响最小。图 10-7 显示了基于环形缓冲区的 LRU 算法设计。

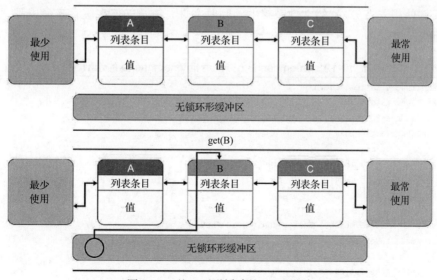

图 10-7　基于环形缓冲的 LRU 设计

10.7.3 使用 libvmemcache

表 10-3 列出了 libvmemcache 提供的基本函数。完整列表请参见 libvmemcache 的手册页（https://pmem.io/vmemcache/manpages/master/ vmemcache.3.html）。

表 10-3　libvmemcache 函数

函数名称	描　述
vmemcache_new	创建空的且未经配置的 vmemcache 实例，默认值为：eviction_policy=VMEMCACHE_REPLACEMENT_LRU extent_size = VMEMCACHE_MIN_EXTENT VMEMCACHE_MIN_POOL
vmemcache_add	关联缓存和路径
vmemcache_set_size	设置缓存的大小
vmemcache_set_extent_size	设置缓存的块大小（最小 256 字节）
vmemcache_set_eviction_policy	设置清除策略： 1）VMEMCACHE_REPLACEMENT_NONE 2）VMEMCACHE_REPLACEMENT_LRU
vmemcache_add	关联缓存和支持 DAX 的文件系统或不支持 DAX 的文件系统上的指定路径
vmemcache_delete	释放与缓存关联的所有结构
vmemcache_get	搜索包含指定键的条目，找到条目后，将该条目的值复制至 vbuf
vmemcache_put	将指定的键值对插入缓存
vmemcache_evict	从缓存中删除指定的键
vmemcache_callback_on_evict	从缓存删除条目后调用
vmemcache_callback_on_miss	get 查询失败时调用，由此提供一个插入缺失键的时机

为了说明如何使用 libvmemcache，列表 10-12 显示了如何使用默认值创建 vmemcache 实例。该示例使用支持 DAX 的文件系统上的临时文件，展示如何在缓存未命中键 "meow" 后注册回调。

列表 10-12　vmemcache.c：使用 libvmemcache 的示例程序

```
37  #include <libvmemcache.h>
38  #include <stdio.h>
39  #include <stdlib.h>
40  #include <string.h>
41
42  #define STR_AND_LEN(x) (x), strlen(x)
43
44  VMEMcache *cache;
45
46  void on_miss(VMEMcache *cache, const void *key,
47      size_t key_size, void *arg)
48  {
49      vmemcache_put(cache, STR_AND_LEN("meow"),
50          STR_AND_LEN("Cthulhu fthagn"));
```

```
51  }
52
53  void get(const char *key)
54  {
55      char buf[128];
56      ssize_t len = vmemcache_get(cache,
57      STR_AND_LEN(key), buf, sizeof(buf), 0, NULL);
58      if (len >= 0)
59          printf("%.*s\n", (int)len, buf);
60      else
61          printf("(key not found: %s)\n", key);
62  }
63
64  int main()
65  {
66      cache = vmemcache_new();
67      if (vmemcache_add(cache, "/daxfs")) {
68          fprintf(stderr, "error: vmemcache_add: %s\n",
69                  vmemcache_errormsg());
70              exit(1);
71      }
72
73      // Query a non-existent key
74      get("meow");
75
76      // Insert then query
77      vmemcache_put(cache, STR_AND_LEN("bark"),
78          STR_AND_LEN("Lorem ipsum"));
79      get("bark");
80
81      // Install an on-miss handler
82      vmemcache_callback_on_miss(cache, on_miss, 0);
83      get("meow");
84
85      vmemcache_delete(cache);
```

❑ 第 66 行：用 eviction_policy 和 extent_size 的默认值创建新的 vmemcache 实例。

❑ 第 67 行：调用 vmemcache_add() 函数关联缓存和指定路径。

❑ 第 74 行：调用 get() 函数查询现有的键。该函数调用 vmemcache_get() 函数，并执行检错，以检查函数实现是否成功 / 失败。

❑ 第 77 行：调用 vmemcache_put() 插入新的键。

❑ 第 82 行：添加 on_miss 回调处理程序，将键 "meow" 插入缓存。

❑ 第 83 行：使用 get() 函数检索键 "meow"。

❑ 第 85 行：删除 vmemcache 实例。

10.8 总结

本章介绍了如何使用大容量持久内存保存易失性应用程序数据。应用程序可以选择分别或同时从 DRAM 或持久内存分配和访问数据。

memkind 是一种非常灵活且易于使用的库，其语义与开发人员经常使用的 libc malloc/free API 类似。

libvmemcache 是一种可嵌入式轻量级内存缓存解决方案，支持应用程序以可扩展方式高效使用持久内存的大容量。libvmemcache 是 GitHub（https：//github。com/pmem/vmemcache）上的开源项目。

设计适用于持久内存的数据结构

充分利用持久内存的独特特性（如可字节寻址特性、持久性和原地更新），有助于我们构建速度比所有要求序列化或刷新到磁盘的数据结构快得多的数据结构。不过这也需要付出一定的代价。必须精心设计算法，以通过刷新 CPU 缓存或使用非临时存储和内存屏障来保持数据一致性，进而以正确的方式持久保存数据。本章将介绍如何设计此类数据结构和算法，以及它们应该具有哪些属性。

11.1　连续数据结构和碎片化

在设计适用于持久内存的数据结构时，堆内存具有不同的生命周期，碎片化是最关键的因素之一。在不同版本的应用程序中，持久堆的寿命可长达数年。在易失性用例中，堆会在应用程序退出时被销毁。堆的寿命通常以小时、天或周来计算。

使用文件作为后端的页面进行内存分配，会导致难以利用操作系统提供的机制来减少碎片化，比如以连续虚拟地址的形式呈现非连续物理内存。在低粒度下手动管理虚拟内存是可行的，例如为用户空间的内存对象构造内存页级别的碎片整理机制。但这种机制可能导致物理内存完全碎片化，且无法利用超大内存页，进而导致缺失的转换后备缓冲区（TLB）数量增加，从而大幅降低整个应用程序的性能。为了有效利用持久内存，你应该在设计数据结构时确保最大限度地降低碎片化。

11.1.1　内部和外部碎片化

内部碎片化是指已分配的众多内存块中超额预留的空间。内存分配器通常以固定大小的块（chunk）或桶（bucket）的形式返回内存地址。分配器必须确定每个桶的大小，以及它要提供多少个大小不同的桶。如果内存分配请求的大小与预定义的桶大小不匹配，该分配器将返回一个较大的内存桶。例如，如果应用程序请求 200KiB 的内存分配，但分配器有大小为 128KiB 和 256KiB 的桶，那么该请求将从可用的 256KiB 桶分配。由于内部对齐要求，分配器通常必须返回大小可被 16 整除的内存块。

  如果可用内存分散在小内存块中，就会出现外部碎片化。例如，想象一下，先用 4KiB 分配用完整个内存，然后每隔一段释放已分配的内存，此时就会有一半的可用内存，但以后不能一次分配超过 4KiB 的内存，因为这是连续可用空间的最大值。图 11-1 展示了这种碎片化，其中带灰底的单元格表示已分配的空间，普通单元格表示可用空间。

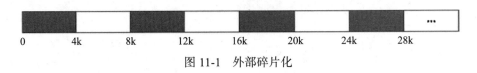

图 11-1　外部碎片化

将一组元素存储到持久内存中时，可以使用以下几种数据结构：

❑ 链表：各节点从持久内存分配。

❑ 动态数组（向量）：一种大块的预分配内存的数据结构，当有新元素加入而空间不足时，它将分配一个容量更大的新数组，并将所有元素从旧数组移到新数组中。

❑ 段向量：一列由固定大小的数组（段）组成的链表。如果任何段中都没有剩余可用空间，则会分配一个新的段。

考虑对这些数据结构进行碎片化处理：

❑ 对于链表，碎片化率取决于节点大小。如果节点足够小，内部碎片化率就较高。在节点分配期间，每次分配器都会以某种对齐方式返回不同于节点大小的内存地址空间。

❑ 使用动态数组会减少内存分配数量，但每次分配的大小不同（大多数采用前一次分配大小的两倍来实现），这会导致较高的外部碎片化。

❑ 使用段向量，段的大小是固定的，因此每次分配的大小相同。这实际上消除了外部碎片化，因为我们可以为每个已释放的段分配一个新的段。[⊖]

11.1.2　原子性和一致性

  数据一致性需要确保数据的正确存储顺序，以及数据被持久性地保存。系统必须使用额外的机制来保证存储大于 8 字节长度数据的原子性。本节将介绍几种机制，并探讨它们的内存和时间开销。在时间开销方面，重点是分析刷新次数和所使用的内存屏障，因为它们对性能的影响最大。

 ⊖　使用 `libpmemobj` 分配器时，还可以通过使用分配类轻松降低内部碎片化率（见第 7 章）。

1. 事务

我们可以使用事务（详见第 7 章）来确保数据的原子性和一致性。此处我们重点介绍如何设计数据结构来高效使用事务。例如，本章后续部分要介绍的"支持版本控制的有序数组"就是使用事务的数据结构。

使用事务是确保一致性的最简单的解决方案。尽管使用事务可以轻松实现大多数操作的原子性，但有两点需要注意。第一，使用日志记录的事务通常会引入额外的内存和时间开销。第二，在使用撤销日志的情况下，内存开销与你修改的数据的大小成正比，而时间开销则取决于快照数量。修改快照数据之前，每个快照必须实现持久化。

设计适用于持久内存的数据结构时，建议使用面向数据的方法，因为这样存储数据后，CPU 处理的方式对缓存非常友好。假如要存储由 2 个整数值组成的 1000 条记录，有两种方法：使用列表 11-1 所示的两个整数数组，或使用列表 11-2 所示的一个键值对数组。第一种方法是 SoA（Structure of Array，数组结构），第二种方法则是 AoS（Array of Structure，结构数组）。

列表 11-1　用于存储数据的 SoA 布局方法

```
struct soa {
    int a[1000];
    int b[1000];
};
```

列表 11-2　用于存储数据的 AoS 布局方法

```
std::pair<int, int> aos_records[1000];
```

根据数据访问模式的不同，你可能更倾向于其中一种解决方案。如果程序对元素的所有字段都经常更新，最好选择 AoS 解决方案。但如果程序仅更新所有元素的第一个变量，那么最好选择 SoA 解决方案。

对于使用易失性内存的应用程序，主要问题通常是缓存未命中，以及面向单指令多数据（SIMD）处理的优化。SIMD 是弗林分类学中的一类并行计算机[⊖]。它描述的是具有多个处理元素的计算机，这些处理元素同时对多个数据点执行相同的操作。此类机器利用的是数据级的并行性，而不是并发性，即可以同时（并行）计算，但在给定时刻只有一个进程（指令）执行这个计算。

使用事务时，开发人员必须考虑创建快照的性能问题。相比创建几个小区域快照，创建连续内存区域快照通常更好，主要是因为它使用的元数据较少，从而使开销更小。高效数据结构布局将这些因素都考虑在内，可以有效避免未来在将数据从基于 DRAM 的实现迁移至持久内存的过程中出现问题。

⊖　有关 SIMD 的完整定义请访问 https://en.wikipedia.org/wiki/SIMD。

列表 11-3 显示了这两种方法，在此示例中，我们想将第一个整数加 1。

列表 11-3　布局和创建快照的性能

```
37 struct soa {
38    int a[1000];
39    int b[1000];
40 };
41
42 struct root {
43    soa soa_records;
44    std::pair<int, int aos_records[1000];
45 };
46
47 int main()
48 {
49    try {
50      auto pop = pmem::obj::pool<root>::create("/daxfs/pmpool",
51              "data_oriented", PMEMOBJ_MIN_POOL, 0666);
52
53      auto root = pop.root();
54
55      pmem::obj::transaction::run(pop, [&]{
56        pmem::obj::transaction::snapshot(&root->soa_records);
57        for (int i = 0; i < 1000; i++) {
58          root->soa_records.a[i]++;
59        }
60
61        for (int i = 0; i < 1000; i++) {
62          pmem::obj::transaction::snapshot(
63                      &root->aos_records[i].first);
64          root->aos_records[i].first++;
65        }
66      });
67
68      pop.close();
69    } catch (std::exception &e) {
70        std::cerr << e.what() << std::endl;
71    }
72 }
```

❑ 第 37 ～ 45 行：定义两个不同的数据结构，用于存储整数记录。第一个是 SoA，它将整数存储在两个单独的数组中。第 44 行显示的是单个键值对数组，即 AoS。

❑ 第 56 ～ 59 行：我们可以一次创建整个数组的快照来充分利用 SoA 布局，然后安全地修改各个元素。

❑ 第 61 ～ 65 行：使用 AoS 时，我们不得不在每次迭代时创建数据快照，因为我们想要修改的元素在内存中是不连续的。

例如，本章后续"使用事务的散列表"和"使用事务和选择持久化的散列表"小节中介绍的就是使用事务的数据结构。

2. 写时复制和版本控制

另外一种保持一致性的方法是写时复制（CoW）技术。在此方法中，想修改保存于持久内存的数据结构中的某个部分时，每次修改都会在新位置创建一个新版本。例如，链表中的节点可以使用下文介绍的 CoW 方法：

1）为链表中的元素创建副本。如果在持久内存中动态分配副本，还应该将指针保存在持久内存中，以避免内存泄漏。如果没有这样做，且应用程序在内存分配后出现崩溃，那么在应用程序重启时，将无法访问新分配的内存。

2）修改副本并将此变更持久化。

3）以原子方式将原始元素替换为副本，并将变更持久化，然后根据需要释放原始节点。成功完成这一步骤后，元素将得以更新，并处于一致状态。如果在这一步骤之前发生崩溃，原始元素将保持不变。

尽管这些方法比事务更快，但实现难度更大，因为必须手动将数据持久化。

CoW 通常适用于多线程系统，在该系统中可以使用引用计数、垃圾回收等机制释放不再使用的副本。尽管此类系统超出了本书的探讨范围，但我们会在第 14 章中介绍多线程应用程序的并发性。

版本控制是类似于 CoW 的概念。它们之间的区别在于，它保存数据字段的多个版本。每次修改都会创建新版本的字段，并存储有关当前字段的信息。本章后续"支持版本控制的有序数组"小节中列举的示例介绍了如何使用此技巧实现有序数组的插入。在前面的示例中，只保留了变量的两个版本，作为双元素数组的旧版和新版。插入操作交替将数据写入该数组的第一个和第二个元素。

11.1.3　选择性持久化

持久内存的读写速度比磁盘快，但比 DRAM 慢。我们可以实现混合数据结构，将一部分存储在 DRAM 中，一部分存储在持久内存中，从而加速性能。在 DRAM 中缓存之前计算的值或者经常访问的数据结构部分可以降低访问延迟，并提升总体性能。

数据并不总是需要存储在持久内存中。相反，可以在应用程序重新启动时重新构建数据，因为可以从 DRAM 访问数据并且不需要事务，所以可以在运行时改进性能。有关此方法的示例，请参见 11.1.4 节的"使用事务和选择性持久化的散列表"。

11.1.4　示例数据结构

本小节将介绍几个使用上述方法设计以确保一致性的数据结构示例。代码使用 C++ 编写而成，并使用了 `libpmemobj-cpp`。请参见第 8 章了解更多关于该库的信息。

1. 使用事务的散列表

这里展示一个使用事务实现的散列表和使用 libpmemobj-cpp 实现的容器示例。

散列表是一种可将键映射到值并保证 O (1) 查找时间的数据结构。读者可以通过这个例子快速入门并了解更多相关信息。它通常以桶数组（桶是一种可以保存一个或多个键值对的数据结构）的形式实现。将新元素插入散列表时，可以用散列函数计算该元素的散列值。生成的值将被视为插入元素的桶的索引。不同键的散列值可能是相同的，这种情况被称作碰撞（collision）。其中一种解决碰撞的方法是分离链接法。此法将多个键值对存储在一个桶中，列表 11-4 中的示例就使用了这种方法。

为简单起见，列表 11-4 中的散列表仅提供 const Value & get(const std::string &key) 和 void put(const std::string &key, const Value &value) 方法。它还提供了固定数量的桶。大家可以自己扩展该数据结构以支持删除操作和拥有动态数量的桶。

列表 11-4　使用事务实现散列表

```
38  #include <functional>
39  #include <libpmemobj++/p.hpp>
40  #include <libpmemobj++/persistent_ptr.hpp>
41  #include <libpmemobj++/pext.hpp>
42  #include <libpmemobj++/pool.hpp>
43  #include <libpmemobj++/transaction.hpp>
44  #include <libpmemobj++/utils.hpp>
45  #include <stdexcept>
46  #include <string>
47
48  #include "libpmemobj++/array.hpp"
49  #include "libpmemobj++/string.hpp"
50  #include "libpmemobj++/vector.hpp"
51
52  /**
53   * Value - type of the value stored in hashmap
54   * N - number of buckets in hashmap
55   */
56  template <typename Value, std::size_t N>
57  class simple_kv {
58  private:
59    using key_type = pmem::obj::string;
60    using bucket_type = pmem::obj::vector<
61        std::pair<key_type, std::size_t>>;
62    using bucket_array_type = pmem::obj::array<bucket_type, N>;
63    using value_vector = pmem::obj::vector<Value>;
64
65    bucket_array_type buckets;
66    value_vector values;
67
68  public:
```

```
69    simple_kv() = default;
70
71    const Value &
72    get(const std::string &key) const
73    {
74    auto index = std::hash<std::string>{}(key) % N;
75
76    for (const auto &e : buckets[index]) {
77      if (e.first == key)
78        return values[e.second];
79    }
80
81    throw std::out_of_range("no entry in simplekv");
82    }
83
84    void
85    put(const std::string &key, const Value &val)
86    {
87    auto index = std::hash<std::string>{}(key) % N;
88
89    /* get pool on which this simple_kv resides */
90    auto pop = pmem::obj::pool_by_vptr(this);
91
92    /* search for element with specified key - if found
93     * update its value in a transaction*/
94    for (const auto &e : buckets[index]) {
95      if (e.first == key) {
96        pmem::obj::transaction::run(
97          pop, [&] { values[e.second] = val; });
98
99        return;
100       }
101    }
102
103    /* if there is no element with specified key, insert
104     * new value to the end of values vector and put
105     * reference in proper bucket */
106    pmem::obj::transaction::run(pop, [&] {
107      values.emplace_back(val);
108      buckets[index].emplace_back(key, values.size() - 1);
109       });
110    }
111  };
```

□ 第 58 ～ 66 行：将散列映射的布局定义为桶的 pmem::obj::array 类型，其中桶是键
和索引对的 pmem::obj::vector 类型，而 pmem::obj::vector 中包含值。桶条目中的
索引始终指向存储在单独向量中实际值的位置。为了优化快照创建，值不会保存在

桶中键的旁边。获取对 pmem::obj::vector 中元素的非常量引用时，始终创建该元素的快照。为避免创建不必要数据的快照，例如，如果键不可变，则我们将键和值分成独立的向量。这样也有助于更新一个事务中的多个值。大家可以回顾"写时复制和版本控制"中介绍的内容。向量中的结果可能彼此相邻，也可能有几个较大的区域需要创建快照。

❑ 第 74 行：使用标准库计算表中的散列。

❑ 第 76 ~ 79 行：通过遍历表中 index 下存储的所有桶，搜索包含指定键的条目。请注意，e 表示对键值对的常量引用。由于 libpmemobj-cpp 容器的工作原理，相比非常量的引用，常量引用会对性能产生积极影响。获取非常量引用需要快照，但常量引用则不需要。

❑ 第 90 行：获取 pmemobj 池对象的实例，用于管理数据结构驻留的持久内存池。

❑ 第 94 ~ 95 行：迭代指定桶中的所有条目，查找指定向量中值的位置。

❑ 第 96 ~ 98 行：如果找到包含指定键的元素，则使用事务更新该值。

❑ 第 106 ~ 109 行：如果没有包含指定键的元素，则将值插入到值向量中，并在相应的桶中放置对该值的引用，即创建键、索引对。必须使用单个原子事务完成这两项操作，因为我们希望它们同时成功或同时失败。

2. 使用事务和选择性持久化的散列表

该示例通过将部分数据移出持久内存演示了如何修改持久的数据结构（即散列表）。列表 11-5 中的数据结构是列表 11-4 中散列表的修改版本，并包含如何实现此类散列表设计。此处我们仅将键向量和值向量存储在持久内存中。应用程序启动时，我们构建桶并将其存储在易失性 DRAM 中，以加速运行时的处理。get() 方法可以用于获得非常明显的性能提升。

列表 11-5　使用事务和选择性持久化实现散列表

```
40 #include <array>
41 #include <functional>
42 #include <libpmemobj++/p.hpp>
43 #include <libpmemobj++/persistent_ptr.hpp>
44 #include <libpmemobj++/pext.hpp>
45 #include <libpmemobj++/pool.hpp>
46 #include <libpmemobj++/transaction.hpp>
47 #include <libpmemobj++/utils.hpp>
48 #include <stdexcept>
49 #include <string>
50 #include <vector>
51
52 #include "libpmemobj++/array.hpp"
53 #include "libpmemobj++/string.hpp"
54 #include "libpmemobj++/vector.hpp"
```

```
55
56 template <typename Value, std::size_t N>
57 struct simple_kv_persistent;
58
59 /**
60  * This class is runtime wrapper for simple_kv_peristent.
61  * Value - type of the value stored in hashmap
62  * N - number of buckets in hashmap
63  */
64 template <typename Value, std::size_t N>
65 class simple_kv_runtime {
66 private:
67   using volatile_key_type = std::string;
68   using bucket_entry_type = std::pair<volatile_key_type, std::size_t>;
69   using bucket_type = std::vector<bucket_entry_type>;
70   using bucket_array_type = std::array<bucket_type, N>;
71
72   bucket_array_type buckets;
73   simple_kv_persistent<Value, N> *data;
74
75 public:
76  simple_kv_runtime(simple_kv_persistent<Value, N> *data)
77  {
78   this->data = data;
79
80   for (std::size_t i = 0; i < data->values.size(); i++) {
81    auto volatile_key = std::string(data->keys[i].c_str(),
82             data->keys[i].size());
83
84    auto index = std::hash<std::string>{}(volatile_key)%N;
85    buckets[index].emplace_back(
86     bucket_entry_type{volatile_key, i});
87    }
88  }
89
90   const Value &
91   get(const std::string &key) const
92   {
93    auto index = std::hash<std::string>{}(key) % N;
94
95    for (const auto &e : buckets[index]) {
96     if (e.first == key)
97       return data->values[e.second];
98    }
99
100   throw std::out_of_range("no entry in simplekv");
101  }
102
```

```
103  void
104  put(const std::string &key, const Value &val)
105  {
106   auto index = std::hash<std::string>{}(key) % N;
107
108   /* get pool on which persistent data resides */
109     auto pop = pmem::obj::pool_by_vptr(data);
110
111    /* search for element with specified key - if found
112     * update its value in a transaction */
113    for (const auto &e : buckets[index]) {
114     if (e.first == key) {
115       pmem::obj::transaction::run(pop, [&] {
116         data->values[e.second] = val;
117       });
118
119      return;
120     }
121    }
122
123    /* if there is no element with specified key, insert new value
124     * to the end of values vector and key to keys vector
125     * in a transaction */
126    pmem::obj::transaction::run(pop, [&] {
127     data->values.emplace_back(val);
128     data->keys.emplace_back(key);
129    });
130
131     buckets[index].emplace_back(key, data->values.size() - 1);
132  }
133  };
134
135  /**
136   * Class which is stored on persistent memory.
137   * Value - type of the value stored in hashmap
138   * N - number of buckets in hashmap
139   */
140  template <typename Value, std::size_t N>
141  struct simple_kv_persistent {
142   using key_type = pmem::obj::string;
143   using value_vector = pmem::obj::vector<Value>;
144   using key_vector = pmem::obj::vector<key_type>;
145
146  /* values and keys are stored in separate vectors to optimize
147   * snapshotting. If they were stored as a pair in single vector
148   * entire pair would have to be snapshotted in case of value update */
149  value_vector values;
150  key_vector keys;
```

```
151
152  simple_kv_runtime<Value, N>
153  get_runtime()
154  {
155   return simple_kv_runtime<Value, N>(this);
156  }
157 };
```

- 第 67 行：定义驻留在易失性内存中的数据类型。它们与"使用事务的散列表"中的用于持久版本中的类型非常类似。唯一的区别在于，此处我们使用的是标准（std）容器，而不是 pmem::obj。
- 第 72 行：声明易失性桶数组。
- 第 73 行：声明持久数据（simple_kv_persistent 结构）的指针。
- 第 75 ~ 88 行：在 simple_kv_runtime 构造函数中，我们迭代持久内存中的键和值，重新构建桶数组。在易失性内存中，我们将这两个键，即持久数据的副本和值向量的索引存储在持久内存中。
- 第 90 ~ 101 行：get() 函数用于查找易失性桶数组中的元素引用。读取第 97 行的实际值时，只有一个持久内存引用。
- 第 113 ~ 121 行：与 get() 函数类似，我们使用易失性数据结构搜索元素，并在找到后使用事务更新值。
- 第 126 ~ 129 行：如果散列表中没有包含指定键的元素，那么我们在持久内存中使用事务将值和键分别插入各自的向量中。
- 第 131 行：将数据插入持久内存后，更新易失性数据结构的状态。请注意，此操作不必是原子操作。如果程序崩溃，将在启动时重新构建桶数组。
- 第 149 ~ 150 行：定义持久内存的布局。键和值存储在单独的 pmem::obj::vector 中。
- 第 153 ~ 156 行：定义一个函数，该函数返回此散列表的运行时对象。

3. 支持版本控制的有序数组

本节将简单介绍一种算法，它可将元素插入到一个有序数组并保持元素依然顺序排列。该算法可以使用版本控制技术来确保数据一致性。

首先，我们介绍有序数组的布局。图 11-2 和列表 11-6 展示了两个元素数组和两个大小字段。此外，current 字段存储关于当前所使用的数组和大小变量的信息。

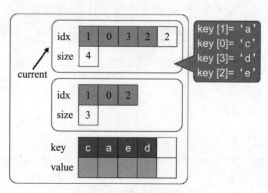

图 11-2 有序数组布局

列表 11-6　有序数组布局

```
41  template <typename Value, uint64_t slots>
42  struct entries_t {
43    Value entries[slots];
44    size_t size;
45  };
46
47  template <typename Value, uint64_t slots>
48  class array {
49  public:
50    void insert(pmem::obj::pool_base &pop, const Value &);
51    void insert_element(pmem::obj::pool_base &pop, const Value&);
52
53    entries_t<Value, slots> v[2];
54    uint32_t current;
55  };
```

❏ 第 41 ～ 45 行：定义辅助用的结构体，由索引数组和大小组成。

❏ 第 53 行：我们定义了结构类型为 entries_t 的一个两元素数组。entries_t 以 size 变量的形式保存元素数组（或条目数组），以及节点中元素的数量。

❏ 第 54 行：该变量用于判定第 53 行的哪个 entries_t 结构被使用。其结果只能是 0 或 1。图 11-2 展示了 current 等于 0 且指向 v 数组的第一个元素的情况。

为了理解为何需要两种版本的 entries_t 结构和 current 字段，图 11-3 展示了插入操作的工作原理，相应的伪代码展示在列表 11-7 中。

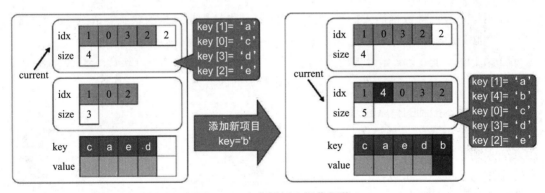

图 11-3　有序树插入操作概览

列表 11-7　有序树插入操作的伪代码

```
57  template <typename Value, uint64_t slots>
58  void array<Value, slots>::insert_element(pmem::obj::pool_base &pop,
59                    const Value &entry) {
60    auto &working_copy = v[1 - current];
61    auto &consistent_copy = v[current];
```

```
62
63   auto consistent_insert_position = std::lower_bound(
64    std::begin(consistent_copy.entries),
65    std::begin(consistent_copy.entries) +
66            consistent_copy.size, entry);
67    auto working_insert_position =
68        std::begin(working_copy.entries) +
         std::distance(std::begin(consistent_copy.entries),
69        consistent_insert_position);
70
71     std::copy(std::begin(consistent_copy.entries),
72                consistent_insert_position,
73                std::begin(working_copy.entries));
74
75     *working_insert_position = entry;
76
77     std::copy(consistent_insert_position,
78                std::begin(consistent_copy.entries) +
                      consistent_copy.size,
79                working_insert_position + 1);
80
81     working_copy.size = consistent_copy.size + 1;
82 }
83
84 template <typename V, uint64_t s>
85 void array<V,s>::insert(pmem::obj::pool_base &pop,
86                          const Value &entry){
87   insert_element(pop, entry);
88   pop.persist(&(v[1 - current]), sizeof(entries_t<Value, slots>));
89
90   current = 1 - current;
91   pop.persist(&current, sizeof(current));
92 }
```

❑ 第 60 ～ 61 行：定义对条目数组当前（current）版本和工作（working）版本的引用。

❑ 第 63 行：查找当前数组中应插入条目的位置。

❑ 第 67 行：为工作数组创建迭代器。

❑ 第 71 行：将当前数组部分复制到工作数组（范围是从当前数组开头到应插入新元素的位置）。

❑ 第 75 行：将条目插入工作数组中。

❑ 第 77 行：插入元素后，将当前数组的其他元素复制到工作数组。

❑ 第 81 行：对于已插入的元素，将工作数组的大小更新为当前数组的大小加 1。

❑ 第 87 ～ 88 行：插入元素，并将整个 v[1 - current] 元素持久化。

❑ 第 90 ～ 91 行：更新当前的值并保存。

下面我们来看看此方法是否可以确保数据一致性。在第一步中，我们将元素从原始数组复制到当前未用的数组，插入新元素，并将其持久化，以确保数据到达持久域。持久化调用还可以确保下一个操作（即更新当前值）不会被重排到先前任意一个存储操作之前。因此，执行更新 current 字段的指令前后，任何中断都不会损坏数据，因为 current 变量始终指向有效版本。

使用版本控制的插入操作，在空间方面的开销是条目数组和 current 字段的大小，在时间开销方面，我们仅执行了两个持久化操作。

11.2　总结

本章介绍了如何根据持久内存的特性和功能，设计适用于它的数据结构。我们探讨了碎片化，以及持久内存中为何存在碎片化问题，还介绍了几种确保数据一致性的方法，使用事务是最简单、最不易出错的一种方法。其他方法（如写时复制或版本控制）的效果更好，但正确实现的难度极大。

第 12 章　*Chapter 12*

调试持久内存应用程序

持久内存编程提供了许多全新的机遇，它允许开发人员在不进行序列化的情况下直接将数据结构持久化，并在不涉及传统块 I/O 的情况下原地访问这些数据结构。因此，用户可以合并数据模型，避免出现传统的数据分裂情况，即在内存中的数据是易失、快速、可字节寻址的，而在传统存储设备上的数据则是非易失的，但速度较慢。

但持久内存编程也带来了挑战。正如在第 2 章中介绍的电源故障保护持久域，如果进程或系统在支持异步 DRAM 刷新（ADR）的平台上发生崩溃，那么驻留在 CPU 缓存中尚未进行刷新的数据将会丢失。这对易失性内存来说不是问题，因为所有内存层级都是易失的。但如果使用的是持久内存，崩溃可能会导致永久性数据损坏。必须多久刷新一次数据？刷新过于频繁会导致无法获得最佳性能，而刷新不够频繁则可能会导致数据丢失或损坏。

第 11 章介绍了几种方式来设计数据结构，以及使用诸如写时复制、版本控制、事务等保持数据完整性的方法。持久内存开发套件（PMDK）中的许多库都支持对数据结构和变量进行事务更新。这些库可以根据平台要求，在最恰当的时候提供最佳 CPU 缓存刷新，因此用户可以放心地编程，无须担心硬件复杂性问题。

然而，这种编程模式也会导致新的错误和性能问题，程序员必须有所意识。PMDK 库可以减少持久内存编程的错误，但无法消除这些错误。本章将介绍几个常见的持久内存编程问题和缺陷，以及如何使用可用工具进行解决。本章前半部分介绍工具，后半部分将展示几个错误的编程场景，以及如何在代码产品发布到生产环境前使用工具纠正这些错误。

12.1 用于 Valgrind 的 pmemcheck

pmemcheck 是英特尔开发的一个 Valgrind（http://www.valgrind.org/）工具，它与 memcheck（Valgrind 中用于发现内存相关 bug 的默认工具）类似，且适用于持久内存。Valgrind 是用于构建动态分析工具的基础框架。一些 Valgrind 工具能够动态检测许多内存管理和线程漏洞，并对程序进行详细分析。用户也可以使用 Valgrind 构建新工具。

若要运行 pmemcheck，需使用 Valgrind 的一个修改版本，它支持全新的 CLFLUSHOPT 和 CLWB 刷新指令。持久内存版本的 Valgrind 中包含 pmemcheck 工具，可以访问 https://github.com/pmem/valgrind 来获取。请参见 GitHub 项目中的 README.md 来了解安装说明。

PMDK 中的所有库都使用 pmemcheck 进行了改进。如果使用 PMDK 进行持久内存编程，无须修改任何代码，借助 pmemcheck 就可轻松检查代码。

介绍 pmemcheck 之前，接下来的两节先演示如何识别越界（out-of-bounds）和内存泄漏示例的错误。

12.1.1 栈溢出示例

越界是一种栈 / 缓冲区溢出问题，即在栈或数组的容量之外读写数据。请看列表 12-1 中的一小段代码。

列表 12-1 stackoverflow.c：越界的示例

```
32  #include <stdlib.h>
33
34  int main() {
35          int *stack = malloc(100 * sizeof(int));
36          stack[100] = 1234;
37          free(stack);
38      return 0;
39  }
```

第 36 行中，错误地将值 1234 赋值给下标为 100 的元素，这超出了数组范围 0 ~ 99。如果编译并运行此代码，可能不会失败，因为即使仅为数组分配 400 字节（即 100 个整数），操作系统也会提供整个内存页（通常为 4KiB）。在 Valgrind 下执行二进制文件会报告存在问题，如列表 12-2 所示。

列表 12-2 使用列表 12-1 中的代码运行 Valgrind

```
$ valgrind ./stackoverflow
==4188== Memcheck, a memory error detector
...
==4188== Invalid write of size 4
==4188==    at 0x400556: main (stackoverflow.c:36)
==4188==  Address 0x51f91d0 is 0 bytes after a block of size 400 alloc'd
```

```
==4188==    at 0x4C2EB37: malloc (vg_replace_malloc.c:299)
==4188==    by 0x400547: main (stackoverflow.c:35)
...
==4188== ERROR SUMMARY: 1 errors from 1 contexts (suppressed: 0 from 0)
```

由于 Valgrind 生成的是长报告，所以仅显示报告中关于"Invalid write"错误的部分。编译代码时若选择带符号信息（gcc -g），很容易检测到代码中错误的确切位置。在本例中，Valgrind 标记出 stackoverflow.c 文件的第 36 行。识别出代码中的问题后，就知道如何修复了。

12.1.2　内存泄漏示例

内存泄漏是另一个比较常见的问题。请看列表 12-3 中的代码。

列表 12-3　leak.c：内存泄漏示例

```
32  #include <stdlib.h>
33
34  void func(void) {
35      int *stack = malloc(100 * sizeof(int));
36  }
37
38  int main(void) {
39      func();
40      return 0;
41  }
```

内存分配被移到函数 func() 中。之所以发生内存泄漏是因为指向新分配的内存的指针是第 35 行的本地变量，该变量在函数返回时已丢失。在 Valgrind 下执行该程序的结果显示在列表 12-4 中。

列表 12-4　使用列表 12-3 中的代码运行 Valgrind

```
$ valgrind --leak-check=yes ./leak
==4413== Memcheck, a memory error detector
...
==4413== 400 bytes in 1 blocks are definitely lost in loss record 1 of 1
==4413==    at 0x4C2EB37: malloc (vg_replace_malloc.c:299)
==4413==    by 0x4004F7: func (leak.c:35)
==4413==    by 0x400507: main (leak.c:39)
==4413==
==4413== LEAK SUMMARY:
...
==4413== ERROR SUMMARY: 1 errors from 1 contexts (suppressed: 0 from 0)
```

Valgrind 显示在 leak.c:35 处分配的 400 字节内存已丢失。更多信息请访问 Valgrind 官方文档（http://www.valgrind.org/docs/manual/index.html）。

12.2　Intel Inspector —— Persistence Inspector

Intel Inspector —— Persistence Inspector 是一种运行时工具，支持开发人员检测持久内存程序中的编程错误。除了缓存刷新缺失之外，该工具还可以检测以下内容：

- ❑ 冗余的缓存刷新和内存屏障
- ❑ 乱序持久内存存储
- ❑ 错误的 PMDK 撤销日志

Persistence Inspector 作为 Intel Inspector 的一部分，是一款易于使用，面向 C、C++ 以及 Fortran 的内存和线程调试器，适用于 Windows 和 Linux 操作系统。它拥有直观的图形和命令行界面，还能与 Microsoft Visual Studio 相集成。Intel Inspector 包含在 Intel Parallel Studio XE（https://software.intel.com/en-us/parallel-studio-xe）和 Intel System Studio（https://software.intel.com/en-us/system-studio）中。

本节将介绍如何使用 Intel Inspector 工具处理列表 12-1 和列表 12-3 中的越界和内存泄漏示例。

12.2.1　栈溢出示例

列表 12-5 中的示例展示了如何使用命令行接口执行分析和收集数据，然后切换至 GUI 详细检查结果。收集数据时，使用程序 inspxe-cl，并使用选项 -c=mi2 来侦测内存问题。

列表 12-5　使用列表 12-1 中的代码运行 Intel Inspector

```
$ inspxe-cl -c=mi2 -- ./stackoverflow

1 new problem(s) found
    1 Invalid memory access problem(s) detected
```

Intel Inspector 创建了一个新目录，其中包含数据和分析结果，并向终端打印结果概要。对于栈溢出应用程序，它检测到了一个无效内存访问。

使用 inspxe-gui 启动 GUI 后，通过菜单 File → Open → Result，导航至 inspxe-cli 创建的目录。如果是首次运行，该目录将命名为 r000mi2。目录中有一个名为 r000mi2.inspxe 的文件。打开并处理后，GUI 将显示如图 12-1 所示的数据。

GUI 默认使用 Summary 选项卡提供分析摘要。由于编译程序时带了符号信息，因此底部的 Code Locations 面板显示检测到的有问题代码的确切位置。Intel Inspector 识别出的错误与 Valgrind 发现的第 36 行中的错误相同。

如果 Intel Inspector 检测到该程序中存在多个问题，这些问题将列在窗口左上方的 Problems 部分。用户可以在窗口的其他部分选中各个问题并查看相关信息。

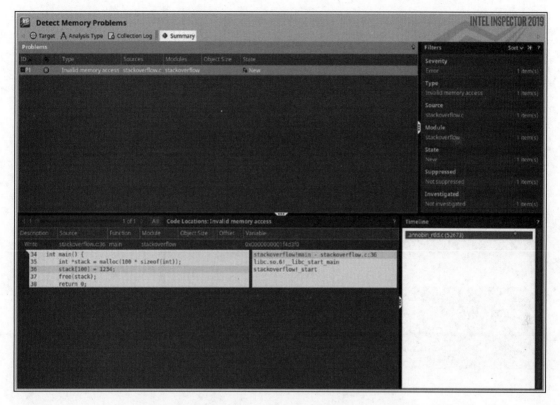

图 12-1　Intel Inspector 的 GUI 显示列表 12-1 的结果

12.2.2　内存泄漏示例

列表 12-6 中的示例使用列表 12-1 中的 `leak.c` 代码运行 Intel Inspector，并使用栈溢出程序的相同参数检测内存问题。

列表 12-6　使用列表 12-1 中的代码运行 Intel Inspector

```
$ inspxe-cl -c=mi2 -- ./leak

1 new problem(s) found
    1 Memory leak problem(s) detected
```

Intel Inspector 的输出显示在图 12-2 中，并且这说明已检测到内存泄漏问题。在 GUI 中打开 `r001mi2/r001mi2.inspxe` 结果文件时，得到了类似于图 12-2 左下角所示的内容。

与被泄漏对象（或内存）相关的信息显示在代码列表的上方：

❑ 分配位置（源、函数名称和模块）

❑ 对象大小（400 字节）

❑ 导致内存泄漏的变量名称

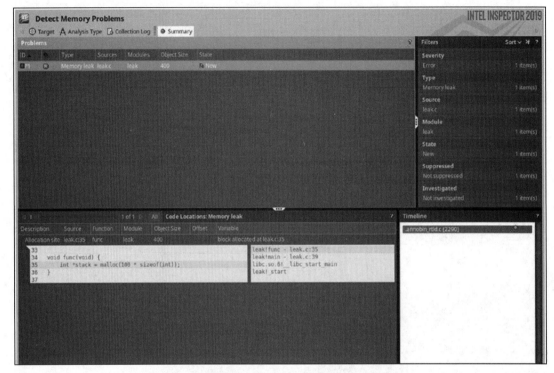

图 12-2　Intel Inspector 的 GUI 显示列表 12-2 的结果

Code 面板右侧显示了导致错误的函数调用栈（调用栈自下而上读取）。第 39 行（`leak.c:39`）调用了 `main()` 函数中的 `func()`，然后第 35 行（`leak.c:35`）的 `func()` 中发生了内存分配。

Intel Inspector 提供了比此处显示更详细的信息。如欲了解更多，请参见文档（https://software.intel.com/en-us/intel-inspector-support/documentation）。

12.3　常见的持久内存编程问题

本节先回顾大家可能会遇到的几个代码和性能问题、如何使用 pmemcheck 和 Intel Inspector 工具捕捉问题，以及如何解决。

本节使用的工具突出了代码中故意添加的故障，这些故障可能会导致错误、数据损坏或其他问题。对于 pmemcheck，本节展示了如何绕过工具不应检查的数据部分，并使用宏来帮助工具更好地理解用户的意图。

12.3.1　非持久存储

非持久存储是指写入持久内存但未经显式刷新的数据。不用说，如果程序写入持久内存，它肯定希望这些写入具有持久性。倘若程序没有显式刷新写入就结束，则有可能出现数据损坏。程序顺利退出时，会自动刷新 CPU 缓存中所有待持久化的写入。但如果程序意外崩溃，仍然驻留在 CPU 缓存中的写入可能会丢失。

请看列表 12-7 中的代码，它将数据写入挂载到 /mnt/pmem 的持久内存设备，而没有刷新数据。

列表 12-7　写入持久内存但未刷新的示例

```
32  #include <stdio.h>
33  #include <sys/mman.h>
34  #include <fcntl.h>
35
36  int main(int argc, char *argv[]) {
37      int fd, *data;
38      fd = open("/mnt/pmem/file", O_CREAT|O_RDWR, 0666);
39      posix_fallocate(fd, 0, sizeof(int));
40      data = (int *) mmap(NULL, sizeof(int), PROT_READ |
41                  PROT_WRITE, MAP_SHARED_VALIDATE |
42                  MAP_SYNC, fd, 0);
43      *data = 1234;
44      munmap(data, sizeof(int));
45      return 0;
46  }
```

❑ 第 38 行：打开 /mnt/pmem/file。

❑ 第 39 行：通过调用 posix_fallocate()，确保文件中有足够的空间来分配整数。

❑ 第 40 行：内存映射 /mnt/pmem/file。

❑ 第 43 行：将 1234 写入内存。

❑ 第 44 行：取消内存映射。

如果使用列表 12-7 中的代码运行 pmemcheck，不会得到任何有用信息，因为 pmemcheck 无从知晓哪些内存地址具有持久性，哪些具有易失性。这在未来版本中可能会有所改变。将参数 --tool=pmemcheck 传递给 valgrind，以此来运行 pmemcheck。如列表 12-8 所示，结果显示没有检测到问题。

列表 12-8　使用列表 12-7 中的代码运行 pmemcheck

```
$ valgrind --tool=pmemcheck ./listing_12-7
==116951== pmemcheck-1.0, a simple persistent store checker
==116951== Copyright (c) 2014-2016, Intel Corporation
==116951== Using Valgrind-3.14.0 and LibVEX; rerun with -h for copyright
            info
==116951== Command: ./listing_12-9
==116951==
==116951==
==116951== Number of stores not made persistent: 0
==116951== ERROR SUMMARY: 0 errors
```

可以使用宏 VALGRIND_PMC_REGISTER_PMEM_MAPPING（如列表 12-9 中的第 52 行所示）通知 pmemcheck 哪些内存区域具有持久性。必须包含用于 pmemcheck 的头文件 <valgrind/pmemcheck.h>（如第 36 行所示），它定义了宏 VALGRIND_PMC_REGISTER_PMEM_MAPPING 等。

列表 12-9　使用宏 Valgrind 写入持久内存但未刷新的示例

```
33  #include <stdio.h>
34  #include <sys/mman.h>
35  #include <fcntl.h>
36  #include <valgrind/pmemcheck.h>
37
38  int main(int argc, char *argv[]) {
39      int fd, *data;
40
41      // open the file and allocate enough space for an
42      // integer
43      fd = open("/mnt/pmem/file", O_CREAT|O_RDWR, 0666);
44      posix_fallocate(fd, 0, sizeof(int));
45
46      // memory map the file and register the mapped
47      // memory with VALGRIND
48      data = (int *) mmap(NULL, sizeof(int),
49              PROT_READ|PROT_WRITE,
50              MAP_SHARED_VALIDATE | MAP_SYNC,
51              fd, 0);
52      VALGRIND_PMC_REGISTER_PMEM_MAPPING(data,
53                              sizeof(int));
54
55      // write to pmem
56      *data = 1234;
57
58      // unmap the memory and un-register it with
59      // VALGRIND
60      munmap(data, sizeof(int));
61      VALGRIND_PMC_REMOVE_PMEM_MAPPING(data,
62                              sizeof(int));
63      return 0;
64  }
```

使用宏 VALGRIND_PMC_REMOVE_PMEM_MAPPING 从 pmemcheck 中删除持久内存映射标识。如前所述，如果不想分析部分持久内存区域，这种方法比较有效。列表 12-10 显示了部分代码，它使用列表 12-9 中的经过修改的代码运行 pmemcheck，结果报告显示存在一个问题。

列表 12-10　使用列表 12-9 中的代码运行 pmemcheck

```
$ valgrind --tool=pmemcheck ./listing_12-9
==8904== pmemcheck-1.0, a simple persistent store checker
...
```

```
==8904== Number of stores not made persistent: 1
==8904== Stores not made persistent properly:
==8904== [0]     at 0x4008B4: main (listing_12-9.c:56)
==8904==         Address: 0x4027000    size: 4 state: DIRTY
==8904== Total memory not made persistent: 4
==8904== ERROR SUMMARY: 1 errors
```

　　pmemcheck 检测到，在第 56 行 listing_12-9.c 中执行写入后，数据未经刷新。为了修复该漏洞，创建了一个新的 flush() 函数。它接受地址和大小的参数，使用 CLFLUSH 机器指令（_mm_clflush()）刷新所有存储了任意数据部分的 CPU 缓存行。列表 12-11 显示了经过修改的代码。

列表 12-11　使用 Valgrind 写入持久内存且进行了刷新的示例

```
33  #include <emmintrin.h>
34  #include <stdint.h>
35  #include <stdio.h>
36  #include <sys/mman.h>
37  #include <fcntl.h>
38  #include <valgrind/pmemcheck.h>
39
40  // flushing from user space
41  void flush(const void *addr, size_t len) {
42      uintptr_t flush_align = 64, uptr;
43      for (uptr = (uintptr_t)addr & ~(flush_align - 1);
44              uptr < (uintptr_t)addr + len;
45              uptr += flush_align)
46          _mm_clflush((char *)uptr);
47  }
48
49  int main(int argc, char *argv[]) {
50      int fd, *data;
51
52      // open the file and allocate space for one
53      // integer
54      fd = open("/mnt/pmem/file", O_CREAT|O_RDWR, 0666);
55      posix_fallocate(fd, 0, sizeof(int));
56
57      // map the file and register it with VALGRIND
58      data = (int *)mmap(NULL, sizeof(int),
59              PROT_READ | PROT_WRITE,
60              MAP_SHARED_VALIDATE | MAP_SYNC, fd, 0);
61      VALGRIND_PMC_REGISTER_PMEM_MAPPING(data,
62                                  sizeof(int));
63
64      // write and flush
65      *data = 1234;
```

```
66          flush((void *)data, sizeof(int));
67
68          // unmap and un-register
69          munmap(data, sizeof(int));
70          VALGRIND_PMC_REMOVE_PMEM_MAPPING(data,
71                                          sizeof(int));
72          return 0;
73      }
```

使用经过修改的代码运行 pmemcheck 后，报告显示没有问题，如列表 12-12 所示。

列表 12-12   使用列表 12-11 中的代码运行 pmemcheck

```
$ valgrind --tool=pmemcheck ./listing_12-11
==9710== pmemcheck-1.0, a simple persistent store checker
...
==9710-- Number of stores not made persistent: 0
==9710== ERROR SUMMARY: 0 errors
```

因为 Intel Inspector —— Persistence Inspector 不认为未刷新写入是一个问题，除非该写入与其他变量之间存在写入相关性，所以需要展示一个比列表 12-7 中的单变量写入更复杂的示例。用户必须了解写入持久内存的程序是如何设计的，才能知道写入持久介质的哪部分数据有效，哪部分无效。请记住，如果最近的写入没有被显式刷新，那么它们可能仍然在 CPU 缓存中。

使用日志技术对数据进行回滚或者重新提交数据更新，事务能够解决半写入（half-written）数据问题，因此读取数据的程序可以保证所写的一切都是有效的。如果没有事务，那么不可能知道写入持久内存的数据是否有效，特别是在程序崩溃的情况下。

writer 可以通过两种方式通知 reader 数据已正确写入，一种是设置"valid"标记，另一种是使用水印（watermark）变量，其包含上一次有效写入内存的地址（在数组的情况下为索引）。

列表 12-13 显示了关于如何实现"valid"标记方法的伪代码。

列表 12-13   显示 var1 与 var1_valid 之间存在写入相关性的伪代码

```
1   writer() {
2          var1 = "This is a persistent Hello World
3                  written to persistent memory!";
4          flush (var1);
5          var1_valid = True;
6          flush (var1_valid);
7      }
8
9   reader() {
10         if (var1_valid == True) {
11             print (var1);
```

```
12            }
14    }
```

reader() 会在 var1_valid 标记设为 True（第 10 行）的情况下读取 var1 中的数据，而 var1_valid 仅当 var1 被刷新（第 4 行和第 5 行）后才被设置为 True。

现在可以修改列表 12-7 中的代码，以引入这个 "valid" 标记。在列表 12-14 中，将代码分成 writer 程序和 reader 程序，并映射两个整数而不是一个（以适应该标记）。列表 12-15 显示了读至持久内存的示例。

列表 12-14　写入持久内存且存在写入相关性的示例，其代码未刷新（对应 listing_12-16.c）

```
33    #include <stdio.h>
34    #include <sys/mman.h>
35    #include <fcntl.h>
36    #include <string.h>
37
38    int main(int argc, char *argv[]) {
39        int fd, *ptr, *data, *flag;
40
41        fd = open("/mnt/pmem/file", O_CREAT|O_RDWR, 0666);
42        posix_fallocate(fd, 0, sizeof(int)*2);
43
44        ptr = (int *) mmap(NULL, sizeof(int)*2,
45                    PROT_READ | PROT_WRITE,
46                    MAP_SHARED_VALIDATE | MAP_SYNC,
47                    fd, 0);
48
49        data = &(ptr[1]);
50        flag = &(ptr[0]);
51        *data = 1234;
52        *flag = 1;
53
54        munmap(ptr, 2 * sizeof(int));
55        return 0;
56    }
```

列表 12-15　读取持久内存且存在写入相关性的示例（对应 listing_12-17.c）

```
33    #include <stdio.h>
34    #include <sys/mman.h>
35    #include <fcntl.h>
36
37    int main(int argc, char *argv[]) {
38        int fd, *ptr, *data, *flag;
39
40        fd = open("/mnt/pmem/file", O_CREAT|O_RDWR, 0666);
41        posix_fallocate(fd, 0, 2 * sizeof(int));
42
```

```
43      ptr = (int *) mmap(NULL, 2 * sizeof(int),
44                          PROT_READ | PROT_WRITE,
45                          MAP_SHARED_VALIDATE | MAP_SYNC,
46                          fd, 0);
47
48      data = &(ptr[1]);
49      flag = &(ptr[0]);
50      if (*flag == 1)
51          printf("data = %d\n", *data);
52
53      munmap(ptr, 2 * sizeof(int));
54      return 0;
55  }
```

使用 Persistence Inspector 检查代码可以分为三个步骤。

第 1 步：必须运行 before-unfortunate-event 阶段分析（见列表 12-16），对应列表 12-14 中的 writer 代码。

列表 12-16　使用列表 12-14 中的代码运行 Intel Inspector ── Persistence Inspector 以进行 before-unfortunate-event 阶段分析

```
$ pmeminsp cb -pmem-file /mnt/pmem/file -- ./listing_12-14
++ Analysis starts

++ Analysis completes
++ Data is stored in folder "/data/.pmeminspdata/data/listing_12-14"
```

参数 cb 是 check-before-unfortunate-event 的缩写，用于指定分析的类型。我们还必须传递持久内存文件以供应用程序使用，以便 Persistence Inspector 知道哪些内存访问对应于持久内存。默认情况下，分析的输出保存在本地目录 .pmeminspdata 中。（也可以指定自定义目录，运行 pmeminsp -help 获取有关可用选项的信息。）

第 2 步：运行 after-unfortunate-event 阶段分析（见列表 12-17）。它对应发生意外事件（比如进程崩溃）后读取数据的代码。

列表 12-17　使用列表 12-15 中的代码运行 Intel Inspector ── Persistence Inspector 以进行 after-unfortunate-event 阶段分析

```
$ pmeminsp ca -pmem-file /mnt/pmem/file -- ./listing_12-15
++ Analysis starts

data = 1234

++ Analysis completes
++ Data is stored in folder "/data/.pmeminspdata/data/listing_12-15"
```

参数 ca 是 check-after-unfortunate-event 的缩写。另外，分析的输出保存在当前工作目

录下的 .pmeminspdata 中。

第 3 步：生成最终报告。为此，传递选项 rp（report 的缩写）以及两个程序的名称，如列表 12-18 所示。

列表 12-18　使用 Intel Inspector——Persistence Inspector 针对列表 12-14 和列表 12-15 中完成的分析生成最终报告

```
$ pmeminsp rp -- listing_12-16 listing_12-17
#===========================================================
# Diagnostic # 1: Missing cache flush
#-------------------
  The first memory store
    of size 4 at address 0x7F9C68893004 (offset 0x4 in /mnt/pmem/file)
    in /data/listing_12-16!main at listing_12-16.c:51 - 0x67D
    in /lib64/libc.so.6!__libc_start_main at <unknown_file>:<unknown_
    line> - 0x223D3
    in /data/listing_12-16!_start at <unknown_file>:<unknown_line> - 0x534

  is not flushed before

  the second memory store
    of size 4 at address 0x7F9C68893000 (offset 0x0 in /mnt/pmem/file)
    in /data/listing_12-16!main at listing_12-16.c:52 - 0x687
    in /lib64/libc.so.6!__libc_start_main at <unknown_file>:<unknown_
    line> - 0x223D3
    in /data/listing_12-16!_start at <unknown_file>:<unknown_line> - 0x534

  while

  memory load from the location of the first store
    in /data/listing_12-17!main at listing_12-17.c:51 - 0x6C8

  depends on

  memory load from the location of the second store
    in /data/listing_12-17!main at listing_12-17.c:50 - 0x6BD

#===========================================================
# Diagnostic # 2: Missing cache flush
#-------------------
  Memory store
    of size 4 at address 0x7F9C68893000 (offset 0x0 in /mnt/pmem/file)
    in /data/listing_12-16!main at listing_12-16.c:52 - 0x687
    in /lib64/libc.so.6!__libc_start_main at <unknown_file>:<unknown_
    line> - 0x223D3
    in /data/listing_12-16!_start at <unknown_file>:<unknown_line> - 0x534

  is not flushed before

  memory is unmapped
    in /data/listing_12-16!main at listing_12-16.c:54 - 0x699
    in /lib64/libc.so.6!__libc_start_main at <unknown_file>:<unknown_
```

```
line> - 0x223D3
in /data/listing_12-16!_start at <unknown_file>:<unknown_line> - 0x534
```

Analysis complete. 2 diagnostic(s) reported.

输出内容较多,但容易理解。我们有两次缺失的缓存刷新(诊断结果 1 和诊断结果 2),分别对应 listing_12-16.c 的第 51 行和第 52 行。在变量标记和数据指向的已映射持久内存中执行写入到这些位置的操作。第一个诊断结果显示,在第二次存储之前,第一次内存存储未进行刷新,同时第一次存储和第二次存储之间存在加载依赖。这正是用户想知道的。

第二个诊断结果显示,第二次存储(至标记)本身在结束之前从未被刷新。即使在写入标记之前准确刷新了第一次存储,但仍然必须刷新标记才能确保依赖生效。

若要在 Intel Inspector 的 GUI 中查看结果,可以在生成报告的时候使用 -insp 选项,例如:

```
$ pmeminsp rp -insp -- listing_12-16 listing_12-17
```

它会在分析目录(默认为 .pmeminspdata)中生成一个名为 r000pmem 的目录。启动运行 inspxe-gui 的 GUI,前往 File → Open → Result,选中并打开文件 r000pmem/r000pmem.inspxe。看到部分类似于图 12-3 所示的内容。

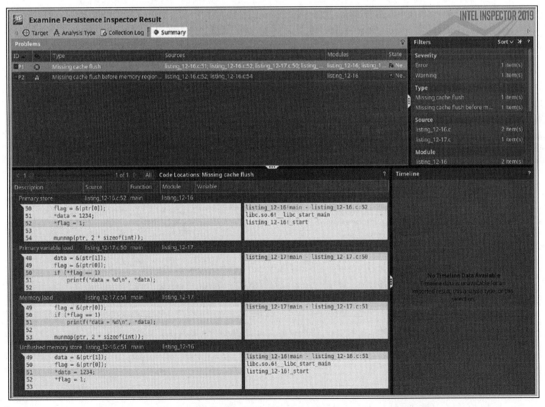

图 12-3 Intel Inspector 的 GUI 显示列表 12-18 的结果(诊断结果 1)

　　GUI 显示的内容与命令行分析相同，但突出显示了源代码上的错误，所以可读性更强。如图 12-3 所示，标记修改为"primary store"。

　　在图 12-4 中，在 Problems 面板中选中第二个诊断结果，它显示该标记本身没有刷新。

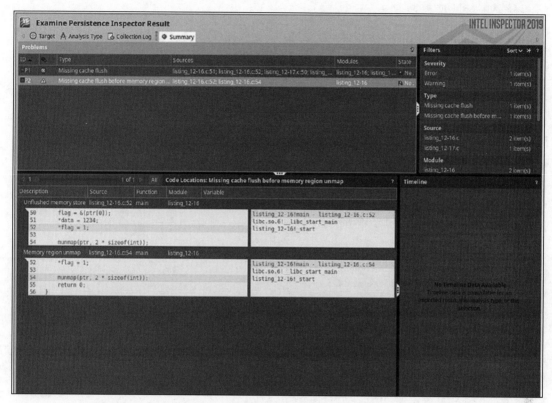

图 12-4　Intel Inspector 的 GUI 显示列表 12-20 的结果（诊断结果 2）

　　最后，修复代码并使用 Persistence Inspector 重新运行分析。列表 12-19 中的代码为列表 12-14（即 listing_12-16.c）添加了必要的刷新操作。

列表 12-19　写入持久内存且存在写入依赖的示例。代码刷新两次写入

```
33  #include <emmintrin.h>
34  #include <stdint.h>
35  #include <stdio.h>
36  #include <sys/mman.h>
37  #include <fcntl.h>
38  #include <string.h>
39
40  void flush(const void *addr, size_t len) {
41      uintptr_t flush_align = 64, uptr;
42      for (uptr = (uintptr_t)addr & ~(flush_align - 1);
43              uptr < (uintptr_t)addr + len;
```

```
44                uptr += flush_align)
45          _mm_clflush((char *)uptr);
46   }
47
48   int main(int argc, char *argv[]) {
49       int fd, *ptr, *data, *flag;
50
51       fd = open("/mnt/pmem/file", O_CREAT|O_RDWR, 0666);
52       posix_fallocate(fd, 0, sizeof(int) * 2);
53
54       ptr = (int *) mmap(NULL, sizeof(int) * 2,
55                     PROT_READ | PROT_WRITE,
56                     MAP_SHARED_VALIDATE | MAP_SYNC,
57                     fd, 0);
58
59       data = &(ptr[1]);
60       flag = &(ptr[0]);
61       *data = 1234;
62       flush((void *) data, sizeof(int));
63       *flag = 1;
64       flush((void *) flag, sizeof(int));
65
66       munmap(ptr, 2 * sizeof(int));
67       return 0;
68   }
```

列表 12-20 先针对列表 12-19 中的经过修改的代码运行 Persistence Inspector，然后针对列表 12-15（即 listing_12-17.c）中的读取器代码运行 Persistence Inspector，最后的运行报告显示未检测到任何问题。

列表 12-20　针对列表 12-19 和列表 12-15（即 listing_12-17.c）中的代码，

运行 Intel Inspector —— Persistence Inspector 的完整分析

```
$ pmeminsp cb -pmem-file /mnt/pmem/file -- ./listing_12-19
++ Analysis starts

++ Analysis completes
++ Data is stored in folder "/data/.pmeminspdata/data/listing_12-19"

$ pmeminsp ca -pmem-file /mnt/pmem/file -- ./listing_12-15
++ Analysis starts

data = 1234

++ Analysis completes
++ Data is stored in folder "/data/.pmeminspdata/data/listing_12-15"

$ pmeminsp rp -- listing_12-19 listing_12-15
Analysis complete. No problems detected.
```

12.3.2　数据存储未添加到事务

处理事务块（transaction block）时，假设一开始所有已修改的持久内存地址均已添加至该事务块，这也意味着之前的值都已复制到撤销日志（undo log）。这样事务可以隐式刷新事务块末尾添加的内存地址，或者在出现意外故障时回滚至旧值。在事务中对未添加至事务的地址进行修改属于漏洞，必须加以留意。

请看列表 12-21 中的代码，它使用的是 PMDK 的 libpmemobj 库，展示了如何在事务中写入未被事务显式跟踪的内存地址的一个示例。

列表 12-21　使用未添加至事务的内存地址在事务中执行写入

```
33  #include <libpmemobj.h>
34
35  struct my_root {
36      int value;
37      int is_odd;
38  };
39
40  // registering type 'my_root' in the layout
41  POBJ_LAYOUT_BEGIN(example);
42  POBJ_LAYOUT_ROOT(example, struct my_root);
43  POBJ_LAYOUT_END(example);
44
45  int main(int argc, char *argv[]) {
46      // creating the pool
47      PMEMobjpool *pop= pmemobj_create("/mnt/pmem/pool",
48                      POBJ_LAYOUT_NAME(example),
49                      (1024 * 1024 * 100), 0666);
50
51      // transation
52      TX_BEGIN(pop) {
53          TOID(struct my_root) root
54              = POBJ_ROOT(pop, struct my_root);
55
56          // adding root.value to the transaction
57          TX_ADD_FIELD(root, value);
58
59          D_RW(root)->value = 4;
60          D_RW(root)->is_odd = D_RO(root)->value % 2;
61      } TX_END
62
63      return 0;
64  }
```

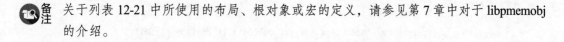 关于列表 12-21 中所使用的布局、根对象或宏的定义，请参见第 7 章中对于 libpmemobj 的介绍。

在第 35 ～ 38 行，创建了 my_root 数据结构，它包含两个整数成员：value 和 is_odd。在事务（第 52 ～ 61 行）中修改这两个整数，设为 value=4 和 is_odd=0。在第 57 行，只有 value 变量添加至事务，漏掉了 is_odd。由于 C 语言不提供对持久内存的原生支持，因此编译器无法警告这一点。编译器无法区分指向易失性内存的指针和指向持久内存的指针。

列表 12-22 显示了通过 pmemcheck 运行代码时的响应。

列表 12-22　使用列表 12-21 中的代码运行 pmemcheck

```
$ valgrind --tool=pmemcheck ./listing_12-21
==48660== pmemcheck-1.0, a simple persistent store checker
==48660== Copyright (c) 2014-2016, Intel Corporation
==48660== Using Valgrind-3.14.0 and LibVEX; rerun with -h for copyright info
==48660== Command: ./listing_12-21
==48660==
==48660==
==48660== Number of stores not made persistent: 1
==48660== Stores not made persistent properly:
==48660== [0]     at 0x400C2D: main (listing_12-25.c:60)
==48660==         Address: 0x7dc0554     size: 4 state: DIRTY
==48660== Total memory not made persistent: 4
==48660==
==48660== Number of stores made without adding to transaction: 1
==48660== Stores made without adding to transactions:
==48660== [0]     at 0x400C2D: main (listing_12-25.c:60)
==48660==         Address: 0x7dc0554     size: 4
==48660== ERROR SUMMARY: 2 errors
```

尽管其根本原因相同，但 pmemcheck 还是发现了两个问题。其中一个错误是预料到的，即事务中有一个未添加的存储。另一个错误显示没有刷新存储。由于事务性存储会在程序退出事务时被自动刷新，因此在 pmemcheck 中，每次存储到未包含在事务中的位置时，出现两个错误很常见。

Persistence Inspector 提供更加简单、直观的输出，如列表 12-23 所示。

列表 12-23　使用 Intel Inspector——Persistence Inspector 针对列表 12-21 中的代码生成报告

```
$ pmeminsp cb -pmem-file /mnt/pmem/pool -- ./listing_12-21
++ Analysis starts

++ Analysis completes
++ Data is stored in folder "/data/.pmeminspdata/data/listing_12-21"
$
$ pmeminsp rp -- ./listing_12-21
#===========================================================
# Diagnostic # 1: Store without undo log
#-------------------
  Memory store
    of size 4 at address 0x7FAA84DC0554 (offset 0x3C0554 in /mnt/pmem/pool)
```

```
  in /data/listing_12-21!main at listing_12-21.c:60 - 0xC2D
  in /lib64/libc.so.6!__libc_start_main at <unknown_file>:<unknown_
  line> - 0x223D3
  in /data/listing_12-21!_start at <unknown_file>:<unknown_line> - 0x954

is not undo logged in

transaction
  in /data/listing_12-21!main at listing_12-21.c:52 - 0xB67
  in /lib64/libc.so.6!__libc_start_main at <unknown_file>:<unknown_
  line> - 0x223D3
  in /data/listing_12-21!_start at <unknown_file>:<unknown_line> - 0x954

Analysis complete. 1 diagnostic(s) reported.
```

此处不执行 after-unfortunate-event 阶段分析，因为我们只关心事务。

可以使用 **TX_ADD(root)** 将整个根对象添加至事务，从而解决列表 12-23 报告的问题，如列表 12-24 中的第 53 行所示。

列表 12-24　在事务中添加对象并执行写入

```
32  #include <libpmemobj.h>
33
34  struct my_root {
35      int value;
36      int is_odd;
37  };
38
39  POBJ_LAYOUT_BEGIN(example);
40  POBJ_LAYOUT_ROOT(example, struct my_root);
41  POBJ_LAYOUT_END(example);
42
43  int main(int argc, char *argv[]) {
44      PMEMobjpool *pop= pmemobj_create("/mnt/pmem/pool",
45                      POBJ_LAYOUT_NAME(example),
46                      (1024 * 1024 * 100), 0666);
47
48      TX_BEGIN(pop) {
49          TOID(struct my_root) root
50              = POBJ_ROOT(pop, struct my_root);
51
52          // adding full root to the transaction
53          TX_ADD(root);
54
55          D_RW(root)->value = 4;
56          D_RW(root)->is_odd = D_RO(root)->value % 2;
57      } TX_END
58
59      return 0;
60  }
```

如果通过 pmemcheck 运行代码，如列表 12-25 所示，报告将显示不存在任何问题。

列表 12-25　使用列表 12-24 中的代码运行 pmemcheck

```
$ valgrind --tool=pmemcheck ./listing_12-24
==80721== pmemcheck-1.0, a simple persistent store checker
==80721== Copyright (c) 2014-2016, Intel Corporation
==80721== Using Valgrind-3.14.0 and LibVEX; rerun with -h for copyright
          info
==80721== Command: ./listing_12-24
==80721==
==80721==
==80721== Number of stores not made persistent: 0
==80721== ERROR SUMMARY: 0 errors
```

同样，列表 12-26 中的 Persistence Inspector 的报告也会显示不存在任何问题。

列表 12-26　使用 Intel Inspector——Persistence Inspector 针对列表 12-24 中的代码生成报告

```
$ pmeminsp cb -pmem-file /mnt/pmem/pool -- ./listing_12-24
++ Analysis starts

++ Analysis completes
++ Data is stored in folder "/data/.pmeminspdata/data/listing_12-24"
$
$ pmeminsp rp -- ./listing_12-24
Analysis complete. No problems detected.
```

将所有经过修改的内存准确添加至事务后，两种工具的报告都显示没有发现任何问题。

12.3.3　将一个内存对象添加至两个不同的事务

如果一个程序同时处理多个事务，将同一个内存对象添加至多个事务可能会损坏数据。例如，PMDK 中可能会出现这种问题，因为库为每个线程维护一个不同的事务。如果两个线程写入不同事务中的同一个对象，那么应用程序崩溃后，某个线程可能会覆写（overwrite）不同事务中的其他线程进行的修改。在数据库系统中，这种问题被称为脏读取（dirty read）。脏读取不符合 ACID（原子性、一致性、隔离性、持久性）特性中的隔离性要求，如图 12-5 所示。

在图 12-5 中，y 轴表示时间，向下递增。这些操作按以下顺序进行：

❏ 假设应用程序启动时 X = 0。

❏ main() 函数创建两个线程：线程 1 和线程 2。两个线程均打算启动自己的事务，并获取用于修改 X 的锁。

❏ 由于线程 1 首先运行，因此它可以先获取 X 上的锁。将 X 变量添加至事务，然后 X 增加 5。X 被添加至事务时，X 的值（X = 0）添加到撤销日志，这对程序来说是透明的。由于事务尚未完成，所以应用程序没有显式刷新该值。

❑ 线程 2 启动，开始执行自己的事务，获取锁，读取 X 的值（X 现在是 5），将 X = 5 添加至撤销日志，并将该值增加 5。事务成功完成，且线程 2 刷新 CPU 缓存。现在，X = 10。

❑ 遗憾的是，线程 2 成功完成事务之后，线程 1 还未来得及完成事务和刷新数值，程序就崩溃了。

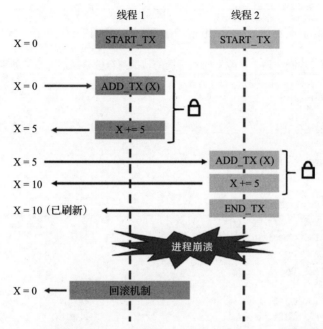

图 12-5　即使准确完成了线程 2 的事务，线程 1 的未完成事务
回滚机制也会覆写线程 2 进行的更改

这种情况导致应用程序只剩下一个无效但一致的值 X = 10。由于事务具有原子性，因此在事务成功完成之前，事务中进行的所有更改都是无效的。

应用程序启动时，它知道由于之前的崩溃必须执行恢复操作，并重放撤销日志，以逆转线程 1 所进行的部分更新。撤销日志恢复 X = 0 的值，线程 1 添加条目时这个值是正确的。在这种情况下，X 的期望值应该是 X = 5，但撤销日志让 X = 0。用户也许会发现这种情况很有可能造成数据损坏。

第 14 章将介绍多线程应用程序的并发性。使用 libpmemobj-cpp（即 C++ 语言将库绑定至 libpmemobj）就能轻松解决并发性问题，因为在创建事务时，API 支持使用 lambda 函数传递一个锁的列表。第 8 章详细介绍了 libpmemobj-cpp 和 lambda 函数。

列表 12-27 显示了如何使用单个互斥体锁定整个事务。如果互斥体对象驻留在易失性内存中，互斥体可以是标准互斥体（即 std::mutex），如果互斥体对象驻留在持久内存中，互斥体可以是 pmem 互斥体（即 pmem::obj::mutex）。

列表 12-27　libpmemobj++ 事务示例，该事务的写入在持久内存中具有原子性，
　　　　　而在多线程场景中具有隔离性。互斥体以参数形式传递给事务

```
transaction::run (pop, [&] {
    ...
    // all writes here are atomic and thread safe
    ...
}, mutex);
```

请看列表 12-28 中的代码，它将相同的内存区域同时添加至两个不同的事务。

列表 12-28　两个线程同时将相同的持久内存位置添加至各自的事务

```
33  #include <libpmemobj.h>
34  #include <pthread.h>
35
36  struct my_root {
37      int value;
38      int is_odd;
39  };
40
41  POBJ_LAYOUT_BEGIN(example);
42  POBJ_LAYOUT_ROOT(example, struct my_root);
43  POBJ_LAYOUT_END(example);
44
45  pthread_mutex_t lock;
46
47  // function to be run by extra thread
48  void *func(void *args) {
49      PMEMobjpool *pop = (PMEMobjpool *) args;
50
51      TX_BEGIN(pop) {
52          pthread_mutex_lock(&lock);
53          TOID(struct my_root) root
54              = POBJ_ROOT(pop, struct my_root);
55          TX_ADD(root);
56          D_RW(root)->value = D_RO(root)->value + 3;
57          pthread_mutex_unlock(&lock);
58      } TX_END
59  }
60
61  int main(int argc, char *argv[]) {
62      PMEMobjpool *pop= pmemobj_create("/mnt/pmem/pool",
63                      POBJ_LAYOUT_NAME(example),
64                      (1024 * 1024 * 10), 0666);
65
66      pthread_t thread;
67      pthread_mutex_init(&lock, NULL);
68
```

```
69      TX_BEGIN(pop) {
70          pthread_mutex_lock(&lock);
71          TOID(struct my_root) root
72              = POBJ_ROOT(pop, struct my_root);
73          TX_ADD(root);
74          pthread_create(&thread, NULL,
75                          func, (void *) pop);
76          D_RW(root)->value = D_RO(root)->value + 4;
77          D_RW(root)->is_odd = D_RO(root)->value % 2;
78          pthread_mutex_unlock(&lock);
79          // wait to make sure other thread finishes 1st
80          pthread_join(thread, NULL);
81      } TX_END
82
83      pthread_mutex_destroy(&lock);
84      return 0;
85  }
```

❑ 第 69 行：主线程启动事务，并将根数据结构添加至事务（见第 73 行）。

❑ 第 74 行：通过调用 pthread_create() 创建一个新线程，并让其执行 func() 函数。该函数也启动一个事务（见第 51 行），并将根数据结构添加至该事务（见第 55 行）。

❑ 在事务完成之前，两个线程同时修改所有或部分相同的数据。让主线程等待 pthread_join()，强行让第二个线程先完成。

列表 12-29 显示了用 pmemcheck 执行代码，结果警告在不同事务中注册了重叠区域（overlapping regions registered in different transactions）。

列表 12-29　使用列表 12-28 中的代码运行 pmemcheck

```
$ valgrind --tool=pmemcheck ./listing_12-28
==97301== pmemcheck-1.0, a simple persistent store checker
==97301== Copyright (c) 2014-2016, Intel Corporation
==97301== Using Valgrind-3.14.0 and LibVEX; rerun with -h for copyright info
==97301== Command: ./listing_12-28
==97301==
==97301==
==97301== Number of stores not made persistent: 0
==97301==
==97301== Number of overlapping regions registered in different
          transactions: 1
==97301== Overlapping regions:
==97301== [0]    at 0x4E6B0BC: pmemobj_tx_add_snapshot (in /usr/lib64/
                 libpmemobj.so.1.0.0)
==97301==        by 0x4E6B5F8: pmemobj_tx_add_common.constprop.18 (in /usr/
                 lib64/libpmemobj.so.1.0.0)
==97301==        by 0x4E6C62F: pmemobj_tx_add_range (in /usr/lib64/libpmemobj.
                 so.1.0.0)
```

```
==97301==        by 0x400DAC: func (listing_12-28.c:55)
==97301==        by 0x4C2DDD4: start_thread (in /usr/lib64/libpthread-2.17.so)
==97301==        by 0x5180EAC: clone (in /usr/lib64/libc-2.17.so)
==97301==        Address: 0x7dc0550    size: 8    tx_id: 2
==97301==      First registered here:
==97301== [0]'    at 0x4E6B0BC: pmemobj_tx_add_snapshot (in /usr/lib64/
                  libpmemobj.so.1.0.0)
==97301==        by 0x4E6B5F8: pmemobj_tx_add_common.constprop.18 (in /usr/
                  lib64/libpmemobj.so.1.0.0)
==97301==        by 0x4E6C62F: pmemobj_tx_add_range (in /usr/lib64/libpmemobj.
                  so.1.0.0)
==97301==        by 0x400F23: main (listing_12-28.c:73)
==97301==        Address: 0x7dc0550    size: 8    tx_id: 1
==97301== ERROR SUMMARY: 1 errors
```

列表 12-30 显示了使用 Persistence Inspector 运行相同的代码，诊断结果 25 报告了同样的异常（即 "不同事务中注册了重叠区域"）。前 24 个诊断结果与未添加至事务的存储有关（对应易失性互斥体的锁定与释放），可以忽略不计。

列表 12-30　使用 Intel Inspector——Persistence Inspector 针对列表 12-28 中的代码生成报告

```
$ pmeminsp rp -- ./listing_12-28
...
#=============================================================
# Diagnostic # 25: Overlapping regions registered in different transactions
#------------------
  transaction
    in /data/listing_12-28!main at listing_12-28.c:69 - 0xEB6
    in /lib64/libc.so.6!__libc_start_main at <unknown_file>:<unknown_line>
    - 0x223D3
    in /data/listing_12-28!_start at <unknown_file>:<unknown_line> - 0xB44

  protects

  memory region
    in /data/listing_12-28!main at listing_12-28.c:73 - 0xF1F
    in /lib64/libc.so.6!__libc_start_main at <unknown_file>:<unknown_line>
    - 0x223D3
    in /data/listing_12-28!_start at <unknown_file>:<unknown_line> - 0xB44

  overlaps with

  memory region
    in /data/listing_12-28!func at listing_12-28.c:55 - 0xDA8
    in /lib64/libpthread.so.0!start_thread at <unknown_file>:<unknown_line>
    - 0x7DCD
    in /lib64/libc.so.6!__clone at <unknown_file>:<unknown_line> - 0xFDEAB

Analysis complete. 25 diagnostic(s) reported.
```

12.3.4 内存覆写

如果某个内存地址被持久化（即刷新）之前，对这个持久内存地址进行多次修改会出现内存覆写。如果程序崩溃，内存覆写可能是造成数据损坏的源头，因为持久变量的最终值可能是上次刷新与崩溃之间写入的任何值。有一点必须了解，如果代码确实如此设计，这可能不成问题。建议将易失性变量用于短期数据，如果想将数据持久化，仅写入持久性变量即可。

请看列表 12-31 中的代码，在第 64 行调用 flush() 之前，该代码在 main() 函数中写入了两次数据变量（第 62 行和第 63 行）。

列表 12-31 刷新之前覆写持久内存（可变数据）

```
33  #include <emmintrin.h>
34  #include <stdint.h>
35  #include <stdio.h>
36  #include <sys/mman.h>
37  #include <fcntl.h>
38  #include <valgrind/pmemcheck.h>
39
40  void flush(const void *addr, size_t len) {
41      uintptr_t flush_align = 64, uptr;
42      for (uptr = (uintptr_t)addr & ~(flush_align - 1);
43              uptr < (uintptr_t)addr + len;
44              uptr += flush_align)
45          _mm_clflush((char *)uptr);
46  }
47
48  int main(int argc, char *argv[]) {
49      int fd, *data;
50
51      fd = open("/mnt/pmem/file", O_CREAT|O_RDWR, 0666);
52      posix_fallocate(fd, 0, sizeof(int));
53
54      data = (int *)mmap(NULL, sizeof(int),
55              PROT_READ | PROT_WRITE,
56              MAP_SHARED_VALIDATE | MAP_SYNC,
57              fd, 0);
58      VALGRIND_PMC_REGISTER_PMEM_MAPPING(data,
59                                      sizeof(int));
60
61      // writing twice before flushing
62      *data = 1234;
63      *data = 4321;
64      flush((void *)data, sizeof(int));
65
66      munmap(data, sizeof(int));
```

```
67          VALGRIND_PMC_REMOVE_PMEM_MAPPING(data,
68                                  sizeof(int));
69      return 0;
70    }
```

列表 12-32 显示了使用列表 12-31 中的代码运行 pmemcheck 后的报告。若要使 pmemcheck 查找覆写，必须使用 --mult-stores=yes 选项。

列表 12-32　使用列表 12-31 中的代码运行 pmemcheck

```
$ valgrind --tool=pmemcheck --mult-stores=yes ./listing_12-31
==25609== pmemcheck-1.0, a simple persistent store checker
==25609== Copyright (c) 2014-2016, Intel Corporation
==25609== Using Valgrind-3.14.0 and LibVEX; rerun with -h for copyright info
==25609== Command: ./listing_12-31
==25609==
==25609==
==25609== Number of stores not made persistent: 0
==25609==
==25609== Number of overwritten stores: 1
==25609== Overwritten stores before they were made persistent:
==25609== [0]    at 0x400962: main (listing_12-31.c:62)
==25609==        Address: 0x4023000      size: 4 state: DIRTY
==25609== ERROR SUMMARY: 1 errors
```

pmemcheck 报告代码中存在存储覆写的问题。如果是由于忘记刷新，就在两次写入之间插入刷新指令；如果该存储对应的是短期（short-lived）数据，就将其中一个存储移至易失性数据存储中，这两种方法都可以解决覆写问题。

在本书出版之际，Persistence Inspector 不支持检查覆写存储。除非存在写入相关性，否则 Persistence Inspector 不认为缺失刷新是一个问题。此外，它也不认为这是一个性能问题，因为短时间内写入同一个变量可能会命中 CPU 缓存，DRAM 与持久内存之间的延迟差异就会变得无关紧要。

12.3.5　非必要刷新

刷新应该谨慎地执行。检测非必要刷新（如冗余刷新）则有助于提高代码性能。列表 12-33 中的代码在第 64 行显示冗余地调用 flush() 函数。

列表 12-33　冗余刷新持久内存变量的示例

```
33  #include <emmintrin.h>
34  #include <stdint.h>
35  #include <stdio.h>
36  #include <sys/mman.h>
37  #include <fcntl.h>
38  #include <valgrind/pmemcheck.h>
```

```
39
40   void flush(const void *addr, size_t len) {
41       uintptr_t flush_align = 64, uptr;
42       for (uptr = (uintptr_t)addr & ~(flush_align - 1);
43               uptr < (uintptr_t)addr + len;
44               uptr += flush_align)
45           _mm_clflush((char *)uptr);
46   }
47
48   int main(int argc, char *argv[]) {
49       int fd, *data;
50
51       fd = open("/mnt/pmem/file", O_CREAT|O_RDWR, 0666);
52       posix_fallocate(fd, 0, sizeof(int));
53
54       data = (int *)mmap(NULL, sizeof(int),
55               PROT_READ | PROT_WRITE,
56               MAP_SHARED_VALIDATE | MAP_SYNC,
57               fd, 0);
58
59       VALGRIND_PMC_REGISTER_PMEM_MAPPING(data,
60                                           sizeof(int));
61
62       *data = 1234;
63       flush((void *)data, sizeof(int));
64       flush((void *)data, sizeof(int)); // extra flush
65
66       munmap(data, sizeof(int));
67       VALGRIND_PMC_REMOVE_PMEM_MAPPING(data,
68                                         sizeof(int));
69       return 0;
70   }
```

可以使用 pmemcheck，通过 --flush-check=yes 选项检测冗余刷新，如列表 12-34 所示。

列表 12-34　使用列表 12-33 中的代码运行 pmemcheck

```
$ valgrind --tool=pmemcheck --flush-check=yes ./listing_12-33
==104125== pmemcheck-1.0, a simple persistent store checker
==104125== Copyright (c) 2014-2016, Intel Corporation
==104125== Using Valgrind-3.14.0 and LibVEX; rerun with -h for copyright info
==104125== Command: ./listing_12-33
==104125==
==104125==
==104125== Number of stores not made persistent: 0
==104125==
==104125== Number of unnecessary flushes: 1
==104125== [0]    at 0x400868: flush (emmintrin.h:1459)
==104125==    by 0x400989: main (listing_12-33.c:64)
```

```
==104125==        Address: 0x4023000        size: 64
==104125== ERROR SUMMARY: 1 errors
```

为了展示 Persistence Inspector，列表 12-35 中特意引入了具有写入依赖的代码，与在列表 12-19 中对列表 12-11 的修改如出一辙。第 65 行出现了额外的刷新。

列表 12-35 写入持久内存且存在写入依赖的示例。此代码对 flag 进行了一次额外的刷新

```
33  #include <emmintrin.h>
34  #include <stdint.h>
35  #include <stdio.h>
36  #include <sys/mman.h>
37  #include <fcntl.h>
38  #include <string.h>
39
40  void flush(const void *addr, size_t len) {
41      uintptr_t flush_align = 64, uptr;
42      for (uptr = (uintptr_t)addr & ~(flush_align - 1);
43              uptr < (uintptr_t)addr + len;
44              uptr += flush_align)
45          _mm_clflush((char *)uptr);
46  }
47
48  int main(int argc, char *argv[]) {
49      int fd, *ptr, *data, *flag;
50
51      fd = open("/mnt/pmem/file", O_CREAT|O_RDWR, 0666);
52      posix_fallocate(fd, 0, sizeof(int) * 2);
53
54      ptr = (int *) mmap(NULL, sizeof(int) * 2,
55              PROT_READ | PROT_WRITE,
56              MAP_SHARED_VALIDATE | MAP_SYNC,
57              fd, 0);
58      data = &(ptr[1]);
59      flag = &(ptr[0]);
60
61      *data = 1234;
62      flush((void *) data, sizeof(int));
63      *flag = 1;
64      flush((void *) flag, sizeof(int));
65      flush((void *) flag, sizeof(int)); // extra flush
66
67      munmap(ptr, 2 * sizeof(int));
68      return 0;
69  }
```

列表 12-36 使用与列表 12-15（即 listing_12-17.c）相同的 reader 程序，来演示 Persistence Inspector 所提供的分析。和上文一样，首先从 writer 程序收集数据，然后是 reader 程序，

最后的运行报告能识别出存在问题。

列表 12-36　使用列表 12-35（writer）和列表 12-15（reader）中的代码运行
Intel Inspector——Persistence Inspector

```
$ pmeminsp cb -pmem-file /mnt/pmem/file -- ./listing_12-35
++ Analysis starts

++ Analysis completes
++ Data is stored in folder "/data/.pmeminspdata/data/listing_12-35"

$ pmeminsp ca -pmem-file /mnt/pmem/file -- ./listing_12-15
++ Analysis starts

data = 1234

++ Analysis completes
++ Data is stored in folder "/data/.pmeminspdata/data/listing_12-15"

$ pmeminsp rp -- ./listing_12-35 ./listing_12-15
#===============================================================
# Diagnostic # 1: Redundant cache flush
#-------------------
  Cache flush
  of size 64 at address 0x7F3220C55000 (offset 0x0 in /mnt/pmem/file)
  in /data/listing_12-35!flush at listing_12-35.c:45 - 0x674
  in /data/listing_12-35!main at listing_12-35.c:64 - 0x73F
  in /lib64/libc.so.6!__libc_start_main at <unknown_file>:<unknown_line>
  - 0x223D3
  in /data/listing_12-35!_start at <unknown_file>:<unknown_line> - 0x574

is redundant with regard to

 cache flush
  of size 64 at address 0x7F3220C55000 (offset 0x0 in /mnt/pmem/file)
  in /data/listing_12-35!flush at listing_12-35.c:45 - 0x674
  in /data/listing_12-35!main at listing_12-35.c:65 - 0x750
  in /lib64/libc.so.6!__libc_start_main at <unknown_file>:<unknown_line>
  - 0x223D3
  in /data/listing_12-35!_start at <unknown_file>:<unknown_line> - 0x574

of

memory store
  of size 4 at address 0x7F3220C55000 (offset 0x0 in /mnt/pmem/file)
  in /data/listing_12-35!main at listing_12-35.c:63 - 0x72D
  in /lib64/libc.so.6!__libc_start_main at <unknown_file>:<unknown_line>
  - 0x223D3
  in /data/listing_12-35!_start at <unknown_file>:<unknown_line> - 0x574
```

Persistence Inspector 报告通过 "main at listing_12-35.c:65" 来警告 listing_12-35.c
程序文件的第 65 行的 main() 函数中出现了冗余缓存刷新。解决这些问题很简单，只要删除
所有非必要刷新即可，问题解决后能够提升应用程序性能。

12.3.6 乱序写入

开发适用于持久内存的软件时，请记住，即使缓存行没有显式刷新，也不意味着数据仍然驻留在 CPU 缓存中。例如，由于缓存压力或其他原因，CPU 可能已经将这些数据逐出缓存。此外在同样的方式下，如果应用程序意外崩溃，则未适当刷新的写入也有可能产生错误。因此，如果违反应用程序依赖的预期写入顺序，就会自动清除脏缓存行。

为了更好地理解这个问题，请了解如何在 x86_64 和 AMD64 架构中运行刷新动作。应用程序可以从用户空间发出以下任何指令，以确保写入数据到达持久介质：

❑ CLFLUSH

❑ CLFLUSHOPT（需要 SFENCE）

❑ CLWB（需要 SFENCE）

❑ 非临时存储（需要 SFENCE）

唯一能够确保每次刷新有序执行的指令是 CLFUSH，因为每个 CLFUSH 指令始终执行一个隐式屏障指令（SFENCE）。其他指令则是异步执行，可以按任意顺序并行执行。CPU 仅能保证，当 SFENCE 指令被执行完成后，先于 SFENCE 的所有刷新都已经被执行完毕。可以将 SFENCE 指令视作同步点（synchronization point）（见图 12-6）。更多关于这些指令的信息，请

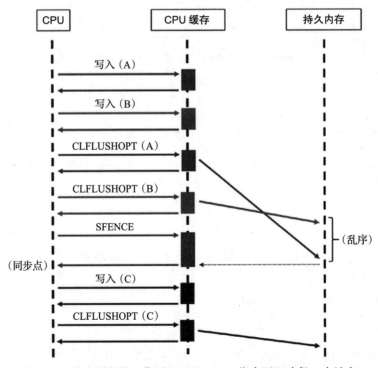

图 12-6　异步刷新的工作原理。SFENCE 指令可以确保一个站点
写入 A 与 B 和另一个站点写入 C 之间的同步点

参见英特尔软件开发人员手册[⊖]和 AMD 软件开发人员手册[⊖]。

如图 12-6 所示，无法确保 A 和 B 最终被写入持久内存的顺序，因为存储或刷新至 A 和 B 在同步点之间完成。然而 C 的情况完全不同。使用 SFENCE 指令，可以确保 A 和 B 被刷新之后，C 始终执行。

了解这点后，现在可以想象得出，当程序崩溃后，乱序写入会成为一个问题。如果针对同步点之间的写入顺序做出假设，或者在严格顺序至关重要的情况下，忘记在写入和刷新之间添加同步点（例如用于变量写入的"有效标记"，必须在标记设为有效之前写入变量），就有可能会遇到数据一致性问题。请看列表 12-37 中的伪代码。

列表 12-37　展示乱序问题的伪代码

```
 1  writer () {
 2        pcounter = 0;
 3        flush (pcounter);
 4        for (i=0; i<max; i++) {
 5              pcounter++;
 6              if (rand () % 2 == 0) {
 7                    pcells[i].data = data ();
 8                    flush (pcells[i].data);
 9                    pcells[i].valid = True;
10              } else {
11                    pcells[i].valid = False;
12              }
13              flush (pcells[i].valid);
14        }
15        flush (pcounter);
16  }
17
18  reader () {
19        for (i=0; i<pcounter; i++) {
20              if (pcells[i].valid == True) {
21                    print (pcells[i].data);
22              }
23        }
24  }
```

简单起见，假设列表 12-37 中的所有刷新点同时也是同步点。换言之，flush() 使用 CLFLUSH 指令。该程序的逻辑非常简单。它有两个持久内存变量：pcells 和 pcounter。第一个变量为元组数组 {data, valid}，其中 data 保存数据，valid 用于标记 data 是否有效。第二个变量是一个计数器（counter），显示数组中有多少元素被正确写入持久内存。这种情况

⊖ 英特尔软件开发人员手册网址为 https://software.intel.com/content/www/us/en/develop/download/intel-64-and-ia-32-architectures-sdm-combined-volumes-1-2a-2b-2c-2d-3a-3b-3c-3d-and-4.html。

⊖ AMD 软件开发人员手册网址为 https://developer.amd.com/resources/developer-guides-manuals/。

下，valid 不是数组位置是否被正确写入持久内存的标记。此时，标记的意义仅表示是否调用了函数 data()，即 data 是否包含有意义数据。

乍一看，程序似乎是正确的。每次循环的新迭代计数器都会递增，然后写入并刷新数组位置。但是，在写入数组之前，pcounter 是递增的，因此在 pcounter 和数组中提交的实际条目数之间产生了差异。虽然 pcounter 直到循环之后才被刷新，但是只有在崩溃之后，如果假设对 pcounter 的更改保持在 CPU 缓存中，程序才是正确的（在这种情况下，循环中间的程序崩溃只会使计数器归零）。

本节开头提到过，不能做那样的假设。缓存行可能会被随时驱逐。在列表 12-37 的伪代码示例中，可能会遇到一个错误，即 pcounter 显示数组超过了实际长度，导致 reader() 读取未初始化的内存。

列表 12-38 和列表 12-39 中的代码支持 C++ 实现列表 12-37 中的伪代码。它们均使用 PMDK 的 libpmemobj-cpp。列表 12-38 为 writer 程序，而列表 12-39 为 reader 程序。

列表 12-38　写入持久内存且存在乱序写入漏洞的示例

```
33  #include <emmintrin.h>
34  #include <unistd.h>
35  #include <stdio.h>
36  #include <string.h>
37  #include <stdint.h>
38  #include <libpmemobj++/persistent_ptr.hpp>
39  #include <libpmemobj++/make_persistent.hpp>
40  #include <libpmemobj++/make_persistent_array.hpp>
41  #include <libpmemobj++/transaction.hpp>
42  #include <valgrind/pmemcheck.h>
43
44  using namespace std;
45  namespace pobj = pmem::obj;
46
47  struct header_t {
48      uint32_t counter;
49      uint8_t reserved[60];
50  };
51  struct record_t {
52      char name[63];
53      char valid;
54  };
55  struct root {
56      pobj::persistent_ptr<header_t> header;
57      pobj::persistent_ptr<record_t[]> records;
58  };
59
60  pobj::pool<root> pop;
61
```

```
62   int main(int argc, char *argv[]) {
63
64       // everything between BEGIN and END can be
65       // assigned a particular engine in pmreorder
66       VALGRIND_PMC_EMIT_LOG("PMREORDER_TAG.BEGIN");
67
68       pop = pobj::pool<root>::open("/mnt/pmem/file",
69                                   "RECORDS");
70       auto proot = pop.root();
71
72       // allocation of memory and initialization to zero
73       pobj::transaction::run(pop, [&] {
74           proot->header
75               = pobj::make_persistent<header_t>();
76           proot->header->counter = 0;
77           proot->records
78               = pobj::make_persistent<record_t[]>(10);
79           proot->records[0].valid = 0;
80       });
81
82       pobj::persistent_ptr<header_t> header
83           = proot->header;
84       pobj::persistent_ptr<record_t[]> records
85           = proot->records;
86
87       VALGRIND_PMC_EMIT_LOG("PMREORDER_TAG.END");
88
89       header->counter = 0;
90       for (uint8_t i = 0; i < 10; i++) {
91           header->counter++;
92           if (rand() % 2 == 0) {
93               snprintf(records[i].name, 63,
94                       "record #%u", i + 1);
95               pop.persist(records[i].name, 63); // flush
96               records[i].valid = 2;
97           } else
98               records[i].valid = 1;
99           pop.persist(&(records[i].valid), 1); // flush
100      }
101      pop.persist(&(header->counter), 4); // flush
102
103      pop.close();
104      return 0;
105  }
```

列表 12-39 将列表 12-38 写入的数据结构读入持久内存

```
33   #include <stdio.h>
34   #include <stdint.h>
```

```
35  #include <libpmemobj++/persistent_ptr.hpp>
36
37  using namespace std;
38  namespace pobj = pmem::obj;
39
40  struct header_t {
41      uint32_t counter;
42      uint8_t reserved[60];
43  };
44  struct record_t {
45      char name[63];
46      char valid;
47  };
48  struct root {
49      pobj::persistent_ptr<header_t> header;
50      pobj::persistent_ptr<record_t[]> records;
51  };
52
53  pobj::pool<root> pop;
54
55  int main(int argc, char *argv[]) {
56
57      pop = pobj::pool<root>::open("/mnt/pmem/file",
58                                  "RECORDS");
59      auto proot = pop.root();
60      pobj::persistent_ptr<header_t> header
61          = proot->header;
62      pobj::persistent_ptr<record_t[]> records
63          = proot->records;
64
65      for (uint8_t i = 0; i < header->counter; i++) {
66          if (records[i].valid == 2) {
67              printf("found valid record\n");
68              printf("  name   = %s\n",
69                          records[i].name);
70          }
71      }
72
73      pop.close();
74      return 0;
75  }
```

列表 12-38（writer）的第 66 行和第 87 行使用宏 VALGRIND_PMC_EMIT_LOG 发出 pmreorder 消息，它可以帮助稍后使用的 pmemcheck 引入乱序分析。

现在首先运行 Persistence Inspector。若要执行乱序分析，必须在报告阶段使用 -check-out-of-order-store 选项。列表 12-40 显示了收集前后数据，然后运行报告的结果。

列表 12-40　使用列表 12-38（writer）和列表 12-39（reader）中的代码运行
Intel Inspector——Persistence Inspector

```
$ pmempool create obj --size=100M --layout=RECORDS /mnt/pmem/file

$ pmeminsp cb -pmem-file /mnt/pmem/file -- ./listing_12-38
++ Analysis starts

++ Analysis completes
++ Data is stored in folder "/data/.pmeminspdata/data/listing_12-38"

$ pmeminsp ca -pmem-file /mnt/pmem/file -- ./listing_12-39
++ Analysis starts

found valid record
  name   = record #2
found valid record
  name   = record #7
found valid record
  name   = record #8

++ Analysis completes
++ Data is stored in folder "/data/.pmeminspdata/data/listing_12-39"

$ pmeminsp rp -check-out-of-order-store -- ./listing_12-38 ./listing_12-39
#=============================================================
# Diagnostic # 1: Out-of-order stores
#-------------------
  Memory store
    of size 4 at address 0x7FD7BEBC05D0 (offset 0x3C05D0 in /mnt/pmem/file)
    in /data/listing_12-38!main at listing_12-38.cpp:91 - 0x1D0C
    in /lib64/libc.so.6!__libc_start_main at <unknown_file>:<unknown_line>
    - 0x223D3
    in /data/listing_12-38!_start at <unknown_file>:<unknown_line> - 0x1624
is out of order with respect to

memory store
  of size 1 at address 0x7FD7BEBC068F (offset 0x3C068F in /mnt/pmem/file)
  in /data/listing_12-38!main at listing_12-38.cpp:98 - 0x1DAF
  in /lib64/libc.so.6!__libc_start_main at <unknown_file>:<unknown_line>
  - 0x223D3
  in /data/listing_12-38!_start at <unknown_file>:<unknown_line> - 0x1624
```

Persistence Inspector 报告识别出了一个乱序存储问题。该工具指出，对于第 98 行（`main at listing_12-38.cpp:98`）写入记录中的有效标记，第 91 行（`main at listing_12-38.cpp:91`）中的计数器出现了乱序递增。

若要使用 pmemcheck 执行乱序分析，必须引入新工具 pmreorder。pmreorder 工具从版本 1.5 开始就包含在 PMDK 中。这种独立的 Python 工具使用存储重排序机制，执行持久内存一致性检查。pmemcheck 工具无法执行这类分析，尽管它仍然被用于生成应用程序发出的所有存储和刷新的详细日志，这些应用程序可以由 pmreorder 解析。请看列表 12-41。

列表 12-41　运行 pmemcheck 以生成关于列表 12-38 发出的所有存储和刷新的详细日志

```
$ valgrind --tool=pmemcheck -q --log-stores=yes --log-stores-
stacktraces=yes
  --log-stores-stacktraces-depth=2 --print-summary=yes
  --log-file=store_log.log ./listing_12-38
```

每个参数的含义解释如下：

❏ -q 使 pmreorder 无法解析非必要 pmemcheck 日志时不做输出。

❏ --log-stores=yes 使 pmemcheck 记录所有存储。

❏ --log-stores-stacktraces=yes 转储栈跟踪和每个记录的存储。这有助于找到源代码中的问题。

❏ --log-stores-stacktraces-depth=2 表示已记录栈跟踪的深度。根据需要的信息级别进行调整。

❏ --print-summary=yes 在程序退出时显示摘要。

❏ --log-file=store_log.log 将所有内容记录到 store_log.log。

pmreorder 工具使用了"引擎"的概念。例如，ReorderFull 引擎用于检查存储和刷新之间所有可能的重新排序组合的一致性。该引擎在运行某些程序时速度极慢，因此可以使用其他引擎，比如 ReorderPartial 或 NoReorderDoCheck。更多信息请访问 pmreorder 页面，其中包含手册页链接（https://pmem.io/pmdk/pmreorder/）。

运行 pmreorder 之前，需要一个程序来遍历内存池中包含的记录列表，并在数据结构一致时返回 0，不一致时返回 1。该程序与列表 12-42 所示的 reader 类似。

列表 12-42　检查列表 12-38 中已写入数据结构的一致性

```
33  #include <stdio.h>
34  #include <stdint.h>
35  #include <libpmemobj++/persistent_ptr.hpp>
36
37  using namespace std;
38  namespace pobj = pmem::obj;
39
40  struct header_t {
41      uint32_t counter;
42      uint8_t reserved[60];
43  };
44  struct record_t {
45      char name[63];
46      char valid;
47  };
```

```
48   struct root {
49       pobj::persistent_ptr<header_t> header;
50       pobj::persistent_ptr<record_t[]> records;
51   };
52
53   pobj::pool<root> pop;
54
55   int main(int argc, char *argv[]) {
56
57       pop = pobj::pool<root>::open("/mnt/pmem/file",
58                             "RECORDS");
59       auto proot = pop.root();
60       pobj::persistent_ptr<header_t> header
61           = proot->header;
62       pobj::persistent_ptr<record_t[]> records
63           = proot->records;
64
65       for (uint8_t i = 0; i < header->counter; i++) {
66           if (records[i].valid < 1 or
67                             records[i].valid > 2)
68               return 1; // data struc. corrupted
69       }
70
71       pop.close();
72       return 0; // everything ok
73   }
```

列表 12-42 中的程序迭代访问理应被准确写入持久内存的所有记录（第 65 ～ 69 行）。它检查每条记录的 valid 标记，如果记录是正确的，那么标记要么是 1 要么是 2。如果检测到问题，检查器将返回 1，表示存在数据损坏。

列表 12-43 显示了程序分析三步骤：

1）在大小为 100MiB 的 /mnt/pmem/file 上创建对象类型持久内存池（称为内存映射文件），并将内部布局命名为"RECORDS"。

2）在程序运行时，使用 pmemcheck Valgrind 工具记录数据和调用栈。

3）pmreorder 程序使用 ReorderFull 引擎处理 pmemcheck 的 store.log 输出文件，以生成最终报告。

列表 12-43　首先为列表 12-38 创建一个池。然后运行 pmemcheck，以获取关于列表 12-38 存在的所有存储和刷新的详细日志。最后使用 ReorderFull 引擎运行 pmreorder

```
$ pmempool create obj --size=100M --layout=RECORDS /mnt/pmem/file

$ valgrind --tool=pmemcheck -q --log-stores=yes --log-stores-
stacktraces=yes --log-stores-stacktraces-depth=2 --print-summary=yes
--log-file=store.log ./listing_12-38
```

```
$ pmreorder -l store.log -o output_file.log -x PMREORDER_
TAG=NoReorderNoCheck -r ReorderFull -c prog -p ./listing_12-38
```

每个 pmreorder 选项的含义解释如下：

❑ -l store_log.log 指 pmemcheck 生成的输入文件，其中包含应用程序发出的所有存储和刷新。

❑ -o output_file.log 指输出文件，其中包含乱序分析结果。

❑ -x PMREORDER_TAG=NoReorderNoCheck 将引擎 NoReorderNoCheck 分配给用标记 PMREORDER_TAG（见列表 12-38 的第 66～87 行）圈出的代码。这样做是为了将分析重点放在循环上（列表 12-38 的第 89～105 行）。

❑ -r ReorderFull 设置初始重新排序引擎。在本示例中引擎为 ReorderFull。

❑ -c prog 为一致性检查器类型，它可以是 prog（程序）或 lib（库）。

❑ -p ./checker 为一致性检查器。

打开生成的文件 output_file.log 后，应该能看到类似于列表 12-44 中的条目，其中突出显示代码中检测到的不一致现象和问题。

列表 12-44　摘录自 pmreorder 生成的"output_file.log"，表示在
乱序分析期间检测到了不一致现象

```
WARNING:pmreorder:File /mnt/pmem/file inconsistent
WARNING:pmreorder:Call trace:
Store [0]:
    by  0x401D0C: main (listing_12-38.cpp:91)
```

报告显示，问题出自 listing_12-38.cpp writer 程序的第 91 行。若要修复 listing_12-38.cpp，需要在记录中的所有数据都被刷新到持久介质后，移动计数器增量。列表 12-45 显示了修改后的代码。

列表 12-45　通过将计数器增量移至循环的末尾部分（第 95 行）
来修复列表 12-38 中的问题

```
86      for (uint8_t i = 0; i < 10; i++) {
87          if (rand() % 2 == 0) {
88              snprintf(records[i].name, 63,
89                      "record #%u", i + 1);
90              pop.persist(records[i].name, 63);
91              records[i].valid = 2;
92          } else
93              records[i].valid = 1;
94          pop.persist(&(records[i].valid), 1);
95          header->counter++;
96      }
```

12.4 总结

本章介绍了相关工具及其用法。在开发过程中尽早发现问题可以为日后调试复杂代码节省大量时间。本章介绍了三种重要的工具（Persistence Inspector、pmemcheck 和 pmreorder），基于持久内存编程的程序员可以将它们集成到开发和测试周期中检测问题。本章还演示了如何使用这些工具检测不同类型的常见编程错误。

持久内存开发套件（PMDK）使用本章介绍的这些工具，确保各版本经过充分验证后再进入发布阶段。这些工具被紧密集成到 PMDK 持续集成（CI）开发周期中，可支持用户快速发现和解决问题。

Chapter 13 | 第 13 章

实际应用程序中实现持久性

本章旨在将第 4 章（以及其他章节）介绍的理论应用于实践。我们介绍了在构建持久内存感知型数据库引擎时，如何充分利用持久内存的优势。我们使用受欢迎的开源数据库 MariaDB（https://mariadb.org/），因为它提供一个可插拔存储引擎模型。这里构建的存储引擎不是为了用于产品，也不实现所有产品级存储引擎应具备的所有特性。这里仅实现基本功能，来演示如何使用通用数据库来进行持久内存编程。我们的目标是提供一种更容易入门的持久内存编程方法，以便用户在自己的应用程序中实现持久内存的特性和功能。存储引擎可留作用户业余时间进行练习，它也可以为 MariaDB、MySQL、Percona Server 和其他衍生工具创建新的持久内存存储引擎。用户还可以修改现有 MySQL 数据库存储引擎，为其添加持久内存特性，也可以选择一种完全不同的数据库。

我们假设用户已熟悉前几章介绍的关于持久内存编程模型和持久内存开发套件（PMDK）的基本知识。本章我们将使用第 8 章的 C++ 和 `libpmemobj-cpp` 来实现存储引擎。如果用户不是 C++ 开发人员，这些信息也是非常有用的，因为这些基础知识也适用于其他语言和应用程序。

关于持久内存感知型数据库存储的完整源代码，请访问 GitHub（https://github.com/pmem/pmdk-examples/tree/master/pmem-mariadb）查看。

13.1 数据库示例

许多现有应用程序可以通过多种不同方式进行分类。本章的目的是让用户从通用组件的角度来探讨应用程序，包括接口、业务层以及存储。接口用于与用户交互，业务层用于应用程序逻辑的实现，而存储是应用程序保存和处理数据的地方。

目前市面上有大量的应用程序，我们很难选择一个能够满足所有或大部分需求的应用程序。之所以选择以数据库为例是因为其统一的数据访问方式具有许多应用程序的共同点。

13.2　不同的持久内存实现方式

持久内存的主要优势包括：

☐ 访问延迟比闪存 SSD 低。

☐ 吞吐量比 NAND 存储设备高。

☐ 对于大型数据集，支持超快的实时的数据访问。

☐ 电源中断后数据持久保存在内存中。

持久内存有多种使用方法，可以令许多应用程序的延迟显著降低，包括：

☐ **内存数据库**：内存数据库可以利用持久内存的大容量特性，并能大幅缩短系统重启时间。一旦数据库内存映射了索引、表和其他文件后，就能够支持立即访问数据。这可以避免启动时间过长，因为传统的数据库系统是从磁盘读取数据并分页到内存中后才能开始访问或处理数据。

☐ **欺诈检测**：金融机构和保险公司可以对数百万条记录进行实时数据分析，从中发现欺诈交易。

☐ **网络威胁分析**：企业可以快速检测和防范不断增加的网络威胁。

☐ **Web 级的个性化**：企业可以通过返回相关内容和广告来定制在线用户体验，进而提高用户点击率，增加电子商务盈收机会。

☐ **金融交易**：金融交易应用程序可以快速处理和执行金融交易，从而获得竞争优势并创造提高收入的机会。

☐ **物联网**（IoT）：加速实时地采集数据和处理大型数据集，从而加速地实现价值。

☐ **内容交付网络**（CDN）：CDN 是一种高度分布式网络，由战略性分布在全球各地的边缘服务器组成，旨在快速地向用户提供数字内容。借助内存容量，每个 CDN 节点都可以缓存更多数据，减少服务器总数，同时网络能够可靠地向客户端传递低延迟数据。如果 CDN 缓存实现了持久化，节点可以通过温缓存（warm cache）来重启，仅需要同步未命中且在集群之外的数据。

13.3　开发持久内存感知型 MariaDB* 存储引擎

此处开发的存储引擎不属于产品级别，且不实现大多数数据库管理员期望的所有功能。为了演示前文所述的概念，我们简化了示例，实现了表（table）的 create()、open() 和

close() 操作，以及 INSERT、UPDATE、DELETE 和 SELECT SQL 操作。由于没有索引，存储引擎的功能非常有限，因此我们加入一个使用易失性内存的简单索引系统，以支持快速访问驻留在持久内存中的数据。

尽管 MariaDB 有许多可以添加持久内存的存储引擎，但本章我们仍然从头构建存储引擎。如欲了解更多关于 MariaDB 存储引擎 API 和存储引擎工作原理的信息，建议阅读 MariaDB "存储引擎开发"（Storage Engine Development）文档（https://mariadb.com/kb/en/library/storage-engines-storage-engine-development/）。由于 MariaDB 是基于 MySQL 的，所以用户还可以参阅 MySQL 的 "编写自定义存储引擎"（Writing a Custom Storage Engine）文档（https://dev.mysql.com/doc/internals/en/custom-engine.html），来了解关于从头创建引擎的全部信息。

13.3.1　了解存储层

MariaDB 提供了一个可插拔存储引擎架构，有助于更轻松地开发和部署新存储引擎。可插拔存储引擎架构还支持创建新存储引擎，并且无须重新编译 MariaDB 服务器，就可将其添加至正在运行的服务器中。存储引擎为 MariaDB 提供数据存储和索引管理。MariaDB 服务器通过明确定义的 API 与存储引擎通信。

在代码中，用户可以使用持久内存开发套件（PMDK）的 libpmemobj 库，来实现支持持久内存的 MariaDB 可插拔存储引擎原型。

图 13-1 显示了存储引擎如何与 libpmemobj 通信，来管理存储在持久内存中的数据。该库用于将持久内存池变成一个灵活的对象存储。

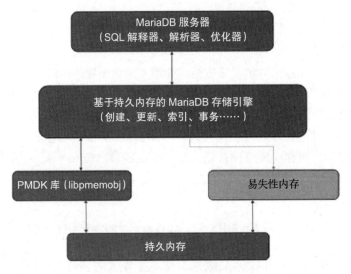

图 13-1　面向持久内存的 MariaDB 存储引擎架构示意图

13.3.2　创建存储引擎类

此处介绍的存储引擎，是一个单线程的实现，支持单会话、单用户和单个表请求。多线程实现不在本章的重点讨论之列，第 14 章会深入探讨并发性。MariaDB 服务器通过明确定义的 handler 接口与存储引擎通信，接口中包含 handlerton，它是连接表处理程序的单一 handler。handlerton 定义存储引擎，并包含指向应用于持久内存存储引擎的方法的指针。

存储引擎需要支持的第一种方法是启用对新 Handler 实例的调用，如列表 13-1 所示。

列表 13-1　ha_pmdk.cc——创建新的 handler 实例

```
117  static handler *pmdk_create_handler(handlerton *hton,
118                                      TABLE_SHARE *table,
119                                      MEM_ROOT *mem_root);
120
121  handlerton *pmdk_hton;
```

创建 handler 实例时，MariaDB 服务器向 handler 发送命令，让其执行数据存储和检索任务，如打开表、操作各行、管理索引和事务。当一个 handler 实例化时，第一个必要操作是打开表。由于存储引擎是单用户单线程实现，因此只创建一个 handler 实例。

handler 方法也可以有不同的实现，它们作为一个整体应用于存储引擎，而不是对每个表执行 create() 和 open() 方法。例如，处理提交和回滚的事务方法都属于 handler 方法，如列表 13-2 所示。

列表 13-2　ha_pmdk.cc——包括事务、回滚等的 handler 方法

```
209  static int pmdk_init_func(void *p)
210  {
...
213    pmdk_hton= (handlerton *)p;
214    pmdk_hton->state=   SHOW_OPTION_YES;
215    pmdk_hton->create=  pmdk_create_handler;
216    pmdk_hton->flags=   HTON_CAN_RECREATE;
217    pmdk_hton->tablefile_extensions= ha_pmdk_exts;
218
219    pmdk_hton->commit= pmdk_commit;
220    pmdk_hton->rollback= pmdk_rollback;
...
223  }
```

handler 类中定义的抽象方法可以通过持久内存得以实现。使用单链表（SLL）创建了持久内存中对象的内部表现形式。这种内部表现形式有助于迭代数据库中所有的记录，以提升性能。

为了执行各种操作，以及更快、更容易地访问数据，用户可以使用列表 13-3 所示的简

单的 row 结构，将持久内存指针和相关字段值保存在缓冲区中。

列表 13-3　ha_pmdk.h——用于将数据存储在单链表的简单数据结构

```
71  struct row {
72    persistent_ptr<row> next;
73    uchar buf[];
74  };
```

1. 创建数据库表

create() 方法用于创建表。该方法可以使用 libpmemobj 在持久内存中创建所有必需的文件。如列表 13-4 所示，我们使用 pmemobj_create() 方法为每个表创建了一个新的 pmemobj 类型池，此方法可以根据指定内存池大小来创建事务对象存储。该表以 .obj 扩展名的形式创建。

列表 13-4　创建表的方法

```
1247  int ha_pmdk::create(const char *name, TABLE *table_arg,
1248                      HA_CREATE_INFO *create_info)
1249  {
1250
1251    char path[MAX_PATH_LEN];
1252    DBUG_ENTER("ha_pmdk::create");
1253    DBUG_PRINT("info", ("create"));
1254
1255    snprintf(path, MAX_PATH_LEN, "%s%s", name, PMEMOBJ_EXT);
1256    PMEMobjpool *pop = pmemobj_create(path, name,PMEMOBJ_MIN_POOL,
        S_IRWXU);
1257    if (pop == NULL) {
1258      DBUG_PRINT("info", ("failed : %s error number :
          %d",path,errCodeMap[errno]));
1259      DBUG_RETURN(errCodeMap[errno]);
1260    }
1261    DBUG_PRINT("info", ("Success"));
1262    pmemobj_close(pop);
1263
1264    DBUG_RETURN(0);
1265  }
```

2. 打开数据库表

在表上执行任何读写操作之前，MariaDB 服务器需要调用 open() 方法打开数据和索引表。存储引擎启动时，该方法打开所有与持久内存存储引擎相关的已命名表。添加一个新的表类变量 objtab，以保存 PMEMobjpool。待打开的表名由 MariaDB 服务器提供。使用 loadIndexTableFromPersistentMemory() 函数启动服务器时，调用 open() 函数来填充易失性内存中的索引容器。

libpmemobj 的 pmemobj_open() 函数用于打开现有的对象存储内存池（见列表 13-5）。如果触发任何读 / 写行为，在创建表时也会打开表。

列表 13-5　ha_pmdk.cc —— 打开数据库表

```
290  int ha_pmdk::open(const char *name, int mode, uint test_if_locked)
291  {
...
302    objtab = pmemobj_open(path, name);
303    if (objtab == NULL)
304      DBUG_RETURN(errCodeMap[errno]);
305
306    proot = pmemobj_root(objtab, sizeof (root));
307    // update the MAP when start occured
308    loadIndexTableFromPersistentMemory();
...
310  }
```

存储引擎正常运行后，可以开始插入数据。但此前，必须先实现 INSERT、UPDATE、DELETE 和 SELECT 操作。

3. 关闭数据库表

服务器处理完表后会调用 closeTable() 方法，使用 pmemobj_close() 来关闭文件，并释放其他资源（见列表 13-6）。pmemobj_close() 函数会关闭 objtab 指向的内存池，并且删除内存池句柄。

列表 13-6　ha_pmdk.cc —— 关闭数据库表

```
376  int ha_pmdk::close(void)
377  {
378    DBUG_ENTER("ha_pmdk::close");
379    DBUG_PRINT("info", ("close"));
380
381    pmemobj_close(objtab);
382    objtab = NULL;
383
384    DBUG_RETURN(0);
385  }
```

4. INSERT 操作

INSERT 操作通过 write_row() 方法来实现，如列表 13-7 所示。在 INSERT 过程中，行（row）对象用一个单链表进行维护。如果表已创建索引，那么持久化操作成功完成后，易失性内存中的索引表容器将更新新的行对象。write_row() 是一种非常重要的方法，除了将持久内存池存储分配给行，还可用于填充索引容器。pmemobj_tx_alloc() 用于分配行对象，并将行对象插入单链表头。write_row() 以事务的方式来分配给定大小和类型的新对象。

列表 13-7 ha_pmdk.cc —— 插入行对象

```
417   int ha_pmdk::write_row(uchar *buf)
418   {
...
421     int err = 0;
422
423     if (isPrimaryKey() == true)
424       DBUG_RETURN(HA_ERR_FOUND_DUPP_KEY);
425
426     persistent_ptr<row> row;
427     TX_BEGIN(objtab) {
428       row = pmemobj_tx_alloc(sizeof (row) + table->s->reclength, 0);
429       memcpy(row->buf, buf, table->s->reclength);
430       row->next = proot->rows;
431       proot->rows = row;
432     } TX_ONABORT {
433       DBUG_PRINT("info", ("write_row_abort errno :%d ",errno));
434       err = errno;
435     } TX_END
436     stats.records++;
437
438     for (Field **field = table->field; *field; field++) {
439       if ((*field)->key_start.to_ulonglong() >= 1) {
440         std::string convertedKey = IdentifyTypeAndConvertToString((*fie
ld)->ptr, (*field)->type(),(*field)->key_length(),1);
441         insertRowIntoIndexTable(*field, convertedKey, row);
442       }
443     }
444     DBUG_RETURN(err);
445   }
```

在每个 INSERT 操作中，都会检查字段值是否已有存在的副本。使用函数 isPrimary-
Key()（第 423 行）检查表中的主键字段。如果它是副本，将返回错误 HA_ERR_FOUND_DUPP_KEY。
isPrimaryKey() 的实现如列表 13-8 所示。

列表 13-8 ha_pmdk.cc —— 检查重复的主键

```
462   bool ha_pmdk::isPrimaryKey(void)
463   {
464     bool ret = false;
465     database *db = database::getInstance();
466     table_ *tab;
467     key *k;
468     for (unsigned int i= 0; i < table->s->keys; i++) {
469       KEY* key_info = &table->key_info[i];
470       if (memcmp("PRIMARY",key_info->name.str,sizeof("PRIMARY"))==0) {
471         Field *field = key_info->key_part->field;
```

```
472        std::string convertedKey = IdentifyTypeAndConvertToString
           (field->ptr, field->type(),field->key_length(),1);
473        if (db->getTable(table->s->table_name.str, &tab)) {
474          if (tab->getKeys(field->field_name.str, &k)) {
475            if (k->verifyKey(convertedKey)) {
476              ret = true;
477              break;
478            }
479          }
480        }
481      }
482    }
483    return ret;
484 }
```

5. UPDATE 操作

服务器通过执行 **rnd_init()** 或 **index_init()** 来执行 UPDATE 语句。表会一直扫描，直至找到 UPDATE 语句的 WHERE 子句中与键值匹配的行，然后执行 update_row() 方法。如果是已创建索引的表，那么此操作成功完成后，索引容器也会更新。如果使用列表 13-9 定义的 update_row() 方法，old_data 字段将包含前一行的记录，同时 new_data 将包含新数据。

列表 13-9　ha_pmdk.cc —— 更新现有的行数据

```
506 int ha_pmdk::update_row(const uchar *old_data, const uchar *new_data)
507 {
...
540   if (k->verifyKey(key_str))
541     k->updateRow(key_str, field_str);
...
551   if (current)
552     memcpy(current->buf, new_data, table->s->reclength);
...
```

索引表也使用 **updateRow()** 方法进行了更新，如列表 13-10 所示。

列表 13-10　ha_pmdk.cc —— 更新现有的行数据

```
1363 bool key::updateRow(const std::string oldStr, const std::string newStr)
1364 {
...
1366   persistent_ptr<row> row_;
1367   bool ret = false;
1368   rowItr matchingEleIt = getCurrent();
1369
1370   if (matchingEleIt->first == oldStr) {
```

```
1371        row_ = matchingEleIt->second;
1372        std::pair<const std::string, persistent_ptr<row> > r(newStr, row_);
1373        rows.erase(matchingEleIt);
1374        rows.insert(r);
1375        ret = true;
1376      }
1377      DBUG_RETURN(ret);
1378 }
```

6. DELETE 操作

DELETE 操作使用 delete_row() 方法实现。应考虑三种不同的情况：

❏ 从索引表中删除索引值

❏ 从索引表中删除非索引值

❏ 从非索引表中删除字段

对于每种不同场景需要调用不同的函数。操作成功后，条目同时从索引（如果表为索引表）和持久内存中删除。列表 13-11 显示了实现这三种场景的实现逻辑。

列表 13-11   ha_pmdk.cc —— 删除一行数据

```
594  int ha_pmdk::delete_row(const uchar *buf)
595  {
...
602    // Delete the field from non indexed table
603    if (active_index == 64 && table->s->keys ==0 ) {
604      if (current)
605        deleteNodeFromSLL();
606    } else if (active_index == 64 && table->s->keys !=0 ) { // Delete
       non indexed column field from indexed table
607      if (current) {
608        deleteRowFromAllIndexedColumns(current);
609        deleteNodeFromSLL();
610      }
611    } else { // Delete indexed column field from indexed table
612    database *db = database::getInstance();
613    table_ *tab;
614    key *k;
615    KEY_PART_INFO *key_part = table->key_info[active_index].key_part;
616    if (db->getTable(table->s->table_name.str, &tab)) {
617      if (tab->getKeys(key_part->field->field_name.str, &k)) {
618        rowItr currNode = k->getCurrent();
619        rowItr prevNode = std::prev(currNode);
620        if (searchNode(prevNode->second)) {
621          if (prevNode->second) {
622            deleteRowFromAllIndexedColumns(prevNode->second);
623            deleteNodeFromSLL();
624          }
```

```
625            }
626          }
627        }
628      }
629      stats.records--;
630
631      DBUG_RETURN(0);
632 }
```

列表 13-12 显示了 deleteRowFromAllIndexedColumns() 函数如何使用 deleteRow() 方法删除索引容器的值。

列表 13-12　ha_pmdk.cc —— 删除索引容器中的一个条目

```
634 void ha_pmdk::deleteRowFromAllIndexedColumns(const persistent_ptr<row>
    &row)
635 {
...
643      if (db->getTable(table->s->table_name.str, &tab)) {
644        if (tab->getKeys(field->field_name.str, &k)) {
645          k->deleteRow(row);
646        }
...
```

deleteNodeFromSLL() 方法使用 libpmemobj 事务从驻留在持久内存行的链表中删除对象，如列表 13-13 所示。

列表 13-13　ha_pmdk.cc —— 使用事务删除链表中的一个条目

```
651 int ha_pmdk::deleteNodeFromSLL()
652 {
653   if (!prev) {
654     if (!current->next) { // When sll contains single node
655       TX_BEGIN(objtab) {
656         delete_persistent<row>(current);
657         proot->rows = nullptr;
658       } TX_END
659     } else { // When deleting the first node of sll
660       TX_BEGIN(objtab) {
661         delete_persistent<row>(current);
662         proot->rows = current->next;
663         current = nullptr;
664       } TX_END
665     }
666   } else {
667     if (!current->next) { // When deleting the last node of sll
668       prev->next = nullptr;
669     } else { // When deleting other nodes of sll
```

```
670        prev->next = current->next;
671      }
672      TX_BEGIN(objtab) {
673        delete_persistent<row>(current);
674        current = nullptr;
675      } TX_END
676    }
677    return 0;
678  }
```

7. SELECT 操作

SELECT 是许多方法都必须执行的一项重要操作。许多针对 SELECT 操作实现的方法也可以被其他方法调用。rnd_init() 方法用于对非索引表进行表扫描做准备，重置指向表头的计数器和指针。如果表为索引表，MariaDB 服务器将调用 index_init() 方法。如列表 13-14 所示，此时指针会被初始化。

列表 13-14　ha_pmdk.cc —— 系统想要存储引擎执行表扫描时调用 rnd_init()

```
869  int ha_pmdk::rnd_init(bool scan)
870  {
...
874    current=prev=NULL;
875    iter = proot->rows;
876    DBUG_RETURN(0);
877  }
```

初始化表时，MariaDB 服务器调用 rnd_next()、index_first() 或 index_read_map() 方法，具体取决于该表是否已创建索引。这些方法用当前对象的数据填充缓冲区，并将迭代器更新为下一个值。每次行扫描都需要调用一次这些方法。

列表 13-15 显示了如何用内部 MariaDB 格式的表行内容来填充传递至函数的缓冲区。如果没有要读取的内容，返回值必须为 HA_ERR_END_OF_FILE。

列表 13-15　ha_pmdk.cc —— 系统想要存储引擎执行表扫描时调用 rnd_init()

```
902  int ha_pmdk::rnd_next(uchar *buf)
903  {
...
910    memcpy(buf, iter->buf, table->s->reclength);
911    if (current != NULL) {
912      prev = current;
913    }
914    current = iter;
915    iter = iter->next;
916
917    DBUG_RETURN(0);
918  }
```

以上就是支持持久内存的存储引擎所要实现的基本功能。我们鼓励读者继续开发该存储引擎，引入更多的特性和功能。

13.4　总结

本章详细介绍了如何使用 PMDK 的 libpmemobj，为开源数据库 MariaDB 创建持久内存感知型存储引擎。在应用程序中使用持久内存可以在系统意外关闭时确保数据连续性，还可以通过将数据存储在靠近 CPU 的位置，以内存总线的速度访问数据，从而提高性能。虽然数据库引擎通常使用内存缓存来提高性能，并且这需要时间进行预热（warm up），但是持久内存可以在应用程序启动时提供即时温缓存。

并发和持久内存

本章介绍了构建面向持久内存的多线程应用程序时应掌握的知识。我们假设读者已拥有多线程编程经验并且熟悉基本的概念，如互斥体、临界区、死锁、原子操作等。

14.1 节重点介绍用于构建面向持久内存的多线程应用程序的通用解决方案。14.1 节还介绍持久内存开发套件（PMDK）事务库（如 `libpmemobj` 和 `libpmemobj-cpp`）的并发执行限制。14.1 节展示了简单的示例，这些示例虽然适用于易失性内存，但是在事务中止或进程崩溃的情况下，将在持久内存上引发数据不一致的问题。还讨论了为什么不能将常规互斥体按原样放置在持久内存上，并引入了持久死锁（persistent deadlock）术语。最后，介绍了构建面向持久内存的无锁算法的挑战，并继续前几章的可见性与持久性讨论。

14.2 节展示了设计面向持久内存的并发数据结构的方法。在本书出版之时，针对持久内存开发了两种并发关联 C++ 数据结构——并发散列映射和并发映射。未来将添加更多数据结构。本章将介绍这两种实现。

所有代码示例都是在 C++ 中使用第 8 章中描述的 `libpmemobj-cpp` 库实现的。本章通常引用 `libpmemobj`，因为是该库实现了这些功能特性，而 `libpmemobj-cpp` 只是它的一个 C++ 扩展包装程序。这些概念是共通的，适用于任何编程语言。

14.1　事务与多线程

在计算机科学领域，ACID（原子性、一致性、隔离性和持久性）是一组事务属性，可在发生错误、电源故障和进程异常终止时保证数据的有效性和一致性。第 7 章介绍了

PMDK 事务及其 ACID 属性。本章重点介绍面向持久内存的多线程程序的相关性。第 16 章
将提供有关 libpmemobj 事务内部组件的见解。

列表 14-1 中的小程序显示多个线程让存储在 root 对象中的 counter 并发递增。程序打
开持久内存池并显示 counter 的值，然后运行 10 个线程，每个线程均调用 increment() 函
数。所有线程成功完成后，程序显示最终的 counter 值。

列表 14-1　该示例显示 PMDK 事务不会自动支持隔离

```
41  using namespace std;
42  namespace pobj = pmem::obj;
43
44  struct root {
45      pobj::p<int> counter;
46  };
47
48  using pop_type = pobj::pool<root>;
49
50  void increment(pop_type &pop) {
51      auto proot = pop.root();
52      pobj::transaction::run(pop, [&] {
53          proot->counter.get_rw() += 1;
54      });
55  }
56
57  int main(int argc, char *argv[]) {
58      pop_type pop =
59          pop_type::open("/pmemfs/file", "COUNTER_INC");
60
61      auto proot = pop.root();
62
63      cout << "Counter = " << proot->counter << endl;
64
65      std::vector<std::thread> workers;
66      workers.reserve(10);
67      for (int i = 0; i < 10; ++i) {
68          workers.emplace_back(increment, std::ref(pop));
69      }
70
71      for (int i = 0; i < 10; ++i) {
72          workers[i].join();
73      }
74
75      cout << "Counter = " << proot->counter << endl;
76
77      pop.close();
78      return 0;
79  }
```

用户可能会预计列表 14-1 中的程序显示的最终计数器值为 10。但是，PMDK 事务不会自动支持 ACID 属性的隔离性。在将当前事务的更新通过第 54 行隐式提交之前，第 53 行的增量运算结果对其他并发事务可见。也就是说，在该示例中发生了简单的数据争用。在两个或更多线程可以访问共享数据，并且同时尝试更改数据时，将会出现竞态条件。由于操作系统的线程调度算法可以随时在线程之间进行切换，应用程序无法知晓线程尝试访问共享数据的顺序。因此，更改数据的结果取决于线程调度算法，也就是说，两个线程正在"竞相"访问 / 更改数据。

如果多次运行该示例，每次运行的结果将不同。通过在计数器递增前获取一个互斥锁，可以尝试修复竞态条件，如列表 14-2 所示。

列表 14-2 PMDK 事务中的不正确同步的示例

```
46  struct root {
47      pobj::mutex mtx;
48      pobj::p<int> counter;
49  };
50
51  using pop_type = pobj::pool<root>;
52
53  void increment(pop_type &pop) {
54      auto proot = pop.root();
55      pobj::transaction::run(pop, [&] {
56          std::unique_lock<pobj::mutex> lock(proot->mtx);
57          proot->counter.get_rw() += 1;
58      });
59  }
```

❑ 第 47 行：在根数据结构中添加了一个互斥体。

❑ 第 56 行：计数器值递增前，在事务内获取一个互斥锁，以避免竞态条件。每个线程在受互斥锁保护的临界区内递增计数器。

现在，如果多次运行该示例，那么它始终将存储在持久内存中的 counter 值递增 1。但是，该任务并未完成，而且遗憾的是，列表 14-2 中的示例也是错误的，它可能会在持久内存上引发数据不一致的问题。如果没有事务中止，该示例将正常运行并获得正确结果。但是，如果在释放锁之后、完成并已更新的事务提交至持久内存之前事务中止，其他线程可以读取被缓存的计数器的值，最终引发数据不一致问题。为了理解该问题，需要知晓 libpmemobj 事务的内部工作原理。目前，只讨论了解该问题所需的必要细节，第 16 章将深入讨论事务及其实现。

libpmemobj 事务通过跟踪撤销日志中的更改确保原子性。在发生故障和事务中止时，将从撤销日志中还原未提交更改的旧值。值得注意的是，撤销日志是一个特定于线程的实体。这意味着每个线程具有自己的撤销日志，该撤销日志与其他线程的撤销日志不同步。

图 14-1 展示了在调用列表 14-2 中的 increment() 函数时事务的内部情况。为了便于说明，仅描述两个线程。每个线程执行并发事务，以增加在持久内存中分配的 counter 的值。假设 counter 的初始值为 0，第一个线程获取锁而第二个线程等待锁。在临界区中，第一个线程将 counter 的初始值添加至撤销日志并增加该值。当执行流程离开 lambda 作用域时，释放互斥体，但是事务还未将更新提交至持久内存。该更改立即对第二个线程可见。在执行用户提供的 lambda 函数后，事务需要刷新所有持久内存的更改，将更改标记为已提交。同时，第二个线程将当前的 counter 值 1 添加至撤销日志，并执行增量操作。此时，一共有两个未提交事务。线程 1 的撤销日志包含 counter = 0，线程 2 的撤销日志包含 counter = 1。如果线程 2 提交了其事务，而线程 1 由于某些原因（崩溃或中止）中止其事务，将从线程 1 的撤销日志中还原错误的 counter 值。

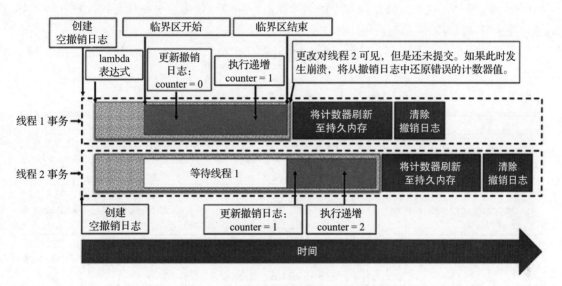

图 14-1 列表 14-2 示例的说明性执行

该解决方案可保留互斥体，直到事务完全提交并成功将数据刷新至持久内存。否则，在持久保存与提交事务所做的更改之前，更改对并发事务可见。列表 14-3 展示了如何正确实现 increment() 函数。

列表 14-3 并发 PMDK 事务的正确示例

```
52  void increment(pop_type &pop) {
53      auto proot = pop.root();
54      pobj::transaction::run(pop, [&] {
55          proot->counter.get_rw() += 1;
56      }, proot->mtx);
57  }
```

libpmemobj API 允许指定在整个事务期间应获取并持有哪些锁。在列表 14-3 示例中，将 proot->mtx 互斥对象作为第三个参数传递给 run() 方法。

14.2 持久内存上的互斥体

之前的示例使用 pmem::obj::mutex 作为 root 数据结构中 mtx 成员的类型，而不是使用标准模板库（STL）提供的常规 std::mutex。mtx 对象是持久内存中 root 对象的一个成员。std::mutex 类型不能用于持久内存，因为它可能会导致持久死锁。

如果在持有互斥体期间发生应用程序崩溃，将引发持久死锁。程序启动时，如果它不在启动时释放或重新初始化互斥体，尝试获取它的线程将永远等待。为了避免这种情况，libpmemobj 提供了驻留在持久内存中的同步原语。同步原语的主要特性是每次打开持久对象内存池时可以自动重新初始化。

对于 C++ 开发人员而言，libpmemobj-cpp 库提供了类似于 C++11 的同步原语，如表 14-1 所示。

表 14-1 libpmemob++ 库提供的同步原语

类	描述
pmem::obj::mutex	该类是一个驻留在持久内存中的互斥体的实现，其行为模仿 C++11 的 std::mutex。该类可满足 Mutex 和 StandardLayoutType 概念的所有要求
pmem::obj::timed_mutex	该类是一个驻留在持久内存中的 timed_mutex 的实现，其行为模仿 C++11 的 std::timed_mutex。该类可满足 TimedMutex 和 StandardLayoutType 概念的所有要求
pmem::obj::shared_mutex	该类是一个驻留在持久内存中的 shared_mutex 的实现，其行为模仿 C++17 的 std::shared_mutex。该类可满足 SharedMutex 和 StandardLayoutType 概念的所有要求
pmem::obj::condition_variable	该类是一个驻留在持久内存中的条件变量的实现，其行为模仿 C++11 的 std::condition_variable。该类可满足 StandardLayoutType 概念的所有要求

对于 C 开发人员，libpmemobj 库提供了类似于 pthread 的同步原语，如表 14-2 所示。持久内存感知型锁的实现是基于标准 POSIX 线程库，并提供了类似于标准 pthread 锁的语义。

表 14-2 libpmemobj 库提供的同步原语

结构	描述
PMEMmutex	该数据结构表示一个类似于 pthread_mutex_t 的持久内存驻留互斥体
PMEMrwlock	该数据结构表示一个类似于 pthread_rwlock_t 的持久内存驻留读写锁
PMEMcond	该数据结构表示一个类似于 pthread_cond_t 的持久内存驻留条件变量

　　这些便捷的持久内存感知型同步原语可供 C 和 C++ 开发人员使用。但是如果开发人员想使用更适合特定用例的自定义同步对象应该怎么办？如前所述，持久内存感知型同步原语的主要特性是它们可以在每次打开持久内存池时重新初始化。libpmemobj-cpp 库提供了一种更通用的机制，以便在每次打开持久内存池时，重新初始化用户提供的任何类型。

　　libpmemobj-cpp 提供了 pmem::obj::v<T> 类模板，支持开发人员在持久内存数据结构内创建一个易失性字段。互斥对象在语义上是一个易失性实体，互斥体的状态不应在应用程序重启后继续存在。应用程序重启时，互斥对象应处于解锁状态。pmem::obj::v<T> 类模板专门用于此目的。列表 14-4 展示了如何在持久内存上使用包含 std::mutex 的 pmem::obj::v<T> 类模板。

列表 14-4　该示例展示了如何在持久内存上使用 std::mutex

```
38  namespace pobj = pmem::obj;
39
40  struct root {
41      pobj::experimental::v<std::mutex> mtx;
42  };
43
44  using pop_type = pobj::pool<root>;
45
46  int main(int argc, char *argv[]) {
47      pop_type pop =
48          pop_type::open("/pmemfs/file", "MUTEX");
49
50      auto proot = pop.root();
51
52      proot->mtx.get().lock();
53
54      pop.close();
55      return 0;
56  }
```

❑ 第 41 行：只把根对象中的 mtx 对象存储在持久内存上。

❑ 第 47 ～ 48 行：打开布局名称为"MUTEX"的持久内存池。

❑ 第 50 行：获取指向池内根数据结构的指针。

❑ 第 52 行：获取互斥体。

❑ 第 54 ～ 56 行：关闭池并退出程序。

　　可以看到，示例并未显式解锁 main() 函数中的互斥体。如果多次运行该示例，main() 函数总是锁定第 52 行的互斥体。这是因为 pmem::obj::v<T> 类模板隐式调用一个默认构造函数，该函数是一个封装的 std::mutex 对象类型。每次打开持久内存池，都会调用该构造函数，因此，永远不会遇到锁已被获取的情况。

　　如果把第 41 行的 mtx 对象类型从 pobj::experimental::v<std::mutex> 更改为 std::mutex,

并尝试再次运行程序,在第二次运行时,该示例将在第 52 行挂起,因为 mtx 对象在第一次运行期间被锁定,并且从未释放对象。

14.3 原子操作与持久内存

由于图 14-1 所描述的原因,不能在 PMDK 事务中使用原子操作。原子操作在事务中所做的更改将在提交事务前对其他并发线程可见。在程序异常终止或事务中止时,它将造成数据不一致问题。可以考虑使用无锁算法,该算法通过以原子方式更新内存状态来实现并发。

无锁算法与持久内存

大家直觉认为无锁算法完美契合持久内存。在无锁算法中,线程安全是通过一致状态之间的原子转换来实现的,这正是支持持久内存数据一致性所需要的。但是这种假设不一定是正确的。

要了解无锁算法中的问题,请记住采用持久内存的系统通常会将虚拟内存子系统划分为两个域:易失性域和持久域(详情请参见第 2 章)。使用某种缓存一致性协议的原子操作的结果可能只更新 CPU 缓存中的数据。除非调用显式刷新操作,否则无法保证数据刷新至持久内存。CPU 缓存仅存在于支持 eADR 平台的持久域内。这不是持久内存的强制要求。ADR 是持久内存的最低平台要求,在这种情况下,断电时不会自动刷新 CPU 缓存。

图 14-2 假设系统具有 ADR 支持。该示例显示对持久内存上的单链表执行并发无锁插入操作。两个线程正使用比较交换(CMPXCHG 指令)操作和其后的缓存刷新(CLWB 指令)操作,将新节点插入链表尾部。假设线程 1 成功完成了比较交换操作,那么更改将出现在易失性域中,并对第二个线程可见。此时,线程 1 可能被抢占(更改还未刷新至持久域),而线程 2 将节点 5 插入节点 4 之后,并将其刷新至持久域。因为线程 2 基于未被线程 1 持久保存的数据上执行了更新,所以仍存在数据不一致的可能性。

图 14-2　对持久内存上的单链表执行并发无锁插入操作的示例

14.4 持久内存的并发数据结构

本节介绍了 libpmemobj-cpp 库提供的两个并发数据结构:pmem::obj::concurrent_map

和 `pmem::obj::concurrent_hash_map`。这两个数据结构是由一组键和值的对组成的关联数据结构，这样每个键在集合中最多出现一次。两者的主要区别是并发散列映射是无序的，而并发映射按照键进行排序。

在此上下文中，并发的定义是一种数据结构组织方法，以供多个线程访问。这种数据结构特意为并行计算环境使用而设计，支持多个线程同时调用数据结构方法，并且无须额外的同步。

C++ 标准模板库（STL）数据结构可以封装在粗粒度互斥体中，通过每次仅允许一个线程在容器上运行来确保并发访问的安全性。但是，该方法消除了并发性，如果用在性能关键型代码中，将限制并行加速。设计并发数据结构是一个极具挑战性的任务。当需要开发面向持久内存并且具备容错能力的并发数据结构时，难度将显著上升。

`pmem::obj::concurrent_map` 和 `pmem::obj::concurrent_hash_map` 结构的灵感来源于英特尔线程构建模块（英特尔 TBB）[⊖]，后者提供了专为易失性内存设计的并发数据结构实现。可以阅读 *Pro TBB: C++ Parallel Programming with Threading Building Blocks* 一书[⊜]获取更多信息，并了解如何在应用程序中使用这些并发数据结构，也可以从 Apress（https://www.apress.com/gp/book/9781484243978）获取免费的电子书。

并发关联数据结构包含 3 个主要方法：查找、插入和擦除 / 删除。在介绍每种数据结构时，重点介绍这 3 个方法。

14.4.1　并发有序映射

面向持久内存的并发有序映射实现（`pmem::obj::concurrent_map`）基于并发跳跃列表数据结构。英特尔 TBB 提供了专为易失性内存设计的 `tbb::concurrent_map`，将其用作移植到支持持久内存的基准。可以将并发跳表数据结构实现为无锁算法。英特尔选择了一种已证实正确的可扩展并发跳表[⊛]实现，该实现具有细粒度锁，它以简易性和可扩展性而著称。图 14-3 展示了跳表数据结构的基本思路。它是一个多层链表式数据结构，底层是一个有序链表。每一个更高的层都充当其后列表的"快车道"，允许它在查找操作期间跳过元素。第 i 层的元素以固定的概率 p（在实现中，$p = 1/2$）出现在第 $i + 1$ 层。也就是说，特定高度的节点频率随高度指数级下降。该属性允许查找、插入和删除操作达到 O（log n）平均时间复杂度。O（log n）意味着运行时间最多与"log n"成正比。可以在维基百科（https://en.wikipedia.org/wiki/Big_O_notation）上了解有关大 O 符号的更多信息。

⊖　英特尔线程构建模块库见 https://github.com/intel/tbb。

⊜　Michael Voss, Rafael Asenjo, James Reinders. C++ Parallel Programming with Threading Building Blocks; Apress, 2019; ISBN-13 (electronic): 978-1-4842-4398-5; https://www.apress.com/gp/book/9781484243978.

⊛　M. Herlihy, Y. Lev, V. Luchangco, N. Shavit. A provably correct scalable concurrent skip list. In OPODIS '06: Proceedings of the 10th International Conference On Principles Of Distributed Systems, 2006; https://www.cs.tau.ac.il/~shanir/nir-pubs-web/Papers/OPODIS2006-BA.pdf.

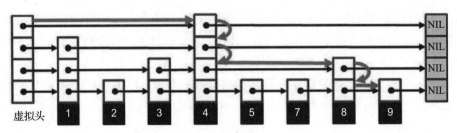

图 14-3　在跳跃列表数据结构中查找 key=9

对于 pmem::obj::concurrent_map 实现，查找和插入操作是线程安全操作，可与其他查找与插入操作并发调用，无须额外的同步。

1. 查找操作

由于查找操作为非修改性操作，因此不需要处理数据不一致问题。目标元素的查找操作始终从最顶层开始。算法按水平方向进行查找，直到下一个元素大于或等于目标。如果它无法在当前的层上继续查找，将垂直下降到下一个更低的列表。图 14-3 显示查找操作如何处理 key=9 的元素。从最高层开始搜索，然后立即从虚拟头节点转至 key=4 的节点，跳过了包含 key 1、2、3 的节点。在 key=4 的节点上，搜索下降了两层，到达 key=8 的节点。然后再下降一层，继续到达 key=9 的所需节点。

查找操作无等待，也就是说，每个查找操作仅受算法采取的步骤数量的约束。无论其他线程的活动如何均保证该线程完成操作。读取指向下一个节点的指针时，pmem::obj::concurrent_map 的实现使用原子操作 load-with-acquire 内存的语义。

2. 插入操作

如图 14-4 所示，插入操作使用细粒度锁机制来确保线程安全，通过以下基本步骤将 key=7 的新节点插入列表中：

1）为新节点分配随机生成的高度。

2）找到一个位置来插入新节点。必须查找到每一层中的前趋和后继节点。

3）为每个前趋节点获取锁，并检查后继节点是否更改。如果后继节点已更改，算法返回第 2 步。

4）从底层开始，向所有层插入新节点。由于查找操作是无锁操作，必须使用 store-with-release 内存语义，以原子方式更新每一层上的指针。

之前描述的算法可确保线程安全，但是不足以在持久内存上支持容错。如果程序在算法的第 1 步和第 4 步之间意外终止，有可能引发持久内存泄漏。

pmem::obj::concurrent_map 不使用事务来支持数据一致性的实现，因为事务不支持隔离，而且不使用事务能够提高其性能。对于这种链表数据结构，由于始终可以访问新分配的节点（以避免持久内存泄漏）并且链表数据结构总是有效的，因此维护了数据一致性。为支持这两个属性使用持久线程本地存储（Thread-Local Storage，TLS），该存储是并发跳跃列表

数据结构的成员。持久线程本地存储保证了每个线程在持久内存中有自己的位置，以便为新
节点分配持久内存分配结果。

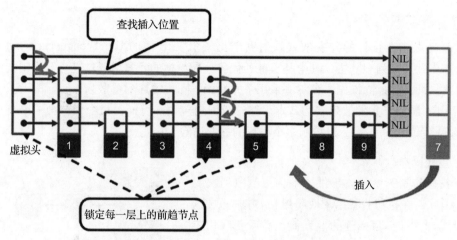

图 14-4　将 key=7 的新节点插入并发跳表

图 14-5 显示该容错插入算法的方法。当线程分配新节点时，指向该节点的指针被保存
在持久线程本地存储中，并且可通过该持久线程本地存储访问节点。然后，算法使用之前描
述的线程安全算法将新节点链接至所有层，从而将新节点插入跳表。最后，删除持久线程本
地存储中的指针，因为现在可通过跳表访问新节点。如果出现故障，一个特殊函数将遍历持
久线程本地存储中的所有非零指针并完成插入操作。

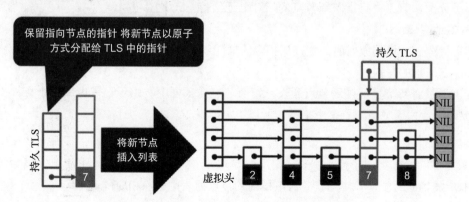

图 14-5　使用持久线程本地存储的容错插入操作

3. 擦除操作

pmem::obj::concurrent_map 的擦除的实现不是线程安全操作。该方法不能与其他并发
有序映射方法并发调用，因为这是一个内存回收问题，没有垃圾回收器便很难在 C++ 中解
决该问题。从逻辑上来说，可以以线程安全的方式从跳表中提取节点，但是检测何时能够安

全地删除节点绝非易事，因为其他线程仍有可能访问该节点。虽然存在风险指针等可行的解决方案，但是这些解决方案可能影响查找和插入操作的性能。

14.4.2 并发散列映射

专为持久内存设计的并发散列映射基于英特尔 TBB 中的 `tbb::concurrent_hash_map`。该实现基于并发散列表算法，其中基于散列代码分配给桶的元素是通过键计算得出的。除了并发查找、插入和擦除操作，该算法采用了并发调整和按需逐桶重散列[⊖]。

图 14-6 展示了并发散列表的基本思路。散列表包含一组桶，每个桶包含一个节点列表（list）和读写锁（rw lock），以控制多个线程的并发访问。

1. 查找操作

查找操作是一个只读事件，不会更改散列映射状态。因此，在执行查找请求时可维持数据一致性。查找操作首先计算目标键的散列值，然后获取相应桶的读锁。读锁保证在读取桶时不存在并发修改。在桶内，查找操作通过节点列表执行线性搜索。

2. 插入操作

并发散列映射的插入方法使用与并发跳表数据结构相同的技术支持数据持久性。其操作包含以下步骤：

1）分配新节点，将指向新节点的指针分配给持久线程本地存储。

2）计算新节点的散列值，并查找相应的桶。

3）获取桶的写锁。

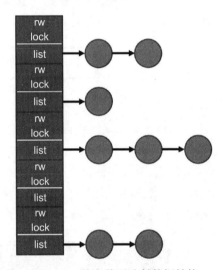

图 14-6 并发散列映射数据结构

4）通过将新节点链接到节点列表，使新节点插入桶中。由于只需更新一个指针，所以不需要事务。由于只更新了一个指针，所以不需要事务。

3. 擦除操作

虽然擦除操作类似于插入操作（相反的操作），其实现甚至比插入更简单。擦除实现需要获取所需桶的写锁，并使用事务从该桶内的节点列表中删除相应的节点。

14.5 总结

虽然为持久内存构建应用程序是一项具有挑战性的任务，但是当需要为持久内存创建

⊖ Anton Malakhov. Per-bucket concurrent rehashing algorithms, 2015, arXiv:1509.02235v1; https://arxiv.org/ftp/arxiv/papers/1509/1509.02235.pdf.

多线程应用程序时，这项任务就更困难了。当多个线程可以更新持久内存中的相同数据时，用户需要处理多线程环境中的数据一致性。

如果需要开发并发应用程序，鼓励用户使用现有的库应用程序，因为这些库提供了用于将数据存储在持久内存中的并发数据结构。只有通用算法无法满足需求时，才应开发定制算法。请参见第 9 章介绍的 pmemkv 中的并发 cmap 和 csmap 引擎实现，它们分别使用了 pmem::obj::concurrent_hash_map 和 pmem::obj::concurrent_map。

如果需要开发一款定制多线程算法，需了解 PMDK 事务对并发执行的限制。本章展示了事务不会自动提供立即可用的隔离。一个事务中的更改在提交前对其他并发事务可见。用户需要根据算法的要求实现额外的同步。本章还说明了在构建不包含事务的无锁算法时，不能在事务中使用原子操作。如果平台不支持 eADR，这是一个非常复杂的任务。

分析与性能

15.1　简介

本章首先讨论内存和存储性能分析的一般概念，以及如何确定将持久内存作为高性能的持久性存储和大容量易失性内存的可行性。然后，我们介绍能够帮助用户优化代码以实现最佳性能的一些工具与技术。

性能分析需要工具来收集应用程序、系统和硬件性能的特定数据和指标。在本章中，我们会介绍如何使用英特尔 VTune Profiler 收集该数据。当然，有很多其他的收集数据的方式，不管数据是如何收集的，我们介绍的技术都有一定的借鉴作用。

15.2　性能分析概念

大多数持久内存性能分析的概念与已知的共享内存或存储瓶颈的性能分析类似。本节概述了持久内存在分析和优化性能时应了解的重要指标，并定义本章使用的一些术语与环境。

15.2.1　计算受限与内存受限

性能优化主要涉及确定当前的性能瓶颈，并加以改进。计算受限型工作负载的性能通常受限于 CPU 每周期可以处理的指令数量。例如，对没有太多相关性的紧凑数据，执行大量计算的应用程序通常是计算受限的应用程序。如果 CPU 速度变快，此类工作负载将得以改善。计算受限的应用程序通常具有接近 100% 的高 CPU 利用率。

相比之下，内存受限型工作负载的性能通常受限于内存子系统，还受限于缓存和系统内存获取数据的延时过长。例如，一个应用程序从 DRAM 的数据结构中随机访问数据，在这种情况下，添加更多计算资源并不会改善其性能。添加持久内存来提升性能通常是内存受限型工作负载（而非计算受限型工作负载）的一个选项。相比计算受限型工作负载，内存受限型工作负载通常由于内存数据传输而造成 CPU 停滞（stall）和高内存带宽需求，使得其具有较低的 CPU 利用率。

15.2.2　内存延时与内存容量

内存延时与内存容量的概念在讨论持久内存时至关重要。DRAM 访问延时低于持久内存延时，但是系统内的持久内存容量远大于 DRAM，这样在易失性模式下添加持久内存可使内存容量受限的工作负载获益，而受内存延时限制的工作负载不太可能受益。

15.2.3　读取与写入性能

每种持久内存技术都是独一无二的，它们的读取（加载）和写入（存储）性能通常是有差异的，了解这一点很重要。不同的介质表现出不同程度的非对称读写性能特性，读取速度通常远高于写入速度。因此，了解应用程序工作负载中的读写比例对于了解及优化性能至关重要。

15.2.4　内存访问模式

内存访问模式是一种系统或应用程序对内存进行读写的模式。内存硬件通常依赖于时间局部性（即访问最近使用的数据）和空间局部性（即访问连续内存地址）以获得最佳性能，这通常通过内部的缓存和智能预取来实现。访问模式和缓存的层级会极大地影响缓存性能，并对共享内存系统中的工作负载的并行性和分布造成影响。缓存的一致性也会影响多处理器性能，这意味着特定内存访问模式设定了并行性的上限。有许多定义明确的内存访问模式，包括但不限于顺序、跳跃、线性和随机访问。

在只运行一个应用程序的系统上，进行测量、控制和优化内存访问要简单得多。在云和虚拟化环境中，客户机可以运行任何类型的应用程序和工作负载，包括 web 服务器、数据库或应用程序服务器。由于访问模式本质上是随机的，因此很难确保针对硬件的内存访问进行全面优化。

15.2.5　I/O 存储受限的工作负载

如果程序随着 I/O 子系统的加速而加速，那么该程序受 I/O 的限制。我们主要研究的是基于块的磁盘 I/O 子系统，但它也可以包括其他子系统，如网络等。我们不希望看到 I/O 受限状态，因为它意味着 CPU 必须停止其操作，以等待从主内存或存储设备上加载或存储数据。根据数据的位置和存储设备的延时，可能会引起当前应用程序线程和另一个线程的上下文切换。由于线程无法立即访问所需的资源或者需要长时间的等待响应，该线程将被阻塞，并主动进行上下文切换。由于每代计算机都追求更快的计算速度，因此当务之急是避免 I/O 受限状态。消除该受限状态通常比升级 CPU 或内存更经济且更高效地提升性能。

15.3 确定工作负载是否适合持久内存

持久内存技术不可能解决所有的工作负载性能问题。考虑使用持久内存时，你应先了解目前运行的平台和工作负载。举一个简单的例子，假设有一个高度依赖浮点计算的计算密集型工作负载，该应用程序的性能可能受限于 CPU 中的浮点单元，而不是内存子系统的任何部分。在这种情况下，在平台中添加持久内存可能对应用程序性能的影响甚微。现在，假设有一个应用程序需要从磁盘读写大量的数据，磁盘访问有可能是该应用程序的瓶颈，添加更快速的存储解决方案（如持久内存）将能够提升性能。

以上是简单的示例，应用程序在此范围内有着不一样的行为。了解需要哪些特性以及如何测量这些特性是确定使用持久内存的一个重要步骤。本节介绍了用于识别与确定应用程序是否适合持久内存的重要特性。我们探究各种各样的持久内存应用程序，如有需要内存持久化的应用程序、以易失性方式使用持久内存的应用程序，以及同时使用前面两者的应用程序。

15.3.1 易失性用例

第 10 章介绍了一些应用程序库和用例，它们利用持久内存的高性能和大容量的优势，来存储非易失性数据。在易失性的用例中，持久内存将作为平台额外的可用内存。可以使用英特尔傲腾持久内存支持的内存模式，这种模式对应用程序是透明的，或者也可以通过应用程序修改代码，使用如 libmemkind 等 PMDK 库执行易失性内存分配。这两种情况下，添加持久内存将使受内存容量限制的工作负载受益。如果工作数据集可以全部加载到内存以避免页缓存交换到磁盘，那么应用程序性能将会得到显著提升。

1. 识别受内存容量限制的工作负载

若要确定工作负载是否受内存容量的限制，用户必须确定应用程序"内存占用空间的大小"。内存占用空间的大小是应用程序生命周期中并发分配内存的峰值（high watermark）。由于物理内存是有限的，用户应考虑到操作系统和其他进程都会消耗内存。如果操作系统和系统中其他进程所消耗的内存接近或者超过平台 DRAM 的可用容量，因为它不能将所有的数据全部放入内存，所以你可以假定应用程序可能从额外的内存获益。用户可以使用多种工具和技术来确定应用程序占用内存空间的大小。VTune Profiler 采用两种不同的方法来查找该信息：内存消耗分析或 Platform Profiler 分析。用户可以从 https://software.intel.com/en-us/vtune 免费下载面向 Linux 和 Windows 的 VTune Profiler。

VTune Profiler 中的内存消耗分析可以跟踪应用程序执行的所有内存分配。图 15-1 显示 VTune Profiler 的 Bottom-up 报告，该报告反映了一段时间内所分析的应用程序的内存消耗情况，内存消耗时间轴中 y 轴的最高值表示应用程序所占用空间约为 1GiB。

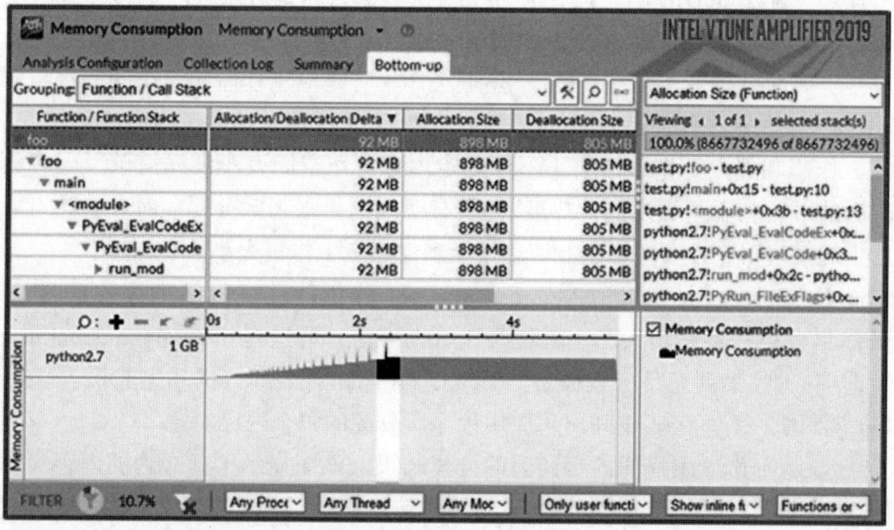

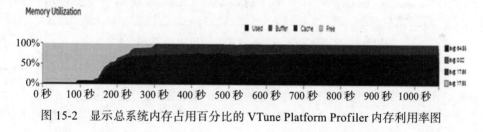

图 15-1　VTune Profiler 的 Bottom-up 分析显示一段时间内内存消耗情况和相关的分配调用栈

图 15-2 显示 Platform Profiler 分析的内存利用率图，可使用操作系统的统计信息来测量内存占用空间的大小，并生成一张总内存占用百分比的时序图。

图 15-2　显示总系统内存占用百分比的 VTune Platform Profiler 内存利用率图

图 15-2 的结果与图 15-1 并非来源于同一个应用程序。图 15-2 显示非常高的内存消耗，这意味着为该系统添加更多内存将使工作负载受益。如果持久内存硬件具有可变模式，类似于英特尔傲腾持久内存的内存模式和 App Direct 模式，那么用户需要掌握更多信息才能决定使用哪种模式。下一个重要的信息就是热点工作集大小。

2. 确定工作负载的 "热点工作集大小"

持久内存的特性通常与 DRAM 不同，因此你需要决定数据应该驻留的位置。从持久内存访问数据的延时高于从 DRAM 访问数据的延时，用户有两个选择：从 DRAM 或者从持久内存中访问数据，用户总是出于性能的考量而选择 DRAM，但是在易失性配置中添加持久内存的前提是假设 DRAM 的空间不足以容纳所有数据。用户需要了解你的工作负载如何访问数据，从而对持久内存配置做出选择。

工作集大小（Working Set Size，WSS）是应用程序持续运行所需的内存容量。例如，如果为应用程序分配了 50GiB 的主内存并且映射了页面，但是应用程序执行任务时每秒只访问 20MiB，那么可以说工作集大小是 50GiB，而"热"数据为 20MiB，了解这一点对于容量规划和可扩展性分析是非常有用的。"热点工作集"是应用程序频繁访问的一组对象，而"热点工作集大小"是在任何特定时间分配的"热点工作集"对象的总大小。

确定工作集和热点工作集的大小不像确定内存占用空间大小那样简单。大多数应用程序具有广泛的对象和不同程度的"热度"，没有明确的界限来区分哪些对象是热对象，哪些对象不是热对象。用户必须理解以上信息才能确定热点工作集大小。

VTune Profiler 的内存访问（Memory Access）分析特性可以帮助用户确定应用程序的热点工作集大小和工作集大小（在数据开始收集前，请选择"Analyze dynamic memory objects"选项）。收集到充足的数据后，VTune Profiler 将处理数据并生成报告。在 GUI 的 Bottom-up 视图中，有一个表格列出了应用程序所分配的每个内存对象。

图 15-3 显示一份应用程序内存访问的分析结果。该图显示了括号内的内存大小以及所访问的加载和存储数据量。报告未具体说明哪些是并发分配的对象。

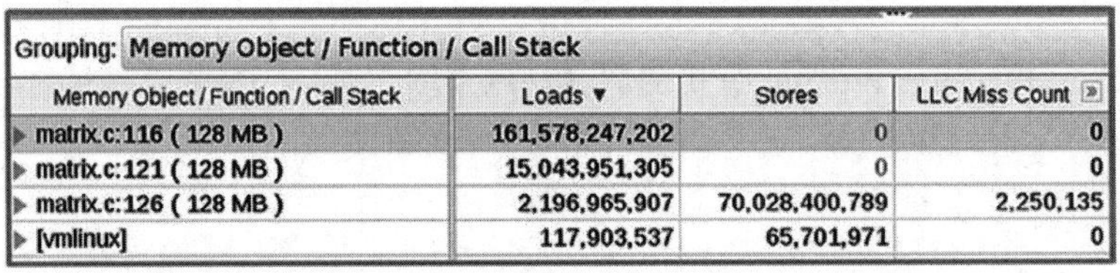

Grouping: Memory Object / Function / Call Stack			
Memory Object / Function / Call Stack	Loads ▼	Stores	LLC Miss Count ⊠
▶ matrix.c:116 (128 MB)	161,578,247,202	0	0
▶ matrix.c:121 (128 MB)	15,043,951,305	0	0
▶ matrix.c:126 (128 MB)	2,196,965,907	70,028,400,789	2,250,135
▶ [vmlinux]	117,903,537	65,701,971	0

图 15-3　内存访问分析数据收集期间应用程序访问的对象

报告可指出具有最多访问（即加载和存储）的对象。这些对象的总大小就是工作集大小，该值显示在括号中。用户可以设定区分热点工作集的标准。

除非像开发人员那样了解应用程序，否则确定不同工作负载的热点工作集大小是很不容易的。对于决定使用内存模式还是 App Direct 模式，粗略估算非常重要。

15.3.2　需要持久性的用例

不同于之前介绍的易失性用例，利用持久内存实现持久性的用例通常是将慢速的存储设备替换为持久内存。用户可以轻松确定工作负载是否适合该用例，如果应用程序性能受限于存储访问（磁盘、固态盘等），那么使用快速的存储解决方案（如持久内存）将对性能有所帮助。用户可以通过多种方式辨别应用程序中的存储瓶颈。dstat 或 iostat 等开源工具提供了磁盘活动的高层级概述，而 VTune Profiler 等工具则提供了更详细的分析（见图 15-4）。

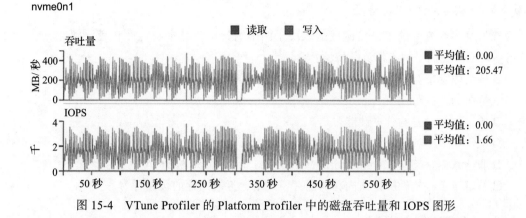

图 15-4　VTune Profiler 的 Platform Profiler 中的磁盘吞吐量和 IOPS 图形

图 15-4 显示的是使用 VTune Profiler 的 Platform Profiler 收集的 NVMe 硬盘的吞吐量和 IOPS。如吞吐量和 IOPS 图所示，该实例使用非易失性磁盘进行大批量存储，这类应用程序会受益于如持久内存的快速存储性能。识别存储瓶颈的另一个重要指标是 I/O 等待时间，Platform Profiler 分析可以提供该指标，并显示它在运行时间内对 CPU 利用率的影响。如图 15-5 所示。

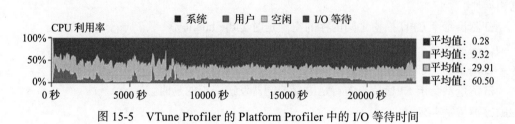

图 15-5　VTune Profiler 的 Platform Profiler 中的 I/O 等待时间

15.4　使用持久内存的工作负载性能分析

在采用持久内存的系统上优化工作负载时，我们需要遵循类似于在仅使用 DRAM 的系统上优化工作负载性能的原则。除此之外，大家还需要记住以下要素：

❑ 相比持久内存的读取，持久内存的写入对性能的影响更大。

❑ 应用程序可以在 DRAM 或者持久内存上分配对象。如果在两者间随意分配对象，将对性能产生负面影响。

❑ 特定于英特尔傲腾持久内存的内存模式下，用户可以选择更改近端内存（near memory）（或 DRAM）的大小，以提升工作负载性能。

请记住这几个额外的要素，工作负载性能优化方法具有如下同样的流程：确定工作负载特性、选择正确的内存配置，以及优化代码以实现最佳性能。

15.4.1 确定工作负载特性

持久内存系统上的工作负载性能取决于两个因素：负载本身特性和底层硬件。以下关键指标可帮助我们了解工作负载特性：

- ❑ 持久内存带宽
- ❑ 持久内存读写比率
- ❑ 传统存储设备的分页性能
- ❑ 工作集大小和工作负载占用空间的大小
- ❑ 非一致内存架构（Nonuniform Memory Architecture，NUMA）特性
- ❑ 特定于英特尔傲腾持久内存的内存模式下，近端内存的缓存行为

15.4.2 内存带宽与延时

持久内存和 DRAM 一样都具有有限的带宽。带宽饱和后，将迅速导致应用程序性能瓶颈。带宽限制可能因平台而异。用户可以使用内存基准测试应用程序来计算平台的峰值带宽。

英特尔 MLC（英特尔内存延迟检查器，Intel Memory Latency Checker）是一款面向 Linux 和 Windows 的免费工具，你可以从 https://software.intel.com/en-us/articles/intelr-memory-latency-checker 获得该工具。英特尔 MLC 可以使用各种方法来测量 DRAM 和持久内存的带宽和延时：

- ❑ 测量每个 CPU 插槽之间内存的空闲延时（idle latency）
- ❑ 测量具有不同读写比率的内存峰值带宽请求
- ❑ 测量不同带宽点的延时
- ❑ 测量从特定 CPU 核心向特定内存控制器发送请求的延时
- ❑ 测量缓存延时
- ❑ 测量 CPU 核心或插槽子集的带宽
- ❑ 测量不同读写比率的带宽
- ❑ 测量随机和顺序寻址模式的延时
- ❑ 测量不同寻址步长的延时
- ❑ 测量缓存到缓存（cache-to-cache）数据的传输延时

VTune Profiler 有一个可测量系统峰值带宽的内置核心。当了解平台的峰值带宽后，用户可以测量工作负载的持久内存带宽，以判断持久内存带宽是否是一个瓶颈。图 15-6 展示了一个应用程序的持久内存读写带宽示例。

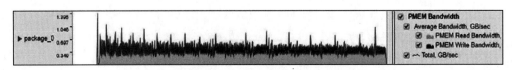

图 15-6　VTune Profiler 持久内存带宽测量结果

15.4.3　持久内存读写比率

我们在 15.2 节介绍过，持久内存的读写比率在工作负载的整体性能中发挥重要作用。如果持久内存写入带宽与读取带宽的比值过高，持久内存写入延时很可能会影响性能。VTune Profiler 中的 Platform Profiler 提供了一种收集此信息的方法。图 15-7 显示了读取流量与持久内存中所有流量的比率。在性能最佳的情形下，该数值应接近 1.0。

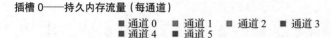

图 15-7　VTune Profiler 的 Platform Profiler 分析提供的读取流量比率

15.4.4　工作集大小与内存占用空间大小

如 15.3 节所述，当工作负载在采用持久内存的系统上运行时，应用程序的工作集大小和内存占用空间大小是大家需要了解的两个重要特性。用户可以使用前文介绍的工具和相关方法收集这些指标。

15.4.5　非一致内存架构行为

多插槽平台通常将持久内存连接到每个插槽。从一个插槽上的线程访问另一个插槽上的持久内存，将产生更长的延时，这些"远程"访问是可能影响性能的非一致内存架构（NUMA）行为。用户可以收集多个指标，以确定发生在工作负载的 NUMA 活动量。在英特尔平台上，通过名为快速互联接口（QPI）或超级互联接口（UPI）的插槽互联，在插槽之间传输数据。互联带宽过高表示可能出现了与 NUMA 相关的性能问题。除了互联带宽，某些硬件还提供了计数器，以跟踪本地和远程的持久内存访问。

了解工作负载的 NUMA 行为是掌握性能优化的另一个重要步骤。图 15-8 显示使用 VTune Profiler 收集的 UPI 带宽。

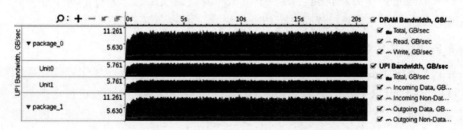

图 15-8　VTune Profiler 中的 UPI 流量比率

VTune Profiler 中的 Platform Profiler 可以收集持久内存的指标。

1. 调优硬件

系统的内存配置是决定系统性能的一个重要因素。工作负载性能取决于负载本身的特性和内存配置。没有一种配置可以使所有工作负载都发挥最大价值。在这些因素的影响下，我们必须根据工作负载特性来调优硬件，以发挥系统的最大价值。

2. 可寻址内存容量

DRAM 和持久内存的容量之和决定了系统上可用的可寻址内存总量。用户可以调整持久内存的大小，以满足工作负载的空间要求。

系统上的 DRAM 应具有充足的可用空间，以满足工作负载的热点工作集大小。如果大量易失性数据迁移至持久内存，同时 DRAM 得到充分利用，则表明工作负载的性能可以从扩大 DRAM 容量中受益。

3. 带宽要求

持久内存的最大可用带宽取决于持久内存模块的通道数量。完全填充所有通道的系统适用于具有高带宽要求的工作负载。部分填充的系统可用于对内存延时敏感的工作负载。填充指南请参见服务器文档。

4. BIOS 选项

将持久内存引入服务器平台后，我们在 BIOS 中添加了许多相应的特性和选项，以提供更多调优功能。BIOS 中可用的选项和特性因服务器厂商和持久内存产品的不同而有所差异。请参考服务器 BIOS 文档，了解所有可用的选项。大多数 BIOS 都有共同的选项，包括以下内容：

- ❑ 更改功率级别，以平衡功耗和性能。向持久内存提供更多的电力供应，可以提升性能。
- ❑ 启用或禁用持久内存特定的特性。
- ❑ 调优持久内存的延时或带宽特性。

15.4.6 优化面向持久内存的软件

用户可以通过许多方式优化应用程序，从而高效地使用持久内存。每个应用程序将受益于不同的方法，并且需要对代码进行相应的修改。本节介绍了几种优化方法。

1. 引导式数据存放

引导式数据存放是持久内存系统上最常见的易失性工作负载的优化方法。应用程序开发人员可以选择在 DRAM 或持久内存中分配数据结构或对象。准确地进行选择是非常重要的，因为错误分配会影响应用程序性能。此分配通常通过特定的 API 处理，例如持久内存开发套件（PMDK）和 memkind 库中的内存分配 API。

用户是否可以轻松确定在不同的内存和存储层中存储哪些数据结构和对象，取决于用户对代码以及代码与工作负载交互方式的熟悉程度。这些数据结构和对象应具有易失性还是持久性？为了进行正确的分配，VTune Profiler 等工具可用来辨别绝大多数末级缓存（last-level cache，LLC）未命中的对象，目的是识别应用程序最常使用的数据结构和对象，并确保它们被放置在适合其访问模式的最快介质中。例如，最好将频繁读写的数据放置在 DRAM 中。不经常更新，但是需要持久保存的对象应移至持久内存，而非传统存储设备。

用户必须留意内存容量的限制，VTune Profiler 等工具可帮助用户确定可用的 DRAM 大约可容纳多少个热对象。对于那些总能在 LLC 命中的对象或数据太大而无法从 DRAM 分配的对象，可以将剩余的其余对象放置在持久内存中。这些步骤将确保你最常访问的对象具有最快的 CPU 访问路径（即在 DRAM 中分配），而不常访问的对象将被放置在额外的持久内存中（而不是驻留在更慢的存储设备上）。

另一个性能优化的考虑因素是对象访问的加载 / 存储比率。如果用户的持久内存硬件特性是加载 / 读取操作速度远超过存储 / 写入操作速度，应考虑到这一点。具有高加载 / 存储比率的对象应更适合保存在持久内存中。

对于什么是频繁访问的对象和不经常访问的对象，没有硬性规则。虽然其行为取决于应用程序，但是这些指南提供了一个起点，以帮助用户选择如何在持久内存中分配对象。完成该流程后，用户可以开始分析并调优应用程序，以进一步提升持久内存的性能。

2. 内存访问优化

在只有 DRAM 平台上优化缓存性能的常用技术也适用于持久内存平台。缓存未命中惩罚和时空数据局部性等概念对于性能非常重要。许多工具可以收集缓存和内存的性能数据。VTune Profiler 为内存层级的每一层预定义了指标，包括图 15-9 显示的英特尔傲腾持久内存。

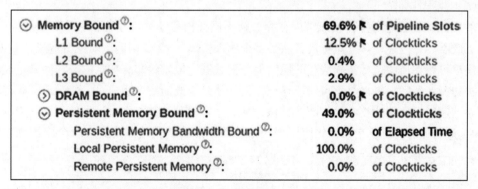

图 15-9　工作负载的 VTune Profiler 内存分析细化了 CPU 缓存、DRAM 和持久内存的访问

这些性能指标有助于确定内存是否是应用程序的瓶颈，如果是，则确定内存层级结构的哪一层影响最大。许多工具可以精确定位导致瓶颈的源代码位置和内存对象。如果持久内存是一个瓶颈，请查看 15.4.6 节的"引导式数据存放"内容，以确保高效使用持久内存。缓

存阻塞、软件预取（software prefetching）和改善内存访问模式等性能优化方法也可以缓解内存层级中的瓶颈。用户必须确定如何重构软件，以便更高效地使用内存，上述这些指标可以为用户指明正确的方向。

3. NUMA 优化

我们在 15.4.1 节中介绍了与 NUMA 相关的性能问题，第 19 章会更详细地介绍 NUMA。如果发现与 NUMA 内存访问相关的性能问题，则应考虑两点：数据分配与首次访问，以及线程迁移。

（1）数据分配与首次访问

数据分配是为对象分配或保留一定虚拟地址空间的过程。进程的虚拟地址空间是它可以使用的一组虚拟内存地址范围。每个进程的地址空间都是私有的，除非共享该空间，否则不得被其他进程访问。虚拟地址并不表示对象在内存中的实际物理位置。相反，系统会维护一个多层页表，页表是一种内部数据结构，用于将虚拟地址转换为相应的物理地址。每次应用程序进程引用地址时，系统将虚拟地址转换为物理地址。物理地址指向以物理方式连接 CPU 的内存。第 19 章将详细介绍该操作的工作原理，并解释为什么使用操作系统提供的大内存页或超大内存页会使大容量内存系统受益。

通常在应用程序启动时，会完成大多数数据分配。操作系统尝试分配执行线程所在 CPU 所关联的内存。随后，操作系统调度程序始终试图调度上次运行的 CPU 上的线程，以期望数据仍保存在其中一个 CPU 缓存中。在多插槽系统中，这可能导致所有对象被分配在单个插槽的内存中，从而引发 NUMA 性能问题，访问远程 CPU 上的数据将造成延时性能惩罚。

某些应用程序推迟保留内存，直到首次访问数据。这样可以缓解部分 NUMA 问题。重要的是弄清楚工作负载如何分配数据，以及了解 NUMA 性能。

（2）线程迁移

线程迁移是指通过操作系统调度程序，跨不同插槽移动软件线程，它是 NUMA 问题的最常见成因。在内存中分配对象后，从另一个物理插槽的 CPU 访问该对象将造成延时损失。虽然用户可以在目前运行访问线程的插槽上分配数据，但是除非有特定的亲和性绑定或者其他保护功能，否则在未来线程可能迁移至任何其他核心或插槽。用户可以通过识别线程在哪些核心上运行以及这些核心属于哪些插槽，从而跟踪线程迁移。图 15-10 显示了使用 VTune Profiler 进行该分析的一个示例。

Thread / Package / Core / Function / Call Stack	CPU Time ▼	Instructions Retired	Microarchitecture Usage	TID
▶ matrix.gcc (TID: 455334)	3.844s	1,255,500,000	9.6%	455334
▼ matrix.gcc (TID: 455336)	3.834s	1,215,000,000	11.8%	455336
▼ package_1	3.528s	1,053,000,000	9.8%	455336
▶ core_17	2.551s	729,000,000	7.1%	455336
▶ core_1	0.386s	121,500,000	16.9%	455336
▶ core_7	0.286s	81,000,000	28.0%	455336
▶ core_5	0.010s	0	0.0%	455336
▶ package_0	0.306s	162,000,000	30.1%	455336

图 15-10　VTune Profiler 识别跨核和插槽（封装）的线程迁移

使用该信息确定线程迁移是否与 NUMA 远程访问 DRAM 或持久内存相关。

4. 大内存页与超大内存页

大多数操作系统的默认内存页大小为 4KB（或 KiB）。操作系统针对不同应用程序工作负载和要求提供了许多不同的内存页大小。在 Linux 中，大内存页的大小为 2MB（或 MiB），超大内存页的大小为 1GB（或 GiB）。在某些场景中，更大的内存页有助于提升持久内存的工作负载性能。

对于需要大量可寻址内存的应用程序，操作系统维护的页表大小将显著增加，该页表用于转换虚拟地址到物理地址。转换后备缓冲区（TLB）是一个用于加速虚拟地址到物理地址转换的小型缓存。当页表中的页表条目增加时，TLB 的效率将下降。第 19 章会更详细地介绍这一点。

对于需要大量内存的应用程序，持久内存系统可能会遇到大页表和 TLB 使用效率低的问题。在这种情况下使用大内存页有助于减少页表中的条目数量。使用大内存页的主要弊端是增加了每个分配和内存碎片的开销。在持久内存上使用大内存页之前，你必须了解应用程序行为。频繁进行分配／释放的应用程序可能不适合大内存页优化。持久内存系统提供的大地址空间在一定程度上缓解了内存碎片问题。

15.5　总结

持久内存系统的分析与性能优化技术，与未采用持久内存的系统中使用的技术类似。本章概述了一些重要概念，以帮助用户了解性能优化。本章还介绍了如何勾画出未采用持久内存的现有应用程序的特性，以及了解该应用程序是否适合持久内存。最后，本章介绍了对在持久内存平台上运行的应用程序进行性能分析与调优的重要指标，包括有关如何使用 VTune Profiler 工具收集数据的示例。

性能分析和优化是一个迭代过程，只有当你认为下一次改善所需的投入超过其带来的回报时，该流程才会结束。使用本章介绍的概念来了解你的工作负载如何从持久内存中受益，并使用我们讨论的优化技术调优此类平台。

PMDK 内部组件：重要算法和数据结构

第 5 章至第 10 章介绍了持久内存开发套件（PMDK）中包含的大多数库及其使用方法。

本章将介绍构建 libpmemobj 的基本算法和数据结构。首先介绍库的整体架构，然后探讨使 libpmemobj 成为一个内聚系统的各个组件及它们之间的交互。

16.1　持久内存池：高层架构概览

图 16-1 显示，libpmemobj 由多个相互独立的组件所组成，这些组件以彼此为基础构建，以提供事务对象存储。

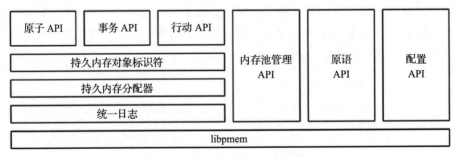

图 16-1　libpmemobj 架构模块

所有内容都在 libpmem 及其持久性原语（primitive）的基础上构建，该库使用这些原语将数据传输至持久内存并持久存储数据。这些原语还可以通过 libpmemobj 的 API 呈现给想在持久内存上执行底层操作（如手动缓存刷新）的应用程序。这些 API 是公开的，因此高层库可以检测、截取和扩充所有存储到持久内存，它们对于第 12 章中介绍的 Valgrind pmemcheck 等运行时分析工具的检测非常有用。更重要的是，这些函数是本地和远程数据复制的拦截点。

复制的实现必须确保在调用排出（drain）之前写入的所有数据按照配置安全存储在副本中。排出操作是一道屏障，它等待硬件缓冲区完成刷新操作，以确保所有写入均到达介质。其运行步骤涉及：执行内存复制或刷新时，对写入副本进行初始化，然后等待在排出调用中完成写操作。这种机制可确保已复制和未复制的内存池具有相同的行为和排序语义。

在 libpmem 提供的持久性原语之上，统一日志（unified logging）保证了对事务数据的安全修改。统一日志可以确保数据的故障安全，它用一套数据结构和 API 来支持 libpmemobj 中使用的两种日志类型：事务操作和原子操作。它是库中最关键、性能敏感度最高的一种模块，因为它是几乎所有 API 的热点代码路径。统一日志是一种混合 DRAM 和持久内存数据结构，可通过运行时上下文访问，它用于组织需在单个故障安全原子事务中执行的所有内存操作，且支持关键的性能优化。

持久内存分配器在事务或单个原子操作的统一日志上下文中运行。它是 libpmemobj 中最大、最复杂的模块，用于管理大量与内存池关联的持久内存。

存储在持久内存池中的每个对象均表示为 PMEMoid（持久内存对象标识符）类型的对象句柄。实际上，这种句柄是全局范围的唯一对象标识符（OID），这意味着来自不同内存池的两个对象永远不会有相同的 OID。OID 不能用作直接指向对象的指针。程序每次尝试读写对象数据时，都必须将 OID 转换成指针来获取对象的当前内存地址。与内存地址相比，给定对象的 OID 值在对象的生命周期内不会改变（realloc() 除外），关闭和重新打开内存池后，该值依然有效。因此，如果对象包含对其他持久对象的引用，例如要构建链式数据结构，引用必须为 OID，而不是内存地址。

结合持久内存分配器和统一日志，构建原子 API 和事务 API。最简单的公共接口是原子 API，原子 API 在统一日志上下文中运行单个分配器操作。日志上下文并不暴露 API 给库的使用者，而是在单个函数调用中创建、初始化和销毁。

最通用的接口是事务 API，它基于面向快照的撤销日志和面向内存分配和释放的重做日志之间的组合。它具有 ACID（原子性、一致性、隔离性、持续性）特性，是一个相对较薄的层，结合了统一日志实用程序与持久内存分配器。

还有一种"行动" API，适用于需要对持久内存分配器进行底层访问的特定事务性用例。行动 API 本质上直通原始内存分配器接口，以及旨在确保可用性的帮助程序。与通用事务 API 相比，行动 API 简单易用，可用来创建使用较少内存屏障的低开销算法。

所有公共接口产生和操作作为指针替代品的 PMEMoid，这会产生空间开销，因为 PMEMoid 为 16 字节。在转换为普通指针时也会产生性能开销。其优势在于，它可以在不同的应用程序实例之间，甚至是不同的持久内存池之间安全地引用对象。

内存池管理 API 可以打开、映射和管理持久内存的驻留文件或设备。副本的配置、元数据和堆的初始化以及所有运行时数据的创建都在内存池管理 API 中进行。该 API 中还支持对已中断的事务进行关键性恢复。恢复完成后，之前所有的事务都已提交或中止，持久化状态保持一致，并且日志已清空，可以再次使用。

16.2　内存映射的不确定性：持久内存对象标识符

对所有持久内存应用程序至关重要的一个概念是，如何表示对象在内存池内甚至是内存池外的相对位置。也就是说，如何实现指针？你可以依赖普通指针，它们是应用程序虚拟地址空间的起始地址的相对地址，这会带来很多注意事项。使用此类指针需要应用程序能保证每次都把持久化内存池映射到相同的虚拟地址空间。由于地址空间布局随机化（ASLR），这在现代操作系统上很难（不是不可能）以可移植的方式实现。因此，面向持久内存编程的通用库必须提供专门的持久化指针。图 16-2 显示了从对象 A 到对象 B 的指针。如果基地址改变，指针将不再指向对象 B。

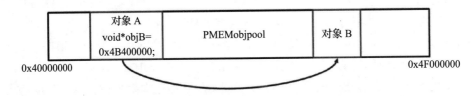

图 16-2　在持久内存池中使用普通指针的示例

实现通用相对持久指针应满足以下两个基本要求：

1）应用程序重启时指针必须保持有效。

2）如果有许多持久内存池，指针应明确标识某一个内存位置，即使不在最初产生它的内存池中。

除了满足上述要求外，还要考虑一些潜在的性能问题：

❑ 相对传统指针有额外的空间开销。这一点非常重要，因为胖指针（fat pointer 占 16 字节）占用较多的内存空间，也因为单个的 CPU 缓存行只能容纳更少的这种胖指针。在重度使用指针追逐（pointer-chasing）的数据结构中，它可能会增加操作成本。

❑ 将持久化指针转换为实际指针的成本。由于解引用是一项极其常见的操作，因此这种计算必须尽可能保持轻量级，且涉及的指令尽可能少。此举是为了确保高效使用持久指针，且避免在编译期间产生过多的代码膨胀。

❑ 使用解引用方法妨碍编译器优化。复杂的指针转换可能会对编译器的优化产生负面影响。理想情况下，转换方法应避免进行依赖于外部状态的操作，因为这样会妨碍自动向量化。

在满足上述要求的同时保持低开销和符合 C99 标准，这是一件极其困难的事情。我们研究了几种方案：

❑ 相对于内存池开头的 8 字节偏移指针可以快速排除，因为它不满足第二个要求，并且需要为转换方法提供内存池基指针。

❑ 8 字节自相关指针，其中指针的值是对象位置和指针位置之间的偏移量。它可能是最快的一种实现方法，因为转换方法能够以 `ptr + (*ptr)` 的形式实现，但它不满足第二个基本要求。另外，它还需要采取一种特殊的赋值方法，因为指针的值会根据指针位置的不同而发生变化。

❑ 嵌入内存池标识符的 8 字节偏移指针，它使得库能够满足第二个要求。它是对第一种方法的扩展，可以利用虚拟地址空间的可用空间比大多数现代 CPU 上的指针小这一事实，将标识符额外存储在指针值的未用部分。但使用这种方法存在一个问题，即池标识符的位数相对比较小（在现代 CPU 上为 16 位），而且在将来的硬件上可能会进一步缩减。

❑ 带有内存池标识符的 16 字节胖偏移指针。这是最明显的一种解决方案，与前面的解决方案类似，但包含 8 字节偏移指针和 8 字节内存池标识符。胖指针提供最佳实用性，但会产生空间开销并影响运行时性能。

libpmemobj 使用最通用的 16 字节偏移指针方法。它可以让用户自己做出选择，因为其他所有指针类型都可以直接从它衍生出来。libpmemobj 绑定面向表达能力比 C99 更强的语言（如 C++），也可以以不同的取舍方式来提供不同的指针类型。

图 16-3 显示了将 libpmemobj 持久指针 PMEMoid 转化为有效 C 指针的转换方法。原理上，这种方法非常简单。我们通过内存池标识符查找池的基地址，然后为其添加对象偏移量。这种方法本身是静态内联的，并在 libpmemobj 的公共头文件中进行定义，这可以避免每次解引用（指针）时调用函数。但问题是查找方法上可能会对很常见的操作产生较大开销，比如对于链接了动态库的应用程序，这意味着要调用不同的编译单元。为了解决这个问题，转换方法在每一线程的缓存中包含上一个基地址，这就消除了在每次解引用时调用查找的必要性。这种情况下，同一个内存池中的持久指针被紧密地访问。

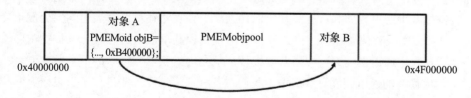

图 16-3　在持久内存池中使用 PMEMoid 的示例

内存池查找方法本身是使用存储了标识符与地址配对的基数树（radix tree）来实现的。该基数树有一项无锁读取操作，这项操作非常必要，否则每个未缓存指针转换都必须获得一个锁才能实现线程安全性，这会严重影响性能，并且可能会造成对持久内存的序列化访问。

16.3 持久化线程本地存储：使用通道

在 PMDK 开发早期，我们发现，持久内存编程与多线程编程极其类似，因为它需要将内存更改的可见性（通过锁定或事务）限制到程序的其他线程或实例。但这不是唯一的相似之处，本节探讨的另外一个相似之处是，有时底层代码需要存储执行某一线程所特有的数据。在需要持久化的情况下，通常将数据和事务关联起来，而非将线程关联起来。

在 libpmemobj 中，我们需要设法在动态事务及其持久日志之间建立关联。它还要求在意外中断后设法重新关联到这些日志。该解决方案使用一种称为"通道"（lane）的数据结构，它只是一个具有事务局部性的持久化字节缓冲区。

通道的数量有限，大小固定，并且位于内存池的起始位置。事务每次启动时，会选择一条通道开始操作。由于通道数量有限，所以并行运行的事务数量也有限。为此，通道大小相对比较小，但数量足够多，足以超过在当前平台和未来平台上并行运行的应用程序线程的数量。

通道机制的挑战是选择算法，也就是为特定的事务选择哪种算法。调度程序负责分配资源（通道）来执行任务（事务）。

在早期版本的 libpmemobj 中实现了仅从内存池中选择第一条可用通道的简单算法。这种方法存在一些问题。第一个问题，对于实现单个 LIFO（后进先出）数据结构的通道，不管它以链表还是数组的形式实现，都要求栈前端进行大量同步，因此会降低性能。第二个问题是通道数据的伪共享（false sharing）。如果两个或多个线程修改同一缓存行下面的通道数据，就会出现伪共享，导致 CPU 缓存抖动。如果多个线程在相同数量的通道上不断争用以启动新事务，则会发生这种情况。第三个问题是将流量分散到交织的 DIMM。交织是一种技术，它通过将物理内存分散到所有可用的 DIMM，使顺序流量充分利用交织集中的所有 DIMM 的吞吐量。这类似于跨多个磁盘的条带化（RAID0）。根据交织块的大小和平台配置，使用简单通道分配可能会持续使用相同的物理 DIMM，进而降低整体性能。

为了缓解这些问题，libpmemobj 中的通道调度算法更加复杂。它没有使用 LIFO 数据结构，而是使用 8 字节自旋锁数组，每条通道一个。每个线程最初被分配一个主通道编号，以便最大限度地减少通道数据和自旋锁数组的伪共享。该算法还试图将通道均匀分配给交织的 DIMM。只要活跃线程数量比通道少，就不会出现线程共享通道的现象。线程尝试启动事务时，会试图获取主通道自旋锁，如果获取失败，就会尝试获取数组中的下一条通道。

为了达成最终的通道调度算法决策，我们对各种通道调度方法进行了大量研究。相比简单实现，当前的实现方法显著提升了性能，特别是在运行多线程高并发工作负载的情况下。

16.4 确保电源故障原子性：重做日志和撤销日志

用来确保电源故障安全性的两个基本概念分别为：重做日志和撤销日志。重做日志用于确保内存分配的原子性，撤销日志用于实现事务快照。探讨不同的实现方法之前，我们首先介绍一些基本概念。

16.4.1　事务重做日志

重做日志方法用于将一组需要以原子方式完成的内存修改存储在日志中，并延迟到组中所有的修改都被持久存储之后。一旦完成后，日志标记为完成，并开始处理（应用）内存修改，之后就可以丢弃日志。如果完成前处理过程中断，就会重复日志记录，直到成功为止。图 16-4 显示了事务重做日志的四个阶段。

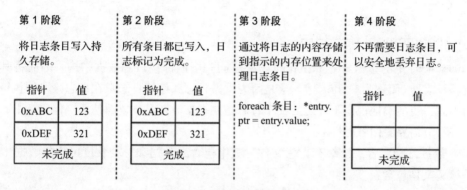

图 16-4　事务重做日志阶段

在持久内存上下文中，这种日志方法的优点在于，所有日志条目都被一次性写入和刷新至存储。重做日志的最佳实现仅使用两个同步化屏障：一个将日志标记为完成，一个丢弃日志。重做日志的缺点是，内存修改不能立即可见，从而导致编程模型更加复杂。重做日志有时可以与加载 / 存储检测技术一起使用，这些技术能够将内存操作重定向到已记录日志的位置。但这种方法很难高效实现，而且不适用于通用库。

16.4.2　事务撤销日志

撤销日志是一种方法，使用这种方法，需要原子性修改的组（撤销事务）里的内存区域，在修改之前创建快照到日志中。所有内存修改完成后，日志将被丢弃。如果事务中断，日志中的修改将回滚至初始状态。图 16-5 显示了事务撤销日志的三个阶段。

相比重做日志方法，这种类型的日志性能较低，因为每个需要创建的快照都需要一个屏障，而且快照本身必须具备故障安全的原子性，这就带来自身的挑战。撤销日志的优点在于，更改立即可见，从而可以使用自然的编程模型。

此处需要重点注意的是，重做日志和撤销日志之间具有互补性。重做日志用于性能关键的代码和延迟修改不成问题的代码，撤销日志用于易用性至关重要的场景。因此，`libpmemobj` 才采用当前的设计，其中单个事务可以充分利用两种算法。

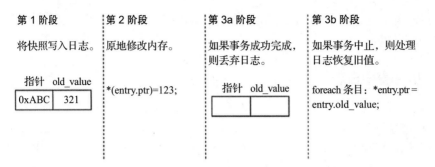

图 16-5　事务撤销日志阶段

16.4.3　libpmemobj 统一日志

libpmemobj 中的重做日志和撤销日志共享同一个内部接口和数据结构，因而将其称之为"统一日志"（简称为"ulog"）。这是因为重做日志和撤销日志只在日志阶段的执行顺序上有所不同，更准确地说，不同之处在于日志是在提交时还是恢复时使用。但实际上，在算法的某些部分需要专门考虑性能。

ulog 数据结构包含一个缓存行头文件，其中包含元数据和一个长度可变的数据（字节）数组。该头文件包含：

- ❏ 面向头文件和数据的校验和，仅用于重做日志
- ❏ 日志中单调递增的事务生成数，仅用于撤销日志
- ❏ 数据数组的总长度（字节）
- ❏ 组中下一个日志的偏移量

最后一个字段用于创建参与某一事务的所有日志的单链表。这是因为在事务开始时，无法预测事务所需日志的总大小，因此库无法提前分配完全符合长度要求的日志结构。取而代之，日志是按需分配的，并以原子方式链接到列表中。

统一日志支持两种故障安全插入条目的方法：

1）bulk insert 获取一个日志项数组，准备日志头文件，并创建头文件和数据的校验和。完成后，先执行非临时复制，然后执行内存屏障（fence），将这种结构存储到持久内存中。这是一组延迟内存修改形成重做日志的方式，且事务末尾仅增加一个屏障。在这种情况下，头文件中的校验和用于验证整个日志的一致性。如果校验和不匹配，会在恢复期间跳过该日志。

2）buffer insert 仅获取一个条目，并将其与当前生成数一起进行校验和，然后通过非临时存储和（内存）屏障将其存储在持久内存中。此方法用于生成快照时创建撤销日志。事务中的撤销日志与重做日志不同，因为在提交的快速路径中，它们需要使之（即该条目）失效，而非应用它。不需要费力将零写入日志缓冲区，而是通过递增生成数来使日志失效。这样做是因为生成数是数据及校验和的一部分，所以更改生成数会导致校验和失败。该算法允

许 libpmemobj 仅为事务增加一个屏障（在快照所需的屏障之上），以确保日志的故障安全性，进而产生极低的事务开销。

16.5　持久分配：事务持久分配器的接口

libpmemobj 中的内部分配器接口比典型的易失性动态内存分配器复杂得多。首先，它必须确保所有操作的故障安全性，不允许任何内存由于中断而无法访问。其次，它必须具有事务性，以便堆上的多项操作与其他修改一起以原子形式完成。最后，它必须在池状态上执行操作，从特定文件分配内存，而不是依赖操作系统提供的匿名虚拟内存。正是因为这些因素，内部 API 与标准 malloc() 和 free() 完全不同，如列表 16-1 所示。

列表 16-1　核心持久内存分配器接口将堆操作分成两个不同的步骤

```
int palloc_reserve(struct palloc_heap *heap, size_t size,...,
        struct pobj_action *act);
void palloc_publish(struct palloc_heap *heap,
        struct pobj_action *actv, size_t actvcnt,
        struct operation_context *ctx);
```

所有内存操作（在 API 中称为"行动"）都可以分成两个单独的步骤。

第一步预留执行操作所需的状态。对于分配，这意味着要检索可用内存块，将其标记为已预留，并初始化对象的内容。此预留存储在用户提供的运行时变量中。该库可以确保，如果保存预留时应用程序发生崩溃，持久状态不受影响。这也是为何这些行动变量不能具有持久性的原因。

第二步是执行预留的行为，称为"发布"。预留可以单独发布，但 API 的真正强大之处在于，它能够将多个不同的操作进行分组并同时发布。

内部分配器接口也有一个用来创建行动的函数，该行动会在发布时将内存位置设为指定的值。它可以用于修改目标指针值，且有助于确保 libpmemobj 的原子 API 具有故障安全性。

需要执行故障安全原子行动的所有内部分配器 API 都将操作上下文视为参数，即单个日志的运行时实例。它包含各种状态信息，如日志的总容量和当前条目数。它暴露出用于创建批量或单个日志条目的函数功能。分配器的函数将记录日志，然后处理持久日志中所有的元数据修改，该日志由于操作上下文实例提供。

16.6　持久内存堆管理：持久内存分配器设计

16.5 节介绍了 libpmemobj 内部使用的内存分配接口，但这只是分配器的冰山一角。深入讨论该主题之前，我们先简要介绍一下普通易失性分配器背后的原理，以便读者理解持久内存如何影响现状。

传统的易失性内存分配器负责（在时间和空间上）高效管理操作系统提供的内存页。如何在通用情况下准确地实现这点是计算机科学的热门研究领域，可以使用许多不同的技术来实现这点。人们试图找出分配和释放模式中的规律，以最大限度地减少堆碎片化。

最常用的通用内存分配器确定了一种算法，我们称之为"支持内存页复用和线程缓存的分离适配"（如图 16-6）。

具体方法是，将可用列表用于不同的大小，如图 16-6 所示，直至达到某个预先定义的阈值，之后就可以从操作系统直接分配了。这些可用列表通常称为 bin 或 bucket，

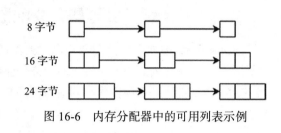

图 16-6　内存分配器中的可用列表示例

可以通过各种方式实现，比如简单的链表或带有边界标记的连续缓冲区。每个进站内存分配请求都向上取整，以匹配其中一个可用列表，因此可用列表的数量必须充足，以最大限度地减少每次分配超额预留空间量。该算法近似于一种最佳分配（best-fit allocation）策略，即从可用的内存块中为请求选择剩余空间最少的内存块。

使用该技术使内存分配器具有平均情况 O（1）的复杂性，同时保持最佳匹配的内存效率。另外一个优势在于，内存块四舍五入和随后的分离迫使分配模式具有一定的规律性，否则可能不会展现出任何规律。

某些分配器还按照地址对可用内存块进行排序，如果可能，分配与先前选择的内存块在空间上相邻的内存块。这样可以通过提高复用相同物理内存页的比率，来提高空间效率。它还可以维持已分配内存对象的时间局部性，从而最大限度地降低缓存和转换后备缓冲区（TLB）缺失率。

内存分配器的一个重要进步是，多线程应用程序具备可扩展性。大多数现代内存分配器实现某种形式的线程缓存，其中从专门分配给指定线程的内存可以直接满足绝大多数分配请求。只有当分配给线程的内存完全耗尽，或者请求的内存量非常大的时候，分配才会与其他线程争用操作系统资源。

这有利于快速路径上没有任何类型的锁甚至原子的分配器实现。它可能会对性能产生显著影响，即使在单线程情况下。该技术还可以防止线程之间出现由分配器导致的伪共享，因为线程始终是从自己的内存区域进行分配。此外，释放路径通常将内存块返回到它最初所在的线程缓存中，这同样维持了局部性。

前面我们提到过易失性分配器管理操作系统提供的内存页，但并未解释它们如何获取这些内存页。在我们稍后讨论持久内存的管理时，这一点会变得非常重要。通常情况下，通过 sbrk()（移动应用程序的 break 段）或匿名 mmap()（创建与内存页缓存对应的新虚拟内存映射）从操作系统按需请求内存。通常会在首次写入内存页时才分配实际的物理内存。如果分配器决定不再需要某个内存页，可以使用 unmap() 完全删除映射，也可以告诉操作系统释放后端物理页面，但保留虚拟映射。这样分配器之后就能复用相同的地址，无须再次进行内存映射。

如何将这些转化为持久内存分配器和 libpmemobj？

应用程序重启后，持久堆必须可以恢复。这意味着，所有状态信息必须位于持久内存中，或者在启动时重新构建。如果有活跃的记录（bookkeeping）进程，则需要从被中断的位置重新启动它们。持久内存中不能保存任何易失性状态，例如线程缓存指针。实际上，分配器不能操作任何指针，因为每次重启后堆的虚拟地址都可能会发生变化。

在 libpmemobj 中，堆是延迟后分阶段重建的。整个可用内存被划分为大小相同的区域（最后一个区域除外，它可能比其他区域小），每个区域的开头都包含元数据。随后，各个区域被划分为大小不一的内存块，称为块（chunk）。如有分配请求，且运行时状态表明没有内存满足该请求，就会处理区域的元数据，并初始化相应的运行时状态。这样能够最大限度地缩短启动时间，并将重建堆状态的成本分摊给多个分配请求。

拥有任何运行时状态主要是出于三个原因。首先，持久内存的访问延迟比 DRAM 高，可能会影响寄存其上的数据结构的性能。其次，隔离运行时状态与持久状态使工作流能够首先在运行时状态预留内存并进行初始化，然后才在持久状态上反应分配。16.5 节中我们已经介绍过这种机制。最后，要想维持复杂持久数据结构的故障安全性，其成本极其高昂，而将它们保存在 DRAM 中可以让分配器避免产生这种成本。

libpmemobj 使用的运行时分配方案就是上文介绍过的支持内存页复用和线程缓存的分离适配。libpmemobj 中的可用列表称为桶（bucket），放置在 DRAM 中，以指向持久内存块的指针向量的形式实现。该数据结构的持久表示是位图，位于较大缓冲区的起始位置，而较小的内存块是从这个大的缓冲区中分离出来的。libpmemobj 中的这些缓冲区称为 run，大小不同，从上文提到过的 chunk 中进行分配。特大型分配直接以 chunk 的形式分配。图 16-7 显示了 libpmemobj 的实现过程。

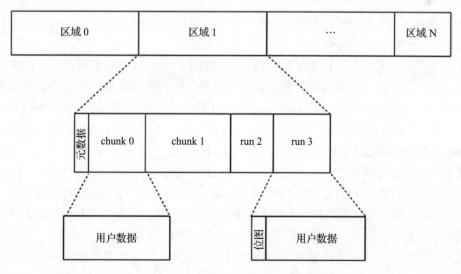

图 16-7　libpmemobj 的堆在介质上的布局

持久分配器还必须确保发生故障时数据的一致性，否则在非正常关闭应用程序后，可能会导致持久内存泄漏。解决方案的其中一部分是我们上文介绍过的 API。另外一部分是精心设计分配器中的算法，以确保无论应用程序何时中止，状态都保持一致。重做日志也能起到辅助作用，用于确保非连续性持久元数据组更改的原子性。

在持久内存分配中，影响最大的一个方面是如何从操作系统预留内存。之前我们解释过，对于普通的易失性分配器，通常通过内存页缓存作为后端的匿名内存映射来获得内存。相反，持久堆必须使用基于文件的内存映射，由持久内存作为后端。它们的区别很小，但对分配器的设计方式有很大影响。分配器必须管理整个虚拟地址空间，保留堆中任何潜在非连续区域的信息，并避免超额预留虚拟地址空间。易失性分配器可以依赖操作系统将非连续物理内存页合并为虚拟内存页，持久分配器如果不采用显式且复杂的技术，则无法做到这点。另外，对于某些文件系统的实现，分配器不能假设物理内存在第一个缺页异常时分配，因此在内部块的分配方面必须保守。

从基于文件的映射进行分配的另一个问题是感知。普通分配器由于内存过度使用，内存似乎永远不会耗尽，因为它们分配的是无限的虚拟地址空间。地址空间膨胀会降低性能，内存分配器会积极地避免出现这种情况，但在典型应用程序中却不容易测量其性能影响。相反，内存堆从有限的资源（如持久内存设备或文件）进行分配。它会使性能的测量琐碎化，令堆碎片化这一普遍现象进一步加剧，因此会被认为持久内存分配器比易失性内存分配器的效率低。它们可能会造成这种情况，但操作系统会在后台做大量工作，隐藏传统内存分配器造成的这些内存碎片化。

16.7 ACID 事务：高效的底层持久事务

我们刚刚介绍了 4 个组件（通道、重做日志、撤销日志和事务内存分配器），为第 4 章中定义的 ACID 事务由 libpmemobj 实现奠定了基础。

事务的持久状态由 3 个日志组成。第一个是撤销日志，其中包含用户数据的快照。第二个是外部重做日志，其中包含用户执行的持久内存的分配和释放。第三个是内部重做日志，用于执行元数据的原子分配和释放。从技术上讲，它不属于事务，但却是分配日志扩展的必要条件。如果没有内部重做日志，对于在外部重做日志中已经具有用户制作的分配器行动的事务，就不可能在其中预留和发布新的日志对象。

这 3 个日志都有各自的操作上下文实例，它们存储在通道的运行时状态中。运行时状态在内存池打开时初始化，也就是在前一个应用程序实例的所有日志被处理或丢弃时初始化。没有特殊的持久变量指示日志中过去的事务是否成功。这些信息直接从存储在日志中的校验和衍生出来。

事务启动时，如果不是嵌套事务，将获得一条通道，该通道不得包含任何有效但未提交的日志。事务的运行时状态存储在线程本地变量中，获得的通道变量也存储在其中。

事务分配器操作使用外部重做日志及其关联的操作上下文来调用适当的预留方法，该方法反过来创建一个将在事务提交时发布的分配器行动。分配器行动存储在易失性数组中。如果事务中止，则取消所有行动，并舍弃关联状态。内存分配的完整重做日志仅在事务提交时创建。如果库在创建重做日志时中断，那么下次内存池打开时，校验和将不匹配，并且事务将通过使用撤销日志回滚而中止。

事务快照使用撤销日志及其上下文。首次创建快照时，会在外部重做日志中创建新的内存修改行动。发布时，该行动会递增关联的撤销日志的生成数，从而使其内容失效。它可确保如果外部日志被完全写入和处理，它会自动丢弃撤销日志，提交整个事务。如果外部日志被丢弃，撤销日志将被处理，事务将中止。

为了确保同一个内存位置不会有两个快照（这会导致空间利用率低），此处有一个运行时范围树（range tree）结构，每当应用程序想创建撤销日志条目时，都会查询该树。如果新范围与现有快照重叠，则会调整输入参数，以避免重复。同样的机制也可用于防止创建新分配数据的快照。只要在事务中分配了新内存，预留的内存范围就会插入到该范围树中。创建新对象的快照是多余的，因为如果中止，它们会被自动丢弃。

若要确保事务内执行的所有内存修改提交后在持久内存上依然保持持久性，也可以使用范围树迭代所有快照，并在修改的内存位置调用适当的刷新函数。

16.8　延迟重新初始化变量：将易失性状态存储在持久内存上

开发适用于持久内存的软件时，通常需要将运行时（易失性）状态存储在持久内存位置中。然而，保持这种状态的一致性极其困难，特别是在多线程应用程序中。

问题在于运行时状态的初始化。一种解决方案是，应用程序启动时简单地遍历所有对象，然后将易失性变量初始化，但带有大型持久内存池的应用程序的启动时间可能会大幅延长。另外一种解决方案是，在访问时延迟重新初始化变量，libpmemobj 也是这样处理其内置锁。该库还通过用于自定义算法的 API 对外暴露这种机制。

我们使用无锁算法实现易失性状态的延迟重新初始化，无锁算法依赖持久内存和池头文件中与每个易失性变量一起存储的生成数。每次打开一个内存池，池头文件驻留副本增加 2 个。这意味着有效生成数始终是偶数。访问易失性变量时，会根据存储在池头文件中的生成数检查其生成数。如果匹配，就意味着该对象可以使用并返回给应用程序；否则，需要在返回前初始化该对象，以确保初始化具有线程安全性，且仅在单个应用程序实例中执行一次。

简单实现使用双重校验的锁定，其中线程会在初始化之前尝试获取一个锁，并再次验证生成数是否匹配。如果仍然不匹配，则会初始化对象，并增加生成数。为了避免使用锁产生开销，实际的实现方法会首先使用比较交换（Compare-And-Swap，CAS）操作将生成数设为内存池的生成数减 1 的数，它是奇数并表示初始化操作正在进行中。如果比较交换操作失败，算法将返回来检查生成数是否匹配。如果成功匹配，正在运行的线程将初始化变量，并再次增加生成数——这次是偶数，它应该匹配池头文件中存储的生成数。

16.9　总结

本章介绍了 libpmemobj 的架构和内部工作原理，还讨论了在设计和实现 libpmemobj 期间做出相应选择的原因。了解这些后，你将可以准确推断出使用该库编写的代码的语义和性能特性。

第 17 章 *Chapter 17*

可靠性、可用性与可维护性

本章将简单介绍专为持久内存设计的可靠性、可用性与可维护性（Reliability、Availability、Serviceability，RAS）特性。持久内存的 RAS 特性旨在支持使用持久内存时所需的独特的错误处理策略。错误处理是应用程序整体可靠性的重要组成部分，而应用程序的可靠性将直接影响其可用性。换言之，应用程序的错误处理策略将直接影响该应用程序正常工作的时间占比。

持久内存厂商和平台供应商将决定在最低硬件级别上实现哪些 RAS 特性以及如何实现。由 UEFI 论坛（https://uefi.org/）维护并拥有的 ACPI 规范中设计并记录了一些常见的 RAS 特性。在本章中尝试从整体上了解 ACPI 定义的这些 RAS 特性，并在必要时介绍供应商提供的 RAS 特性的详细信息。

17.1 处理不可纠正错误

通常，用户使用纠错码（ECC）技术保护服务器的主内存。这是一项常见的硬件特性，可以自动纠正因瞬态硬件故障（例如功率尖峰、介质错误等）导致的许多内存错误。如果错误严重，将导致多个位（bit）严重损坏以至于 ECC 无法纠正，这种错误被称为"不可纠正错误"（uncorrectable error）。

持久内存中的不可纠正错误需要进行特殊的 RAS 处理，与传统平台处理易失性内存的不可纠正错误不同。

持久内存的不可纠正错误具有持久性。与易失性内存不同的是，如果断电或应用程序崩溃并重启，不可纠正错误会保留在硬件上，有可能会导致应用程序陷入无限循环中，例如：

1）应用程序启动

2）读取内存地址

3）遇到不可纠正错误

4）崩溃（或系统崩溃并重启）

5）启动并从停止的地方恢复操作

6）在触发上次重启的同一内存地址上执行读取

7）崩溃（或系统崩溃并重启）

8）……

9）无限重复，直至进行人工干预

操作系统和应用程序需要解决的不可纠正错误主要有以下三种场景：

❑ 运行时使用之前未检测到的不可纠正错误

❑ 运行时检测到未使用的不可纠正错误

❑ 在启动时消除含有不可纠正错误的内存地址

17.1.1 已使用的不可纠正错误处理

如果在请求访问的内存地址上侦测到不可纠正错误，系统将使用数据毒药的方式通知 CPU 所请求的数据出现了不可纠正错误。具体来说，如果硬件侦测到不可纠正的内存错误，它会在该位置设置毒药标记位（poison bit），并将毒药标记位连同数据一起发送给 CPU。对于英特尔架构，如果 CPU 侦测到毒药标记位，将会向操作系统发送一个处理器中断信号，通知发现了不可纠正错误。该信号被称为机器校验异常（Machine Check Exception，MCE）。接着操作系统将检查不可纠正的内存错误，确定是否可以通过软件修复，并通过 MCE 处理程序执行恢复行动。一般说来，不可纠正错误分为三类：

❑ 可能损坏 CPU 状态、需进行系统重启的不可纠正错误。

❑ 可在系统运行时由软件修复的不可纠正错误。

❑ 无须采取任何行动的不可纠正错误。

操作系统厂商会以不同方式处理这种不可纠正错误通知，但都有一些共同之处。

以 Linux 为例，如果操作系统收到关于不可纠正错误的处理器中断信号，会隔离发生不可纠正错误的内存页，并将该错误添加到包含已知不可纠正错误的区域列表中。这个已知不可纠正错误列表称为"坏块列表"。Linux 还会标记包含不可纠正错误的内存页，以便其他应用程序回收内存页时识别并将其清除。

PMDK 库会自动查看操作系统中包含不可纠正错误的内存页列表，并防止应用程序打开包含错误的持久内存池。如果应用程序正在使用内存页，Linux 将尝试使用 SIGBUS 机制消除该内存页。

应用程序开发人员可以决定如何处理该错误中断。处理不可纠正错误最简单的方法是，在捕获 SIGBUS 信号时终止此应用程序的进程，这样就不需要编写在运行时处理 SIGBUS 的复杂逻辑。在应用程序重启时，应用程序可以使用 PMDK 检测持久内存池是否包含错误，并在应用程序初始化期间修复数据。对许多应用程序而言，这种修复可以像恢复到数据的无误备份副本一样简单。

图 17-1 显示了 Linux 处理应用程序已使用的不可纠正（但非致命）错误的流程。

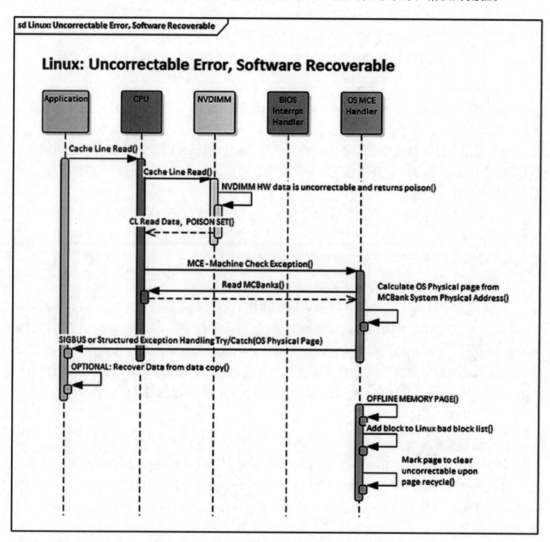

图 17-1　Linux 已使用的不可纠正错误处理顺序

17.1.2　未使用的不可纠正错误处理

RAS 的一个特性是通知软件持久内存介质上存在不可纠正但尚未被软件使用的错误。此特性旨在支持操作系统择机隔离或清除包含已知的不可纠正错误的内存地址，防止应用程序使用这些内存地址。如果应用程序正在使用包含不可纠正错误的地址，操作系统还可以选择通知应用程序存在未使用的不可纠正错误，或等待应用程序遇到该错误后再行处理。操作系统如果选择等待，应用程序有一定可能性不访问受到影响的内存页，而后将该内存页返回给操作系统以供回收。此时，操作系统可以清除或隔离不可纠正错误。

不同的厂商平台对于未使用的不可纠正错误的处理方式并不相同，但在本质上包含用于发现未使用的不可纠正错误的机制、用于发送信号通知操作系统存在未使用的不可纠正错误的机制，以及用于操作系统查询关于未使用的不可纠正错误的信息的机制。如图 17-2 所示，这三个机制协同工作，在运行时期间主动通知操作系统发现的所有不可纠正错误。

1. 内存巡检

内存巡检是一项长期用于易失性内存的 RAS 特性，它也可以扩展至持久内存。它充分说明了平台如何在正常运行期间发现后台存在的不可纠正错误。

内存巡检通过平台或内存设备上的硬件引擎执行，该引擎以预设的频率生成访问内存的请求。如果时间充足，它最终将访问每一个内存地址。内存巡检的频率不会对内存设备的服务质量产生明显的影响。

通过生成对内存地址进行数据读取的请求，内存巡检支持硬件在内存地址上运行 ECC，并纠正所有可纠正错误，防止它们恶化成不可纠正错误。另外，如果发现不可纠正错误，内存巡检可以触发硬件中断，并通知软件层相应的内存地址。

2. 未使用的不可纠正内存错误的持久内存根设备通知

ACPI 规范中描述了一种硬件通知软件未使用的不可纠正错误的方法，称为"未使用的不可纠正内存错误的持久内存根设备通知"。使用 ACPI 定义的框架，操作系统可以订阅平台在检测到不可纠正的内存错误时发出的通知。平台负责接收来自持久内存设备的通知，并采取适当的措施生成持久内存根设备通知。收到根设备通知后，操作系统可使用现有的ACPI 方法，如地址范围擦除（Address Range Scrub，ARS），以发现新出现的不可纠正内存错误，并采取相应的行动。

3. 地址范围擦除

ACPI 规范中定义的 ARS 是一种基于特定设备的方法（Device-Specific Method，_DSM）。拥有权限的软件可以调用 ACPI 的 _DSM（如 ARS），在运行时检索或扫描平台中所有持久内存的不可纠正内存错误的位置。由于是平台实现 ARS，因此每家厂商都能以不同的方式实现部分功能。

ARS 从调用程序（caller）那里接受指定的系统地址范围，并像内存巡检那样检查该范围中的每个内存地址，查找可能的内存错误。ARS 完成后，调用程序会获得包含内存错误的指定范围的内存地址列表。可以由持久内存硬件或平台本身来检查各个内存地址。与内存巡检不同，ARS 以极高的频率检查给定范围中的每个内存地址。这样频率可能会影响持久内存硬件的服务质量。因此，调用程序可以选择性地调用 ARS 返回前一个 ARS（有时称为短 ARS）的结果。

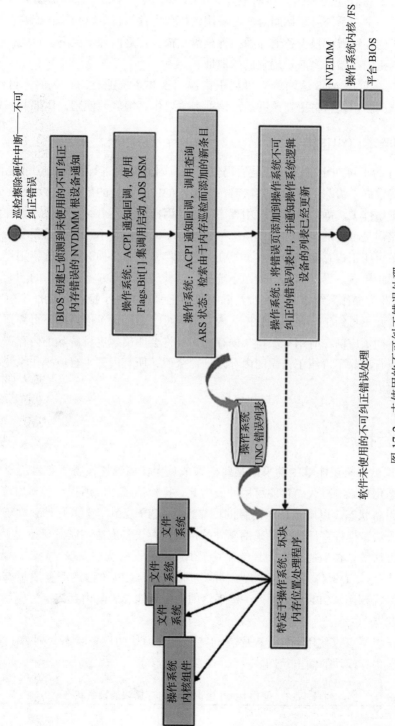

图 17-2 未使用的不可纠正错误处理

一般而言，操作系统采用下面两种方法中的一种执行 ARS，以在启动后获取不可纠正错误的地址。一是在系统启动期间对所有可用的持久内存执行全盘扫描；二是在接收到未使用的不可纠正内存错误的根设备通知后执行全盘扫描。在这两种情况下，目的都是在应用程序消耗不可纠正内存错误之前发现它们的地址。

操作系统将对比 ARS 返回的不可纠正错误列表和系统拥有的持久的不可纠正错误列表。如果侦测到新错误，将更新该列表。该列表主要供高级软件使用，比如 PMDK 库。

17.1.3 清除不可纠正错误

持久内存的不可纠正错误在断电后仍然存在，因此需要进行特殊处理才能清除内存地址中已损坏的数据。清除不可纠正错误时，所请求的内存地址的数据将被修改，错误自然就被清除。由于硬件无法静默地修改应用程序数据，因此清除不可纠正错误是软件负责的。清除不可纠正错误是可选的，一些操作系统可以选择不回收包含不可纠正错误的内存页，而是仅隔离包含不可纠正内存错误的内存页。在某些操作系统中，拥有权限的应用程序可以访问以清除不可纠正错误。尽管如此，操作系统提供这种访问权限并不是必需的功能。

ACPI 规范为操作系统定义了一个清除不可纠正错误的基于特定设备的方法（DSM），用于指导平台清除不可纠正错误。尽管持久内存编程可字节寻址，但清除不可纠正错误不支持字节寻址。不同供应商在应用程序持久内存时，或许会明确规定可清除的内存错误的单元大小。在成功执行清除不可纠正错误的内存地址命令后，所有内部平台或操作系统的内存错误列表也应相应更新。

17.2 设备状态

设备管理员均希望能够主动采取某些措施来减少任何致使设备不正常工作的问题，防止它们逐步恶化到影响持久内存的可用性。为此，操作系统或应用程序管理均希望能清楚了解持久内存设备状态，以确定持久内存的可靠性。ACPI 规范定义了几种独立于供应商的设备状态查看方法，但许多厂商选择采用额外的持久内存设备方法，以发现独立于供应商的设备状态查看方法所未覆盖的属性。其中独立于供应商的设备状态发现方法都以 ACPI 的基于特定设备的方法（_DSM）形式来实现。如果直接调用 ACPI 方法，服务质量有所下降是可以预期的，因为调用 ACPI 方法时，一些平台的动作可能会影响内存流量。应尽可能避免过度轮询设备状态。

在 Linux 上，可以使用 ndctl 程序查询持久内存模块的设备状态。列表 17-1 显示了英特尔傲腾持久内存模块的输出示例。

列表 17-1　使用 ndctl 查询持久内存模块的设备状态

```
$ sudo ndctl list -DH -d nmem1
[
```

```
  {
    "dev":"nmem1",
    "id":"8089-a2-1837-00000bb3",
    "handle":17,
    "phys_id":44,
    "security":"disabled",
    "health":{
      "health_state":"ok",
      "temperature_celsius":30.0,
      "controller_temperature_celsius":30.0,
      "spares_percentage":100,
      "alarm_temperature":false,
      "alarm_controller_temperature":false,
      "alarm_spares":false,
      "alarm_enabled_media_temperature":false,
      "alarm_enabled_ctrl_temperature":false,
      "alarm_enabled_spares":false,
      "shutdown_state":"clean",
      "shutdown_count":1
    }
  }
]
```

为了便于使用，ndctl 还提供监测命令和后台守护程序持续监测系统的持久内存模块的状态。关于所有的可用选项，请参见 ndctl-monitor(1) 手册页。使用监测方法的示例包括：

示例 1：以后台守护程序形式运行监测程序，监测总线"nfit_test.1"上的 DIMM。

```
$ sudo ndctl monitor --bus=nfit_test.1 --daemon
```

示例 2：以单发命令形式运行监测程序，并将通知输出给 /var/log/ndctl.log。

```
$ sudo ndctl monitor --log=/var/log/ndctl.log
```

示例 3：以系统服务形式运行监测后台守护程序。

```
$ sudo systemctl start ndctl-monitor.service
```

可以使用持久内存特定于设备的程序获取类似的信息。例如，可以使用 Linux 和 Windows* 上的 ipmctl 程序获取类似于 ndctl 显示的硬件级数据。列表 17-2 显示了 DIMMID 0x0001（在 ndctl 术语中相当于 nmem1）的状态信息。

列表 17-2　DIMMID 0x0001 的状态信息

```
$ sudo ipmctl show -sensor -dimm 0x0001

DimmID | Type                   | CurrentValue
=======================================================
0x0001 | Health                 | Healthy
0x0001 | MediaTemperature       | 30C
0x0001 | ControllerTemperature  | 31C
```

```
0x0001 | PercentageRemaining         | 100%
0x0001 | LatchedDirtyShutdownCount   | 1
0x0001 | PowerOnTime                 | 27311231s
0x0001 | UpTime                      | 6231933s
0x0001 | PowerCycles                 | 170
0x0001 | FwErrorCount                | 8
0x0001 | UnlatchedDirtyShutdownCount | 107
```

17.2.1　ACPI 定义的设备状态函数（_NCH，_NBS）

ACPI 规范包含两种独立于供应商的设备状态查询方法，可供操作系统和管理软件调用，以确定持久内存设备的状态。

操作系统可以在启动时调用获取 NVDIMM 当前状态信息（_NCH）来了解持久内存设备的当前状态，并采取相应的行动。_NCH 报告的值可能在运行时更改，应该监控这些更改。_NCH 包含的状态信息显示：

❑ 持久内存是否需要维护
❑ 持久内存设备性能是否有所下降
❑ 操作系统是否可以假设在后续电源事件中出现写入持久性损失
❑ 操作系统是否可以假设所有数据会在后续电源事件中丢失

获取 NVDIMM 启动状态（_NBS）支持操作系统使用独立于供应商的方法，查询不会在运行时期间更改的持久内存运行状态。_NBS 报告的最重要的属性是数据丢失数（DLC）。数据丢失数预计可用于应用程序和操作程序，帮助它们识别是否发生了持久内存异常关机（dirty shutdown）的罕见情况。关于如何正确使用该属性的更多信息，请参见 17.3 节。

17.2.2　特定供应商的设备状态（_DSM）

除 _NBS 和 _NCH 中的属性之外，许多厂商可能希望添加更多的设备状况属性。厂商可以自由设计特定于 ACPI 持久内存设备的方法（_DSM），供操作系统和拥有权限的应用程序调用。尽管厂商以不同方式实现持久内存状态查询方法，但也有一些常见的状况属性可以用来确定持久内存设备是否需要服务。这些状态属性包括持久内存总体状态摘要、当前持久内存的温度、持久介质错误数、设备生命周期总体利用率等信息。许多操作系统（如 Linux）都支持通过 ndctl 等工具检索并报告厂商特有的状态统计信息。英特尔持久内存 _DSM 接口文档可在 https://docs.pmem.io/ 的"相关规范"中获取。

17.2.3　ACPI NFIT 状态事件通知

由于可能导致服务质量下降，操作系统和拥有权限的应用程序可能不想主动轮询持久内存设备以检索设备状态。因此，ACPI 规范定义了一种被动通知方法，来支持持久内存设备在设备状态发生重大变化时发出通知。持久内存设备厂商和平台 BIOS 厂商可以决定哪些设备状态变化将触发 NVDIMM 固件接口表（NFIT）状态事件通知。接收 NFIT 状态事件后，操作系统通知将调用持久内存设备附带的 _NCH 或 _DSM，并根据返回的数据采取适当的行动。

17.3　不安全 / 异常关机

对于持久内存而言，不安全或异常关机意味着，持久内存设备断电顺序或平台断电顺序可能无法将所有正在传输的数据从系统的持久域写入持久内存介质。（有关持久域请参考第 2 章）。异常关机是非常罕见的事件，该事件的发生可能出于多种原因，如物理硬件问题、功率峰值、散热相关事件等。

持久内存设备无法知道是否有应用程序数据因不完整的断电顺序而丢失，只能检测是否发生了一系列数据可能丢失的事件。在最佳情况下，出现异常关机时，可能没有任何正在写入数据的应用程序。

RAS 机制要求平台 BIOS 和持久内存厂商维护一个持久滚动计数器，在检测到异常关机时递增。ACPI 规范引用了一种机制，即数据丢失数（DLC），可以作为持久存储设备获取 NVDIMM 启动状态（_NBS）方法的一部分返回值。

参考列表 17-1 中 ndctl 的输出，在设备信息中报告“shutdown_count”。同样，列表 17-2 中 ipmctl 的输出以异常关机计数器的形式报告“LatchedDirtyShutdownCount”。在这两个输出中，数值 1 表示没有检测到任何问题。

应用程序使用数据丢失数

应用程序可能想使用 _NBS 提供的 DLC 计数器检测结果来判断在将数据从系统的持久域保存到持久内存介质时是否出现了数据丢失。如果检测到出现数据丢失，应用程序可以使用特定于应用程序的特性执行数据修复或恢复。

应用程序的职责及可能的实现建议如下：

1）应用程序首先创建初始元数据，并将其存储在持久内存文件中：

a. 应用程序针对构成其元数据驻留的逻辑卷的物理持久内存，通过基于操作系统的方法检索当前的 DLC。

b. 应用程序计算构成其元数据驻留的逻辑卷的所有持久内存的 DLC 的总和，作为当前的逻辑数据丢失数（LDLC）。

c. 应用程序将当前 LDLC 存储在元数据文件中，并确保 LDLC 的更新已刷新至系统的持久域。具体方法是，使用刷新强制写入数据至持久内存安全域。（第 2 章详细介绍了关于将数据刷新至持久域的信息。）

d. 应用程序为其元数据驻留的逻辑卷确定 GUID 或 UUID，将其存储在元数据文件中，并确保 GUID/UUID 更新刷新至持久域。应用程序稍后会使用它来识别元数据文件是否已移至其他逻辑卷，其当前 DLC 不再有效。

　　e. 应用程序在其元数据文件中创建并设置"clean"标记，并确保"clean"标记更新已刷新至持久域。应用程序会使用该标记确定应用程序是否在异常关机期间主动写入数据。

　　2）每次应用程序运行并从持久内存检索元数据时：

　　a. 应用程序都会对比其元数据驻留的逻辑卷的当前 UUID 与保存在元数据中的 GUID/UUID。如果匹配，LDLC 将被视为与应用程序正在使用的有着相同逻辑卷。如果不匹配，DLC 将用于其他逻辑卷，且不再适用。应用程序会决定如何处理这种情况。

　　b. 在 UUID 匹配的情况下，应用程序将计算其元数据驻留的所有持久内存的 DLC 的总和，作为当前 LDLC。

　　c. 应用程序对比计算得到的当前 LDLC 和从元数据中检索的已保存的 LDLC。

　　d. 如果当前 LDLC 与已保存的 LDLC 不匹配，则检测到一个或多个持久内存出现异常关机并可能丢失数据。如果匹配，应用程序则不需要采取进一步行动。

　　e. 应用程序查看已保存在元数据中的"clean"标记的状态。如果未设置"clean"标记，表示应用程序在关机失败时正在写入数据。

　　f. 如果"clean"标记未设置，则使用应用程序的特定功能执行软件数据修复或恢复。

　　g. 应用程序将新的当前 LDLC 存储在元数据文件中，并确保计数更新已刷新至系统的持久域。如果之前设置过，则需要取消设置"clean"标记。

　　h. 应用程序设置元数据文件中的"clean"标记，并确保"clean"标记的更新已刷新至持久域。

　　3）每次应用程序将写入文件时：

　　a. 应用程序会在写入数据之前，清空元数据文件中的标记，并确保该"clean"标记已刷新至持久域。

　　b. 应用程序将数据写入其持久内存空间。

　　c. 应用程序完成数据写入后，再元数据文件中设置"clean"标记，并确保该标记已刷新至持久域。

　　PMDK 库可以大幅简化上述步骤，同时适用于交叉集配置模式。

17.4　总结

　　本章介绍了几项适用于持久内存设备且与持久内存应用程序相关的 RAS 特性。读者应该能够深入了解不可纠正错误、应用程序如何响应这些错误、操作系统如何检测持久内存设备状态变化以提升应用程序的可用性，以及应用程序如何采用最佳方式检测异常关机和数据丢失计数。

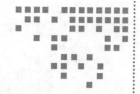

第 18 章　Chapter 18

远程持久内存

　　本章将介绍如何使用持久内存（以及本书介绍的编程概念）通过网络访问远程服务器中的持久内存。持久内存服务器上运行的 TCP/IP 或 RDMA 网络对应的硬件与软件的组合，支持直接远程访问持久内存。

　　通过高性能网络连接远程直接访问内存是大多数云部署持久内存的关键用例。通常，在高可用性或高冗余用例中，只在本地把数据写入持久内存是不可靠的，除非已复制到两个或多个独立远程服务器的持久内存设备中。本章后续部分将介绍这种推送（push）模式设计。

　　尽管可以使用现有 TCP/IP 网络基础设施远程访问持久内存，但本章将重点介绍远程直接内存访问（Remote DMA，RDMA）的使用。直接内存访问允许平台上的数据移动卸载到硬件 DMA 引擎中，该引擎将代表 CPU 移动数据，从而在数据移动期间释放 CPU 来执行其他重要任务。RDMA 应用相同的概念，支持数据在远程服务器之间传输，无须直接涉及任何服务器上的 CPU。

　　本章中介绍的内容和 PMDK librpmem 远程持久内存库假设使用的是 RDMA，但此处介绍的概念也适用于其他网络互联和协议。

　　图 18-1 展示了简单的远程持久内存配置，其中发起系统将写操作复制到单个远程目标系统上的持久内存。虽然这里展示的是如何使用发起系统和目标系统上的持久内存，但也可以从发起系统的 DRAM 读取数据，将该数据写入远程目标系统上的持久内存，或者从发起系统的持久内存读取数据，将数据写入远程目标系统的 DRAM。

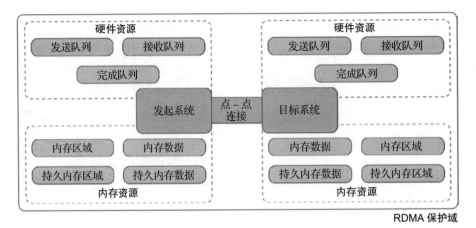

图 18-1　使用 RDMA 的发起系统和目标系统

18.1　RDMA 网络协议

云环境和企业数据中心常用的 RDMA 网络协议包括：

❑ InfiniBand 是一种 I/O 架构和高性能规范，适用于在高吞吐、低延迟和高度可扩展的 CPU、处理器和存储之间进行数据传输。

❑ RoCE（RDMA over Converged Ethernet）是一种通过以太网进行 RDMA 的网络协议。

❑ iWARP（互联网广域 RDMA 协议）是一种通过互联网协议（IP）网络实现 RDMA 以高效传输数据的网络协议。

这三种协议均支持使用 RDMA 在持久内存之间快速传输数据。

RDMA 协议应遵循随 IBTA（InfiniBand Trade Association）和 IEFT（Internet Engineering Task Force）规范不断演进的 RDMA 总线协议标准。IBTA（https://www.infinibandta.org/）管理 InfiniBand 和 RoCE 协议，IEFT（https://www.ietf.org/）管理 iWARP。

低延迟 RDMA 网络协议支持网络接口控制器（Network Interface Controller，NIC）控制发起系统上的源缓冲区和目标系统上的接收缓冲区之间的数据传输，而不需要任何系统的 CPU 参与数据传输。事实上，RDMA 读取和 RDMA 写入操作通常被称为"单向操作"，因为传输需要的所有数据都由发起系统提供，而目标系统上的 CPU 通常不会被中断，甚至不会意识到正在进行数据传输。

如要执行远程数据传输，必须在远程操作开始之前将来自目标系统的缓冲区信息传递给发起系统。它要求配置本地发起系统的 RDMA 资源和缓冲区。同样，需要 CPU 资源的远程目标系统的 RDMA 资源必须进行初始化并报告给发起系统。然而，一旦设置好用于 RDMA 传输的资源且应用程序使用 CPU 发起 RDMA 请求后，NIC 将代表 RDMA 感知型应用程序执行实际的数据传输。

RDMA 感知型应用程序负责：

❑ 询问每个发起系统和目标系统的 NIC，以确定支持的特性

❑ 为 RDMA 点对点连接的每一端选择一个 NIC

❑ 创建与所选 NIC 的连接，将其描述为 RDMA 保护域

❑ 为每个 NIC 上的进站和出站消息分配队列，并将这些硬件资源分配到保护域

❑ 分配 DRAM 或持久内存缓冲区以用于 RDMA，通过 NIC 注册这些缓冲区，并将缓冲区分配到保护域

大多数支持 RDMA 的应用程序和库均使用三个基本的 RDMA 命令：

RDMA Write：这是一种单向操作，其中仅发起系统提供传输数据所需的全部信息。该传输仅用于将数据写入远程目标系统。写入请求包含所有源缓冲区和接收缓冲区信息。远程目标系统通常不会被中断，因此完全不知道正在通过 NIC 执行写入操作。发起系统的 NIC 向目标发送写入操作时，将产生"软件写入完成中断"。软件写入完成中断表示写入操作的消息已发送至目标 NIC，并不表示写入完成。或者，RDMA Write 可以使用一个立即选项，该选项将中断目标系统 CPU，并允许正在目标系统上运行的软件立即收到写入完成的通知。

RDMA Read：这是一种单向操作，其中仅发起系统提供传输数据所需的全部信息。该传输仅用于从远程目标系统读取数据。读取请求包含所有源缓冲区和目标接收缓冲区信息，而且远程目标系统通常不会被中断，因此完全不知道正在通过 NIC 执行读取操作。发起系统软件读取完成中断表示的是读取操作已经一路通过发起系统的 NIC、通过网络进入目标系统的 NIC、通过目标内部硬件网格和内存控制器，到达 DRAM 或持久内存，以获取数据。然后一路返回至注册过的接收这个完成通知的发起系统软件。

RDMA Send（和 Receive）：双向 RDMA Send 操作表示发起系统和目标系统都必须提供完成数据传输所需的信息。这是因为当目标 NIC 接收到 RDMA Send 时，目标 NIC 将中断，并且要求在 NIC 接收 RDMA Send 传输操作之前设置硬件接收队列并使用完成项预填充。来自发起系统应用程序的数据被打包在一个大小有限的小型缓冲区中，发送至目标 NIC。目标 CPU 将中断，以处理发送操作及其包含的所有数据。如果发起系统需要在收到 RDMA Send 时被通知，或处理返回给发起系统的消息，则必须在发起系统设置自己的接收队列并将完成项放入队列后，以相反的方向发送另一个 RDMA Send 操作。RDMA Send 命令的使用和有效负载的内容都是特定于应用程序的实现细节。因为目标应用程序并没有数据移动发生时的其他上下文信息，RDMA Send 通常被用于记录（bookkeeping）和更新发起与目标之间的读写活动。例如，由于没有好的办法知道目标上的写入操作何时完成，所以通常使用 RDMA Send 将当前的运行情况通知给目标系统。如果数据量少，RDMA Send 的效率会非常高，但此操作的完成始终需要和目标端交互。当写入操作作为一种不同的记录机制完成时，包含即时数据操作的 RDMA Write 还会允许目标系统中断。

18.2 初始远程持久内存架构的目标

初始远程持久内存的实现是基于对当前使用易失性内存的 RDMA 硬件和软件栈最小更改的情况（理想状况下无须更改）。从网络硬件、中间件和软件架构的角度来看，写入远程易失性内存等价于写入远程持久内存。特定的内存映射文件由持久内存或易失性内存作为后端的事实完全是由应用程序来维护的。网络栈中较低的层完全不知道数据是写入持久内存区域，还是写入易失性内存区域。了解使用哪种写入持久化方法提供给指定目标的连接，以及确保远程写入持久化，这些责任都落在了应用程序上。

18.3 确保远程持久性

本书前几章重点介绍本地机器上持久内存的使用与编程。现在读者应该已了解使用持久内存、持久域所面临的挑战，以及为何需要了解和使用刷新机制来确保数据的持久性。这些编程概念和挑战同样适用于远程持久内存，但是相比于本地持久内存多了需要使用现有的网络协议和网络延迟带来的额外限制。

SNIA NVM 编程模型（参见第 3 章）要求应用程序刷新已写入持久内存的数据，确保已写入的数据成功进入持久域。此要求同样适用于写入远程持久内存。RDMA Write 或 Send 操作将数据从发起系统传输至目标系统上的持久内存后，写入或发送数据必须在远程系统上被刷新到持久域。或者，远程写入或发送数据需要绕过远程系统上的 CPU 缓存，以避免刷新。

特定于厂商的不同平台特性为 RDMA 和远程持久内存带来了另一个挑战。英特尔平台通常使用一项被称为分配写入或数据直接 IO（Data Direct IO，DDIO）的特性，将进站写入数据直接放置在 CPU 的三级缓存中。任何想读取数据的应用程序都可以立即看到这些数据。但允许分配写入意味着针对持久内存的 RDMA Write 必须将 CPU 缓存中的数据刷新至目标系统上的持久域。

在英特尔平台上，可以通过启用非分配写入 I/O 流来禁用分配写入操作，该流强制数据绕过缓存直接放置在持久内存中，由 RDMA Write 接收缓冲区的位置来控制。这样做会降低那些需要立即接触新写入数据的应用程序的性能，这是将数据拉入 CPU 缓存带来的惩罚。然而，这样做避免了在远程目标系统上刷新缓存，使远程写入持久内存的流程更简单、更快。在英特尔平台上使用非分配写入模式的另一个复杂问题是，必须为此写入模式启用整个 PCI 根复合体（root complex）。这意味着，对于连接到其下游的任何设备，通过该 PCI 根复合体的任何进站写入都将绕过 CPU 缓存，从而导致可能的额外性能延迟。

英特尔指定了两种强制将远程持久内存写入持久域的方法：

1）通用远程复制方法（General-Purpose Remote Replication Method，GPRRM），不依赖英特尔非分配写入模式，且假定部分或所有远程写入数据最终均前往目标系统上的 CPU 缓存。

2）高性能设备远程复制方法，使用特定于英特尔平台的非分配写入模式，它可能更适合能够完全控制硬件配置以控制连接到哪个 PCI 根复合体的设备。

18.3.1　通用远程复制方法

通用远程复制方法也被称作通用服务器持久化方法（general-purpose server persistency method，GPSPM），它依赖于发起系统的 RDMA 应用程序在通过之前的 RDMA Write 请求写入的远程目标系统上维护一个虚拟地址列表。当所有针对持久内存的远程写入发出后，应用程序会从发起系统 NIC 向目标 NIC 再发出一个 RDMA Send 请求。这个 RDMA Send 请求包含一列虚拟起始地址和长度，以备目标系统上运行的应用程序软件中断系统以处理发送请求后使用。应用程序遍历区域列表，使用优化的刷新机器指令（CLWB、CLFLUSHOPT 等）将请求区域内的每个缓存行刷新至持久内存。刷新完成后，需要一条 SFENCE 机器指令来隔离并强制完成前面的写入操作，然后再处理其他写入操作。之后，目标系统上的应用程序会发回 RDMA Send 请求，来中断已完成刷新操作的发起系统软件。这是给应用程序提供的一个指示，表明之前的写入已实现持久化。

图 18-2 列出了通用远程复制方法的操作顺序。

1. 通用远程复制方法如何确保数据持久化

发送 RDMA Write 或任意数量的写入后，写入数据要么在三级（L3）CPU 缓存（由于默认分配写入）中，要么在持久内存中（假设不适合三级缓存），可能仍有部分待处理写入数据在 NIC 内部缓冲区中。RDMA Send 请求会根据定义强制将之前的写入从 NIC 推送到目标三级 CPU 缓存，并中断目标 CPU。此时，之前针对持久内存发出的所有 RDMA Write 现在都在三级缓存或持久内存中。RDMA Send 请求包含一个缓存行列表，发起系统将请求目标系统把该列表刷新至持久域。目标系统发出经过优化的刷新指令，将列表中的各个缓存行刷新至持久域。随后，SFENCE 将确保先完成这些写入，再处理新写入。此时，之前在 RDMA Send 列表中刷新的写入已实现持久化。

2. 通用远程复制方法的性能影响

通用远程复制方法要求发起系统软件的 RDMA 遵循多次 RDMA Write 和一次 RDMA Send 的规则。目标 NIC 刷新完请求的区域后，来自目标的 RDMA Send 将回到发起系统，确认发起系统应用程序可以将这些写入视作持久性写入。这种额外的发 / 收 / 发 / 收消息传递会影响持久化写入的延迟和吞吐量，其延迟比设备远程复制方法高 50%。额外的消息传递会影响在这些 NIC 上运行的所有 RDMA 连接的总带宽和可扩展性。

此外，如果需要实现持久化的数据较小，连接的效率就会急剧下降，因为额外的消息传递开销成为总体延迟的重要部分。而且为了执行此操作，还要消耗目标系统 CPU 和缓存。相同的数据实质上传输了两次：一次（通过 PCIe）从 NIC 传输至 CPU 三级缓存，然后另一次从 CPU 三级缓存传输至内存控制器（iMC）。

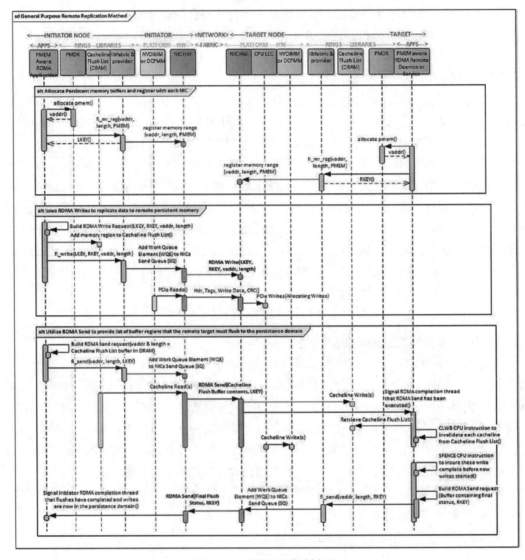

图 18-2　通用远程复制方法

18.3.2　设备远程复制方法

英特尔平台上的持久内存用户通过启用特定 PCI 根复合体上的特性，使用非分配写入流程（其中来自 NIC 的进站写入将进入 CPU 的内部结构），到达持久内存。使用非分配写入流，进站 RDMA Write 将绕过 CPU 缓存，直接前往持久域。这意味着目标系统 CPU 不需要将写入刷新至持久内存。

I/O 管道仍然需要被刷新至持久域。通过向与 RDMA Write 相同的 RDMA 连接上的任何内存地址发出小型 RDMA Read，可以更高效地完成此操作，这个内存地址不需要是已写入或持久化的内存地址。RDMA 规范明确指出，RDMA Read 将强制之前的 RDMA Write 先完成。这种顺序规则也适用于连接目标 NIC 的 PCIe 互联。PCIe Read 将执行管道刷新，并迫使之前的 PCIe 写入先完成。

图 18-3 展示了基本设备远程复制方法，它通常被称为上文提到过的"设备持久化方法"。

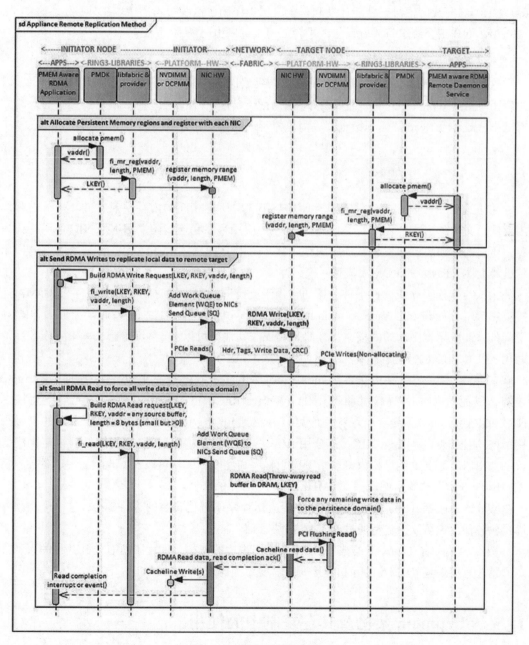

图 18-3　设备远程复制方法

1. 设备远程复制方法如何确保数据持久化

绕过目标系统上的 CPU 缓存以便进站的 RDMA Write 按照 RDMA 的顺序语义写入持久内存，与 PCIe 协议相结合会产生一种高效的数据持久化机制。由于针对持久内存的 RDMA Read 会强制将之前的写入操作先写入持久内存和持久域，因此那些写入结束后会返回的 RDMA Read 完成的信号，就能让发起系统应用程序确认这些写入操作现在具有持续性。

第 2 章详细介绍了持久域，包括平台如何确保断电时所有写入操作从持久域到达介质。

2. 设备远程复制方法的性能影响

这种使用 RDMA Read 的单次额外往返的延迟比通用服务器持久化方法大约低 50%，因此声明写入具有持续性之前，需要两条往返消息。与第一种方法一样，随着持续化写入的数据变小，RDMA Read 往返开销也会成为总体延迟的重要部分。

18.4　一般软件架构

用于远程持久内存的软件栈通常使用与第 3 章所述相同的内存映射文件。持久内存以内存映射文件的形式呈现给 RDMA 应用程序。应用程序在连接两端用本地 NIC 注册持久内存，生成的注册表键被发起系统应用程序共享，用于 RDMA Read 和 Write 请求。这与使用传统易失性 DRAM 的 RDMA 流程一模一样。

内核与应用程序级软件组件分层通常用于支持应用程序同时利用持久内存和 RDMA 连接。IBTA（InfiniBand Trade Association）定义了 verbs 接口，这些接口通常由面向 NIC 和中间件软件应用程序库的内核驱动程序来实现。其他库可以基于 verbs 层，凭借实现该库的通用 API 和 NIC 的特定程序，来提供通用 RDMA 服务。

在 Linux 上，开放架构联盟（Open Fabric Alliance，OFA）的 libibverbs 库提供了 ring-3 接口，以配置 RDMA 连接并将其用于支持 IB、RoCE 和 iWARP 这些 RDMA 网络协议的 NIC。OFA libfabric ring-3 应用程序库可以分层到 libibverbs 最上层，以提供普通的高级公用 API，用于典型 RDMA NIC。该公用 API 要求一个提供者插件，以实现针对特定网络协议的通用 API。OFA 网站提供许多示例应用程序和性能测试，可以在 Linux 上用于各种支持 RDMA 的 NIC。这些示例提供了 PMDK librpmem 库的支柱。

Windows 实现了通过 ring-3 SMB 直接应用程序库远程安装的 NTFS 卷，这个应用程序库提供各种存储协议，包括通过 RDMA 的块存储。

图 18-4 提供了 Linux 上的典型 RDMA 应用程序的架构，使用了所有公开获得的库和接口。请注意，设置 RDMA 的互相连接通常需要单独的边带（side-band）连接。

18.5　librpmem 架构及其在复制中的使用

PMDK 在 librpmem 库里实现了通用远程复制方法和设备远程复制方法。从 PMDK v1.7

开始，librpmem 库实现对本地写入远程系统的持久内存的同步和异步复制。和 libpmem 一样，librpmem 也是一种底层库，支持其他库使用其复制特性。

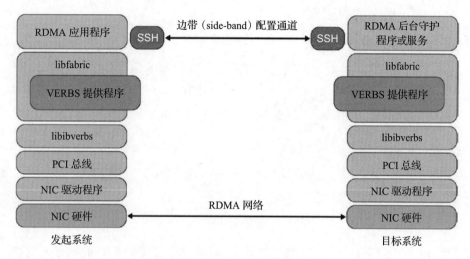

图 18-4　通用 RDMA 软件架构

libpmemobj 使用同步写入模式，也就是说，本地发起系统写入和所有远程复制的写入必须在本地写入返回应用程序之前完成。libpmemobj 库还实现了简单的主动 – 被动复制架构，其中所有持久内存事务都通过主动发起系统和被动待机的远程目标系统驱动，来复制写入数据。尽管被动目标系统复制了最新的写入数据，但该实现并不会尝试使用远程系统来进行故障切换、故障恢复或负载平衡。以下几节将介绍此种实现方法在性能方面存在的重大缺陷。

libpmemobj 使用配置文件中提供的本地内存池配置信息描述远程网络连接的内存映射文件。启动每个远程目标系统上安装的远程 rpmemd 程序，并使用安全加密的套接字连接将其与发起系统上的 librpmem 库连上。通过这种连接，librpmem 将代表 libpmemobj 设置与各个目标系统的 RDMA 点对点连接，确定目标支持的持久化方法（即通用方法或设备方法），分配远程内存映射持久内存文件，在远程 NIC 上注册持久内存，并面向注册的内存检索生成的内存键。

建立与所有目标的 RDMA 连接、实例化所有所需的队列，且分配并注册所有内存缓冲区后，libpmemobj 库就可以开始将所有应用程序写入数据远程复制到其本地内存映射文件。应用程序在 libpmemobj 中调用 pmemobj_persist() 时，该库将在 librpmem 中生成相应的 rpmem_persist() 调用，librpmem 反过来会调用 libfabric fi_write() 执行 RDMA Write。然后，librpmem 通过调用 libfabric fi_read() 或 fi_send()，发起 RDMA Read 或 Send 持久化方法（取决于是否了解当前启用的目标系统的当前配置）。RDMA Read 用在设备远程复制方法中，RDMA Send 则用在通用远程复制方法中。

图 18-5 展示了上文介绍过的高级组件和接口，它们都被拥有 `librpmem` 和 `libpmemobj` 库的发起系统和远程目标系统所使用。

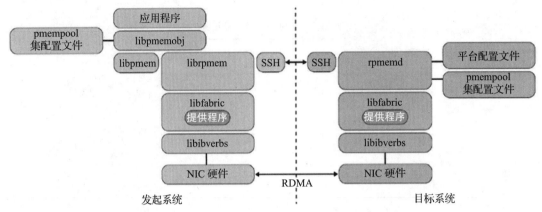

图 18-5　使用 libpmemobj 和 librpmem 的 RDMA 架构

下面介绍一些主要的组件（如图 18-5 所示），便于你理解 PMDK 的远程复制特性所使用的高层架构。

- **librpmem——PMDK 远程 RDMA 访问库**：发起系统的容器，用于使用 RDMA 远程复制相关的发起系统的所有 PMDK 功能。

- **rpmemd——PMDK 远程 RDMA 配置后台守护程序**：目标系统的容器，用于使用 RDMA 远程复制相关的目标系统的所有 PMDK 功能。它将阻止本地访问已配置为支持远程使用的 pmempool 集，并执行通用远程复制方法所需的远程目标中断处理程序。

- **发起系统和目标 SSH**：该组件可用于 `librpmem` 和 `rpmemd` 库，以设置简单的套接字连接，关闭先前打开的套接字连接，并来回发送通信数据包。

- **libfabric**：OFA 定义的高层 ring-3 应用程序 API，用于以不受厂商限制的结构方法设置和使用结构。该高层接口支持 RoCE、InfiniBand 和 iWARP，以及英特尔 Omni-Path 架构产品和其他使用特定于 libfabric 的传输提供程序的网络协议。

- **libibverbs**：OFA 定义的基于 RDMA 结构的高层接口。该高层接口支持 RoCE、InfiniBand 和 iWARP，并且通常用于大多数 Linux 发行版。

- **目标系统平台配置文件**：IT 管理员或用户生成的简单文本文件，用于描述远程目标系统的平台功能。该文件描述影响使用哪种持续性方法的特定功能，即支持 ADR 的平台、NIC 支持的非分配写入流，以及平台类型。它还指定 `rpmemd` 即将监听的默认套接字连接端口。

- **发起系统 PMDK pmempool 集配置文件**：现有的持久内存池集配置文件由系统或应用程序管理员生成，描述被视为本地平台上的持久内存池的本地文件集。它还描述用于本地复制的本地文件和用于远程复制的远程目标主机名称。

❑ **目标系统 PMDK pmempool 集配置文件**：现有的持久内存池集配置文件由系统或应用程序管理员生成，描述被视为本地平台上的持久内存池的本地文件集。在目标系统上，它是发起系统将数据复制到其中的文件集。

❑ **发起系统和目标系统的操作系统 syslog**：各系统上的标准 Linux syslog，用于 librpmem 和 rpmemd 输出对调试和非调试信息有用的数据。由于发起系统上显示极少的 rpmemd 信息，所以通过"-d"（调试）运行时选项启动 rpmemd 时，将有大量信息输出至目标系统。即使没有启用调试，rpmemd 也会输出套接字事件，如打开、关闭、创建、断开连接和类似的 RDMA 事件。

18.5.1　使用内存池集配置远程复制

你可能已经了解了如何使用内存池集（如第 7 章所述）libpmemobj 初始化远程复制，此操作需要两个此类内存池集文件。支持 libpmemobj 的应用程序在发起系统端所使用的文件必须描述本地内存池，并指向目标系统上的内存池集配置文件，而目标系统上的内存池集文件必须描述目标系统共享的内存池。

列表 18-1 展示了一个内存池集文件，该文件支持将本地写入复制到远程主机上的"remotepool.set"。

列表 18-1　poolwithremotereplica.set——将本地数据复制到远程主机的示例

```
PMEMPOOLSET
256G /mnt/pmem0/pool1

REPLICA user@example.com remotepool.set
```

列表 18-2 展示了一个内存池集文件，该文件描述了用于远程访问共享的内存映射文件。远程池集文件和常规内存池集文件在许多方面都相同，但它必须满足其他要求：

❑ 位于 rpmemd 配置文件指定的池集目录中

❑ 用名称作为唯一标识，支持 rpmem 的应用程序必须用它来复制到指定的内存池

❑ 不能本地或远程定义其他副本

列表 18-2　remotereplica.set——如何描述远程主机上的内存池的示例

```
PMEMPOOLSET
256G /mnt/pmem1/pool2
```

18.5.2　性能注意事项

相比写入远程固态盘或传统块存储设备，一旦支持通过网络连接访问持久内存，将可以显著地降低延迟。这是因为 RDMA 硬件将远程写入数据直接写入最终的持久内存位置，然而远程复制到固态盘需要把 RDMA Write 写入远程服务器上的 DRAM，随后第二个本地

DMA 操作将写入数据从易失性 DRAM 传输至固态盘或其他传统块存储设备上的最终存储位置。

将数据复制到远程持久内存所面临的性能挑战在于，尽管 512KiB 或更大的块大小可以实现良好的性能，但随着复制的写入数据越来越小，网络开销在整个延迟中所占的比例会越来越大，进而影响性能。

如果用持久内存替换固态盘，典型固态盘原生块存储大小为 4K，可以避免小型传输过程中的效率低下问题。如果持久内存替代了传统固态盘，数据远程写入固态盘，持久内存可将延迟降低至 1/10 或更小。

在 librpmem 中实现同步复制模式意味着本地持久内存中小型的数据结构和指针更新会导致出现效率低下的小型 RDMA Write，随后是支持少量写入数据持久化的小型 RDMA Read 或 Send。与只写入本地持久内存相比，它会导致性能明显下降。它使得复制性能极度依赖本地持久内存写入顺序，而这种顺序又极度依赖应用程序工作负载。一般来说，平均请求的大小越大，给定工作负载所需的 rpmem_persist() 调用次数越少，从而会降低确保数据持久性所需的总体延迟。

还有一种可能性是遵循多次 RDMA Write 和单次 RDMA Read 或 Send 的规则，确保之前所有的写入持久化。这样 RDMA 的大小对所提出解决方案的总体性能影响将会显著降低。但在使用这种缓解办法时，请记住，在 RDMA Read 完成返回或者你收到 RDMA Send 确认通知之前，RDMA Write 不具有持久性。想要实现这个办法，需要实现 rpmem_flush() 和 rpmem_drain() API 调用对，其中 rpmem_flush() 执行 RDMA Write 并立即返回，rpmem_drain() 发布 RDMA Read 并等待其完成（发布时并未以写入 / 发送模式实现）。

在性能方面需注意几点，包括待使用的高层网络模型。传统的一流网络架构通常依赖发起系统和目标系统之间的拉取模型（pull model）。在拉取模型中，发起系统请求目标提供资源，但目标服务器只在拥有资源和连接带宽时，才通过 RDMA Read 拉数据。这种以服务器为中心的视角有利于目标系统处理数百或数千次连接，因为它完全控制所有用于连接的资源，并在选择资源时启动网络事务。借助持久内存的速度和低延迟，可以使用推送模型（push model），在推送模型中发起系统和目标系统均预分配和注册了内存资源，可以直接利用 RDMA Write 写入数据，无须等待服务器端协调资源。Microsoft 的 SNIA DevCon RDMA 演示详细介绍了推送 / 拉取模型（https://www.snia.org/sites/default/files/SDC/2018/presentations/PM/Talpey_Tom_Remote_Persistent_Memory.pdf）。

18.5.3　远程复制错误处理

如果套接字连接或 RDMA 连接断开，将出现 librpmem 复制失败。任何返回自 rpmem_persist()、rpmem_flush() 和 rpmem_drain() 的错误状态通常会被视作不可恢复故障。librpmem API 的 libpmemobj 用户应将其视作失去了一个套接字或 RDMA 的运行条件，等待剩下所有的 librpmem API 调用完成，调用 rpmem_close() 关闭连接并清理栈，然后强制应用程序退出。应用程序重启时，文件将在两端重新打开，libpmemobj 仅检查文件元数据。建议使用 pmempool-sync(1) 命令同步本地和远程内存池之后再继续。

18.5.4　向复制世界"问好"

libpmemobj 远程复制的优势在于，它不要求对现有 libpmemobj 应用程序做出任何更改。如果使用任何 libpmemobj 应用程序并为其提供已配置的内存池集文件以使用远程副本，它将简单地开始复制，且不需要任何编程工作。

为了说明如何复制持久内存，我们来看一个 Hello World 类型的程序，该程序使用 librpmem 库直接演示复制过程。列表 18-3 显示了 C 程序的一部分，它将"Hello world"消息写入远程内存。如果发现仍然存在英语消息，它会把它翻译为西班牙语，然后将其写回远程内存。我们来看看列表末尾的几行程序代码。

列表 18-3　支持复制的 Hello World 程序的主例程

```
37    #include <assert.h>
38    #include <errno.h>
39    #include <unistd.h>
40    #include <stdio.h>
41    #include <stdlib.h>
42    #include <string.h>
43
44    #include <librpmem.h>
45
46    /*
47     * English and Spanish translation of the message
48     */
49    enum lang_t {en, es};
50    static const char *hello_str[] = {
51        [en] = "Hello world!",
52        [es] = "¡Hola Mundo!"
53    };
54
55    /*
56     * structure to store the current message
57     */
58    #define STR_SIZE    100
59    struct hello_t {
60        enum lang_t lang;
61        char str[STR_SIZE];
62    };
63
64    /*
65     * write_hello_str -- write a message to the local memory
66     */
```

```
67    static inline void
68    write_hello_str(struct hello_t *hello, enum lang_t lang)
69    {
70        hello->lang = lang;
71        strncpy(hello->str, hello_str[hello->lang], STR_SIZE);
72    }

104   int
105   main(int argc, char *argv[])
106   {
107       /* for this example, assume 32MiB pool */
108       size_t pool_size = 32 * 1024 * 1024;
109       void *pool = NULL;
110       int created;
111
112       /* allocate a page size aligned local memory pool */
113       long pagesize = sysconf(_SC_PAGESIZE);
114       assert(pagesize >= 0);
115       int ret = posix_memalign(&pool, pagesize, pool_size);
116       assert(ret == 0 && pool != NULL);
117
118       /* skip to the beginning of the message */
119       size_t hello_off = 4096; /* rpmem header size */
120       struct hello_t *hello = (struct hello_t *)(pool + hello_off);
121
122       RPMEMpool *rpp = remote_open("target", "pool.set", pool,
          pool_size,
123               &created);
124       if (created) {
125           /* reset local memory pool */
126           memset(pool, 0, pool_size);
127           write_hello_str(hello, en);
128       } else {
129           /* read message from the remote pool */
130           ret = rpmem_read(rpp, hello, hello_off, sizeof(*hello), 0);
131           assert(ret == 0);
132
133           /* translate the message */
134           const int lang_num = (sizeof(hello_str) / sizeof(hello_
          str[0]));
135           enum lang_t lang = (enum lang_t)((hello->lang + 1) %
          lang_num);
136           write_hello_str(hello, lang);
137       }
138
139       /* write message to the remote pool */
140       ret = rpmem_persist(rpp, hello_off, sizeof(*hello), 0, 0);
141       printf("%s\n", hello->str);
142       assert(ret == 0);
```

```
143
144        /* close the remote pool */
145        ret = rpmem_close(rpp);
146        assert(ret == 0);
147
148        /* release local memory pool */
149        free(pool);
150        return 0;
151    }
```

- ❑ 第 68 行：简单的辅助例程，用于将消息写入本地内存。
- ❑ 第 115 行：分配足够大的内存块，与页面大小对齐。所需的块大小是硬编码，如果你希望该内存块可用于 RDMA 传输，则需要对齐。
- ❑ 第 122 行：remote_open() 例程创建或打开远程内存池。
- ❑ 第 126 ～ 127 行：本地内存池在此处初始化。该操作仅在创建远程内存池时执行一次，因此它不包含任何消息。
- ❑ 第 130 行：此处将消息从远程内存池读取至本地内存。
- ❑ 第 134 ～ 136 行：如果远程内存池的消息读取正确，将在本地翻译该消息。
- ❑ 第 140 行：新初始化或翻译后的消息被写入远程内存池。
- ❑ 第 145 行：关闭远程内存池。
- ❑ 第 149 行：释放远程内存池。

整个过程中最后缺失的一部分是如何设置远程复制。这一切都在列表 18-4 中显示的 remote_open() 例程中完成。

列表 18-4　支持复制的 Hello World 程序中的 remote_open 例程

```
74    /*
75     * remote_open -- setup the librpmem replication
76     */
77    static inline RPMEMpool*
78    remote_open(const char *target, const char *poolset, void *pool,
79            size_t pool_size, int *created)
80    {
81        /* fill pool_attributes */
82        struct rpmem_pool_attr pool_attr;
83        memset(&pool_attr, 0, sizeof(pool_attr));
84        strncpy(pool_attr.signature, "HELLO", RPMEM_POOL_HDR_SIG_LEN);
85
86        /* create a remote pool */
87        unsigned nlanes = 1;
88        RPMEMpool *rpp = rpmem_create(target, poolset, pool, pool_
    size, &nlanes,
89                &pool_attr);
90        if (rpp) {
```

```
91          *created = 1;
92          return rpp;
93      }
94
95      /* create failed so open a remote pool */
96      assert(errno == EEXIST);
97      rpp = rpmem_open(target, poolset, pool, pool_size, &nlanes,
        &pool_attr);
98      assert(rpp != NULL);
99      *created = 0;
100
101     return rpp;
102  }
```

❑ 第 88 行：创建或打开远程内存池。如果首次使用，则必须创建，以便之后可以打开。我们首先在此处创建。

❑ 第 97 行：此处尝试打开远程内存池。这里假设它存在，是因为尝试创建期间收到了错误代码（EEXIST）。

执行示例

Hello World 应用程序产生的输出如列表 18-5 所示。

列表 18-5 Hello World 应用程序针对 librpmem 的输出

```
[user@initiator]$ ./hello
Hello world!
[user@initiator]$ ./hello
¡Hola Mundo!
```

列表 18-6 显示了目标持久内存池的内容，其中包含"Hola Mundo"字符串。

列表 18-6 在复制目标上探听到 ¡Hola Mundo!

```
[user@target]$ hexdump -s 4096 -C /mnt/pmem1/pool2
00001000  01 00 00 00 c2 a1 48 6f  6c 61 20 4d 75 6e 64 6f  |......Hola
Mundo|
00001010  21 00 00 00 00 00 00 00  00 00 00 00 00 00 00
00  |!..............|
00001020  00 00 00 00 00 00 00 00  00 00 00 00 00 00 00
00  |...............|
*
00002000
```

18.6 总结

有一点必须了解，即通用远程复制方法和设备远程复制方法都不是很理想，因为必须具备特定于厂商的平台特性才能使用非分配写入，这样复杂性会有所提高，从而影响整个 PCI 根复合体的性能。相反，如果使用分配写入刷新远程写入，必须中断目标系统，以拦截 RDMA Send 请求，并刷新发送缓冲区中包含的区域列表。在云环境中唤醒远程系统是一件非常麻烦的事，因为会有成百上千个来自不同连接的进站 RDMA 请求。如果可以，请避免出现这种情况。

目前有云服务提供商在使用这两种方法，并获得了显著的性能结果。如果用持久内存替换远程访问的固态盘，则可以大幅降低延迟。

作为远程持久性支持的第一次迭代，我们重点介绍了为实现这些高级持久化方法在应用程序 / 库方面所做的修改，且无须更改硬件、固件、驱动程序或协议。在本书出版之际，IBTA 和 IETF 草拟的全新持久内存线路协议扩展也已接近尾声。这将为远程直接访问持久内存提供本地硬件支持，允许硬件实体将每个 I/O 路由至目标内存设备，且无须修改分配写入模式，也不会对连接同一个根端口的附属设备的性能产生负面影响。要详细了解全新 RDMA 扩展，尤其是远程持久性的部分，请参见附录 E。

RDMA 协议扩展只是进一步开发远程持久内存过程中的一步。我们已经确定了几个需要改进的方面，其中包括远程操作的原子性、高级错误处理方式（包含 RAS）、动态配置远程持久内存和自定义设置，以及真正达到在远程 / 目标系统上的 CPU 0% 使用率，这些都是提交给远程持久内存用户社区的待解决问题。

正如本书所述，若要真正发挥持久内存的潜能，可能需要采用新的方法来处理现有软件和应用程序架构。希望通过本章的介绍，你能对这一复杂的主题、处理远程持久内存的挑战，以及在释放软件架构真正性能潜力时的注意事项有所了解。

高级主题

本章会介绍之前在本书简要描述的几个主题，以前没有展开来讲这几个主题是因为这样会偏离重点。本章提供了有关这些主题的深入细节，供读者参考。

19.1 非一致性内存访问

非一致性内存访问（NUMA）是一种用于多处理的计算机内存设计，在多处理中，内存访问时间取决于相对于处理器的内存位置。NUMA 用于对称多处理（SMP）系统。SMP 系统是一种"紧密耦合且共享所有内容"的系统，该系统中，在单一操作系统下运行的多个处理器可以通过公共总线或"互联"路径访问彼此的内存。使用 NUMA 时，处理器访问本地内存的速度要快于访问非本地内存（位于其他处理器上的内存或处理器之间共享的内存）的速度。NUMA 的优势仅限于特定工作负载，尤其是在数据与特定任务或用户密切相关的服务器上。

当 CPU 可以访问其本地内存时，CPU 内存访问速度总是最快的。通常，CPU 插槽（socket）与最近的内存定义为一个 NUMA 节点。无论何时，CPU 都无法直接访问另一个 NUMA 节点的内存，需要通过拥有该内存的 CPU 进行访问。图 19-1 显示将 DRAM 和持久内存表示为"内存"的双路系统。

在 NUMA 系统上，处理器与内存的距离越远，处理器访问该内存的速度就越慢。因此，性能敏感型应用程序应被配置从最近的内存节点分配内存。

性能敏感型应用程序还应被配置为在固定数量的核心上运行，特别在多线程应用程序中。由于一级缓存通常比较小，如果多个线程在一个核心上运行，每个线程将有可能清除上一个线程访问的缓存数据。当操作系统尝试在这些线程之间进行多任务处理，并且线程继续清除彼此的缓存数据时，它们的大部分执行时间将花费在替换缓存行上。该问题被称作缓存抖动。因此，建议用户将多线程应用程序绑定到一个 NUMA 节点，而非单个核心，以便线程在多个层级（一级、二级和三级缓存）上共享缓存行，并且最大限度地减少对缓存填充操作的需求。但是，如果所有线程均访问相同的缓存数据，将应用程序绑定到单个核心可能会很有效。numactl 支持用户将应用程序绑定到特定核心或 NUMA 节点，并将与一个或一组核心相关的内存分配给该应用程序。

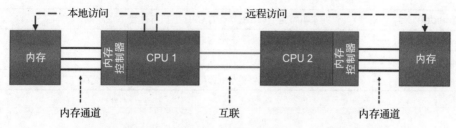

图 19-1　显示本地和远程内存访问的双路 CPU NUMA 架构

19.1.1　NUMACTL Linux 程序

在 Linux 上，可以使用 numactl 程序显示 NUMA 硬件配置并控制可以运行应用程序进程的物理核和逻辑核。numactl 软件包中的 libnuma 库为核心支持的 NUMA 策略提供了一个简单的编程接口。相比 numactl 程序，它更适用于细粒度调优。更多信息请参见 numa(7) 手册页。

numactl --hardware 命令展示了系统内可用的 NUMA 节点清单。输出仅显示易失性内存，而非持久内存。在 19.1.2 节展示如何使用 ndctl 命令，以显示持久内存的 NUMA 局部性。NUMA 节点的数量不会一直等于插槽数量。例如，AMD Threadripper 1950X 具有 1 个插槽和 2 个 NUMA 节点。以下 numactl 输出是从采用 384GiB DDR4（每路 192GiB）的双路英特尔至强铂金 8260L 处理器的服务器中收集的。

```
# numactl --hardware
available: 2 nodes (0-1)
node 0 cpus: 0 1 2 3 4 5 6 7 8 9 10 11 12 13 14 15 16 17 18 19 20 21 22 23
48 49 50 51 52 53 54 55 56 57 58 59 60 61 62 63 64 65 66 67 68 69 70 71
node 0 size: 192129 MB
node 0 free: 187094 MB
node 1 cpus: 24 25 26 27 28 29 30 31 32 33 34 35 36 37 38 39 40 41 42 43 44
45 46 47 72 73 74 75 76 77 78 79 80 81 82 83 84 85 86 87 88 89 90 91 92 93
94 95
node 1 size: 192013 MB
node 1 free: 191478 MB
node distances:
node   0   1
  0:  10  21
  1:  21  10
```

节点距离（node distance）是一个相对距离，不是基于实际时间的纳秒或毫秒级延迟。

numactl 支持用户将应用程序绑定到特定核心或 NUMA 节点，并为该应用程序分配与某个核或一组核相关联的内存。numactl 提供了一些实用选项，如表 19-1 所述。

表 19-1　用于将进程绑定到 NUMA 节点或 CPU 的 numactl 命令选项

选项	说　明
--membind, -m	仅从特定 NUMA 节点分配内存。如果这些节点上没有足够的可用内存，分配将失败
--cpunodebind, -N	仅在来自特定 NUMA 节点的 CPU 上执行进程
--physcpubind, -C	仅在给定 CPU 上执行进程
--localalloc, -l	总是在当前的 NUMA 节点上分配
--preferred	首选在特定 NUMA 节点上分配内存。如果无法分配到内存，回退到其他节点

19.1.2　NDCTL Linux 程序

ndctl 程序可以为操作系统创建特定容量的持久内存区域，即命名空间，还会枚举、启用和禁用 DIMM、区域和命名空间。使用 -v（冗余）选项显示持久内存 DIMM（-D）、区域（-R）和命名空间（-N）属于哪个 NUMA 节点（numa_node）。列表 19-1 显示双路系统的区域和命名空间。我们可以将 numa_node 与相应的 NUMA 节点相关联，如 numactl 命令所示。

列表 19-1　双路系统的区域和命名空间

```
# ndctl list -Rv
{
  "regions":[
    {
      "dev":"region1",
      "size":1623497637888,
      "available_size":0,
      "max_available_extent":0,
      "type":"pmem",
      "numa_node":1,
      "iset_id":-2506113243053544244,
      "persistence_domain":"memory_controller",
      "namespaces":[
        {
          "dev":"namespace1.0",
          "mode":"fsdax",
          "map":"dev",
          "size":1598128390144,
          "uuid":"b3e203a0-2b3f-4e27-9837-a88803f71860",
          "raw_uuid":"bd8abb69-dd9b-44b7-959f-79e8cf964941",
          "sector_size":512,
          "align":2097152,
```

```
              "blockdev":"pmem1",
              "numa_node":1
            }
          ]
        },
        {
          "dev":"region0",
          "size":1623497637888,
          "available_size":0,
          "max_available_extent":0,
          "type":"pmem",
          "numa_node":0,
          "iset_id":3259620181632232652,
          "persistence_domain":"memory_controller",
          "namespaces":[
            {
              "dev":"namespace0.0",
              "mode":"fsdax",
              "map":"dev",
              "size":1598128390144,
              "uuid":"06b8536d-4713-487d-891d-795956d94cc9",
              "raw_uuid":"39f4abba-5ca7-445b-ad99-fd777f7923c1",
              "sector_size":512,
              "align":2097152,
              "blockdev":"pmem0",
              "numa_node":0
            }
          ]
        }
      ]
    }
```

19.1.3　英特尔内存延迟检查器程序

为了获得英特尔系统上 NUMA 节点之间的绝对延迟数，用户可以使用英特尔内存延迟检查器（Memory Latency Checker，MLC），可访问 https://software.intel.com/en-us/articles/intel-memory-latency-checker 获取该工具。

英特尔 MLC 提供了通过命令行参数指定的多个模式：

❑ --latency_matrix 显示本地和跨插槽内存延迟的矩阵。

❑ --bandwidth_matrix 显示本地和跨插槽内存带宽的矩阵。

❑ --peak_injection_bandwidth 显示具有各种读写比率的平台的峰值内存带宽。

❑ --idle_latency 显示平台的闲置内存延迟。

❑ --loaded_latency 显示平台的加载内存延迟。

❑ --c2c_latency 显示平台的缓存到缓存的数据传输延迟。

执行不带参数的 mlc 或 mlc_avx512，将使用每个测试的默认参数和值按顺序运行所有模式，并将结果写入终端。以下示例显示在双路英特尔系统上仅运行延迟矩阵。

```
# ./mlc_avx512 --latency_matrix -e -r
Intel(R) Memory Latency Checker - v3.6
Command line parameters: --latency_matrix -e -r
Using buffer size of 2000.000MiB
Measuring idle latencies (in ns)...
                Numa node
Numa node           0       1
     0            84.2   141.4
     1           141.5    82.4
```

❑ --latency_matrix 显示本地和跨插槽内存延迟的矩阵。

❑ -e 意味着未修改硬件预取器（hardware prefetcher）状态⊖。

❑ -r 是对延迟线程的随机访问读取。

MLC 可用于测试 DAX 或 FSDAX 模式中的持久内存延迟和带宽。常用参数包括：

❑ -L 请求使用大内存页（2MB）(假设已启用大内存页）。

❑ -h 请求使用超大内存页（1GB）进行 DAX 文件映射。

❑ -J 指定用于创建面向 mmap 的文件的目录（默认情况下不会创建文件）。该选项与 -j 相互排斥。

❑ -P CLFLUSH 用于将存储清除至持久内存。

顺序读取延迟的示例：

```
# mlc_avx512 --idle_latency -J/mnt/pmemfs
```

随机读取延迟的示例：

```
# mlc_avx512 --idle_latency -l256 -J/mnt/pmemfs
```

19.1.4 NUMASTAT 程序

Linux 上的 numastat 程序显示处理器和操作系统的每个 NUMA 节点内存统计数据。它不包含命令选项或参数，显示来自核心内存分配器的 NUMA 命中和未命中系统统计数据。默认的 numastat 统计数据显示每节点以内存页为单位的数量，如下所示：

```
$ sudo numastat
                    node0          node1
numa_hit          8718076        7881244
numa_miss               0              0
numa_foreign            0              0
interleave_hit      40135          40160
local_node        8642532        2806430
other_node         75544        5074814
```

⊖ 如果不修改硬件预取状态，数据将预取至 CPU 缓存，测试的延迟和带宽将不精确，MLC 默认是修改硬件预取器为关闭，从而测试内存的性能。——译者注

❑ numa_hit 是按照预期在该节点上成功分配的内存。

❑ numa_miss 是在该节点上分配的内存，尽管进程更倾向于其他节点。每个 numa_miss 在另一个节点上都有一个 numa_foreign。

❑ numa_foreign 是准备在该节点分配的内存，但实际上在其他节点上分配的内存。每个 numa_foreign 在另一个节点上都有一个 numa_miss。

❑ interleave_hit 是按照预期在该节点上成功分配的交织内存。

❑ local_node 是在该节点上运行进程时分配给该节点的内存。

❑ other_node 是在另一个节点上运行进程时，分配给该节点的内存。

19.1.5 英特尔 VTune Profiler——Platform Profiler

在英特尔系统中，用户可以使用英特尔 VTune Profiler——Platform Profiler（之前被称作 VTune Amplifier，详见第 15 章）来显示 CPU 和内存统计数据，包括 CPU 缓存命中率和未命中率、DDR 和持久内存数据访问。它还可以描述系统配置，以显示哪些内存设备位于哪个 CPU。

19.1.6 IPMCTL 程序

可以使用特定的持久内存供应商和服务器的程序显示 DDR 和持久内存设备拓扑，以帮助识别哪些设备与哪个 CPU 插槽相关。例如，在数据可用的情况下，ipmctl show -topology 命令可显示 DDR 和持久内存（非易失性）设备及其物理内存插槽位置（请参见图 19-2）。

19.1.7 BIOS 调优选项

BIOS 包含用于更改 CPU、内存、持久内存和 NUMA 行为的多个调优选项。位置和名称可能因不同的服务器平台类型、服务器供应商、持久内存供应商或 BIOS 版本而异。但是，大多数适用的可调优选项通常可在内存配置和处理器配置的高级菜单中找到。请参考系统 BIOS 用户手册，获取每种可用选项的描述。用户可能想要使用应用程序对多个 BIOS 选项进行测试，以了解哪个选项可实现最高价值。

19.1.8 自动 NUMA 平衡

当需要大量的 CPU 和内存时，会遇到硬件的物理限制问题。CPU 和内存之间的通信带宽限制是一个重要的限制。NUMA 架构修改可解决该问题。当进程的线程在调度线程时访问同一 NUMA 节点上的内存，应用程序通常性能最佳。自动 NUMA 平衡使任务（可以是线程或进程）更靠近它们正在访问的内存。它还将应用程序数据移动到离引用数据任务更近的内存。激活自动 NUMA 平衡后，核心将自动执行该操作。大多数操作系统均实现了该特性。本节旨在介绍 Linux 上的特性。请参考 Linux 发行文档，了解有关特定选项的信息（可能有所变化）。

```
$ sudo ipmctl show -topology

DimmID | MemoryType                       | Capacity  | PhysicalID| DeviceLocat
=============================================================================
0x0001 | Logical Non-Volatile Device      | 252.4 GiB | 0x0028    | CPU1_DIMM_A2
0x0011 | Logical Non-Volatile Device      | 252.4 GiB | 0x002c    | CPU1_DIMM_B2
0x0021 | Logical Non-Volatile Device      | 252.4 GiB | 0x0030    | CPU1_DIMM_C2
0x0101 | Logical Non-Volatile Device      | 252.4 GiB | 0x0036    | CPU1_DIMM_D2
0x0111 | Logical Non-Volatile Device      | 252.4 GiB | 0x003a    | CPU1_DIMM_E2
0x0121 | Logical Non-Volatile Device      | 252.4 GiB | 0x003e    | CPU1_DIMM_F2
0x1001 | Logical Non-Volatile Device      | 252.4 GiB | 0x0044    | CPU2_DIMM_A2
0x1011 | Logical Non-Volatile Device      | 252.4 GiB | 0x0048    | CPU2_DIMM_B2
0x1021 | Logical Non-Volatile Device      | 252.4 GiB | 0x004c    | CPU2_DIMM_C2
0x1101 | Logical Non-Volatile Device      | 252.4 GiB | 0x0052    | CPU2_DIMM_D2
0x1111 | Logical Non-Volatile Device      | 252.4 GiB | 0x0056    | CPU2_DIMM_E2
0x1121 | Logical Non-Volatile Device      | 252.4 GiB | 0x005a    | CPU2_DIMM_F2
N/A    | DDR4                             | 32.0 GiB  | 0x0026    | CPU1_DIMM_A1
N/A    | DDR4                             | 32.0 GiB  | 0x002a    | CPU1_DIMM_B1
N/A    | DDR4                             | 32.0 GiB  | 0x002e    | CPU1_DIMM_C1
N/A    | DDR4                             | 32.0 GiB  | 0x0034    | CPU1_DIMM_D1
N/A    | DDR4                             | 32.0 GiB  | 0x0038    | CPU1_DIMM_E1
N/A    | DDR4                             | 32.0 GiB  | 0x003c    | CPU1_DIMM_F1
N/A    | DDR4                             | 32.0 GiB  | 0x0042    | CPU2_DIMM_A1
N/A    | DDR4                             | 32.0 GiB  | 0x0046    | CPU2_DIMM_B1
N/A    | DDR4                             | 32.0 GiB  | 0x004a    | CPU2_DIMM_C1
N/A    | DDR4                             | 32.0 GiB  | 0x0050    | CPU2_DIMM_D1
N/A    | DDR4                             | 32.0 GiB  | 0x0054    | CPU2_DIMM_E1
N/A    | DDR4                             | 32.0 GiB  | 0x0058    | CPU2_DIMM_F1
```

图 19-2　ipmctl show -topology 命令的拓扑报告

大多数 Linux 发行版默认启用自动 NUMA 平衡，当操作系统检测到它在具有 NUMA 属性的硬件上运行时，将在启动时自动激活该特性。使用以下命令确定是否已启用该特性：

```
$ sudo cat /proc/sys/kernel/numa_balancing
```

值为 1（真）表示已启用该特性，值为 0（零 / 假）表示已禁用该特性。

自动 NUMA 平衡使用多个算法和数据结构，只有在系统上激活自动 NUMA 平衡时，才能使用简单的几个步骤激活并分配它们：

- 任务扫描仪定期扫描地址空间并标记内存，以便为下一次要访问的数据强制产生一次缺页中断。
- 下一次访问数据将引发 NUMA 提示错误。基于该错误，数据将被迁移至与访问内存的线程或进程相关的内存节点。
- 为了将线程或进程、其使用的 CPU 和访问的内存组合在一起，调度程序对共享数据的任务进行分组。

使用 numactl 手动调优应用程序将覆盖任何系统范围的自动 NUMA 平衡设置。为了在 NUMA 设备上实现高性能，自动 NUMA 平衡简化了调优工作负载。在可能的情况下，建议尽可能静态调优工作负载，以便在每个节点中划分工作负载。某些延迟敏感型应用程序（如数据库）通常最适合手动配置。但是，在大多数其他用例中，自动 NUMA 平衡应该有助于提升性能。

19.2　使用具有持久内存的卷管理器

用户可以将持久内存配置成用于创建文件系统的块设备。应用程序可以使用标准文件 API 访问持久内存，或者从文件系统映射一个文件，并通过加载 / 存储操作直接访问持久内存。可访问性选项已在第 2 章和第 3 章中进行了描述。

卷管理器的主要优势是增加了抽象化、灵活性和控制性。逻辑卷可以有有意义的名称，如 "databases" 或 "web"。卷的大小可以随空间要求的变化动态调整，并在运行系统上的卷组中的物理设备之间迁移。

在 NUMA 系统上，CPU 和 DDR 以及直接连接到系统内存通道的持久内存之间存在一个局部性因素。通过互联访问不同 CPU 上的内存会导致较小的延迟惩罚。延迟敏感型应用程序（如数据库）深谙这一点，并协调它们的线程，使其与正在访问的内存在同一插槽上运行。

相比固态盘和 NVMe，持久内存的容量较小。如果应用程序是需要消耗系统上所有持久内存的单个文件系统，而不是每个 NUMA 节点一个文件系统，用户可以使用软件卷管理器创建跨区卷或条带卷（RAID0），以使用所有系统容量。例如，如果在双路系统上，每个 CPU 插槽有 1.5TiB 持久内存，那么可以构建一个跨区卷或条带卷（RAID0），以创建 3TiB 文件系统。如果本地系统冗余比大型文件系统更重要，可以跨 NUMA 节点创建持久内存镜像（RAID1）。一般而言，最好跨物理服务器复制数据，以实现冗余。第 18 章详细讨论了远程持久内存，包括使用远程直接内存访问（RDMA）传输数据以及跨系统复制数据。

许多卷管理器产品均可以为本书中的所有操作提供分步指南。在 Linux 中，可以使用设备映射器（dmsetup）、Multiple Device Driver（mdadm）和 Linux 卷管理器（LVM）来创建使用多个 NUMA 节点容量的卷。由于大多数现代 Linux 发行版默认将 LVM 用作启动盘，因此假设用户有使用 LVM 的经验。Linux 文档和互联网上提供了大量信息与教程。

图 19-3 显示两个区域，可以在该区域上创建 fsdax 或 sector（扇区）类型命名空间，并创建相应的 /dev/pmem0 和 /dev/pmem1 设备。可以使用 /dev/pmem[01] 创建 LVM 物理卷，然后将它们组合成一个卷组。在卷组内，可以根据需要创建任意数量和尺寸的逻辑卷。每个逻辑卷可以支持一个或多个文件系统。

如果想在每个区域创建多个命名空间或者使用 fdisk 或 parted 对 /dev/pmem* 设备进行分区，还可以创建多个配置。这样做可以为生成的逻辑卷提供更大的灵活性和隔离性。但是，如果物理 NVDIMM 有问题，影响也非常大，因为它会根据配置的不同影响一些或所有的文件系统。

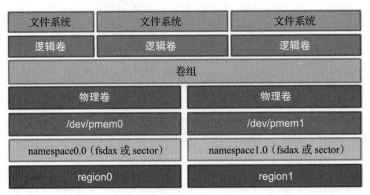

图 19-3　使用持久内存区域和命名空间的 Linux 卷管理器架构

创建复杂的 RAID 卷组能够保护数据，但是代价是无法有效地利用持久内存的全部容量来存储数据。此外，复杂的 RAID 卷组不支持某些应用程序要求的 DAX 特性。

19.3　mmap() 的 MAP_SYNC 标记

Linux 内核 v4.15 引入了 MAP_SYNC 标记，以确保在允许进程修改直接映射数据前，完成所需的所有文件系统元数据写入。MAP_SYNC 标记被添加至 mmap() 系统调用，以请求同步行为；特别是该标记可保证：

当一个块以可写入的方式映射到该映射的页表中时，可确保在崩溃后，它在该偏移量的文件中可见。

这意味着文件系统不会静默地重新定位块，它将确保文件元数据处于一致状态，以便在崩溃后保存上述块。为此，需要确保允许进程在写入受该元数据影响的页之前，完成所需的所有元数据写入。

使用 MAP_SYNC 映射持久内存区域时，内存管理代码将检查元数据写入是否因受影响的文件而挂起。但是，它不会清除这些写入。相反，这些页被映射为具有特殊标记的只读页，在进程首次尝试写入具有这种特殊标记的页时，将强制产生缺页中断。然后，错误处理程序将同步清除所有脏元数据，设置页权限以允许写入并返回。此时，进程可以安全地写入页，因为所有必要的元数据更改均已到达持久存储。

最后，将得到一个相对简单的机制，相比当前的可用机制（即在每次写入持久内存前手动调用 fsync()），该机制的性能显著提升。fsync() 的额外 IO 有可能导致进程阻塞本应非常简单的内存写入，引发意想不到和不必要的延迟。

Linux 程序员手册的 mmap(2) 手册页对 MAP_SYNC 标记的介绍如下：

MAP_SYNC（自 Linux 4.15 开始）

该标记只在 MAP_SHARED_VALIDATE 映射类型中提供，MAP_SHARED 类型的映射将自动忽略此标记。该标记仅支持支持 DAX（持久内存直接映射）的文件。对于其他文件，创建具有此标记的映射将引发 EOPNOTSUPP 错误。

具有此标记的共享文件映射提供了一种保证，当某些内存以可写入的方式映射到进程的地址空间时，即使在系统崩溃或重启后，它仍在相同文件以相同的偏移量可见。结合使用对应的 CPU 指令，该标记可帮助此类映射的用户更高效地实现数据修改的持久化。

19.4　总结

本章探讨了有关持久内存的更高级主题，包括大型内存系统上的页大小注意事项、NUMA 感知以及它如何影响应用程序性能、如何使用卷管理器创建跨多个 NUMA 节点的 DAX 文件系统以及用于 mmap() 的 MAP_SYNC 标记。本书有意忽略了 BIOS 调优等其他主题，因为这些主题与特定供应商和产品相关。持久内存产品的性能和基准测试请参见其他资料，因为这些测试涉及太多工具（vdbench、sysbench、fio 等）并且每种工具的选项太多，本书无法一一介绍。

Appendix A 附录 A

如何在 Linux 上安装 NDCTL 和 DAXCTL

ndctl 程序用于管理 Linux 内核中的 libnvdimm（非易失性内存设备）子系统和命名空间。daxctl 程序为所有创建的 device-dax 命名空间提供了枚举及配置命令。只有在直接使用 device-dax 命名空间时才需要用到 daxctl。第 10 章提供了一个"system-ram"dax 类型的用例，该用例可以在 Linux 中使用持久内存动态扩展易失性内存的容量。第 10 章还展示了 libmemkind 除 DRAM 之外如何基于 device-dax 使用易失性内存。默认情况下，推荐大多数开发者使用 filesystem-dax（fsdax）命名空间。ndctl 和 daxctl 都是在 Linux 上开源的程序，并且独立于持久内存供应商。Microsoft Windows 使用集成图形化实用程序（integrated graphical utilities）和 PowerShell 命令集管理持久内存。

如果从源代码编译时，PMDK 中的多个特性都需要 libndctl 库和 libdaxctl 库。如果 ndctl 不可用，虽然也能够成功编译和安装，但是可能无法构建 PMDK 所有的组件和特性。在本附录中，我们介绍了如何只使用 Linux 软件包库安装 ndctl 和 daxctl。如需从源代码编译 ndctl，请参见 ndctl GitHub 资源库上的 README（https://github.com/pmem/ndctl）或 https://docs.pmem.io。

前提条件

使用包管理器安装 ndctl 和 daxctl 将在系统上自动安装所有缺少的依赖组件包。安装软件包时，通常会显示完整的依赖包列表。可以通过检索软件包库列出所依赖的组件，或者使用 https://pkgs.org 等在线软件包工具查找基于当前操作系统的软件包并列出详情。例如，图 A-1 显示 Fedora 30 上 ndctl v64.1 所需的软件包（https://fedora.pkgs.org/30/fedora-x86_64/ndctl-64.1-1.fc30.x86_64.rpm.html）。

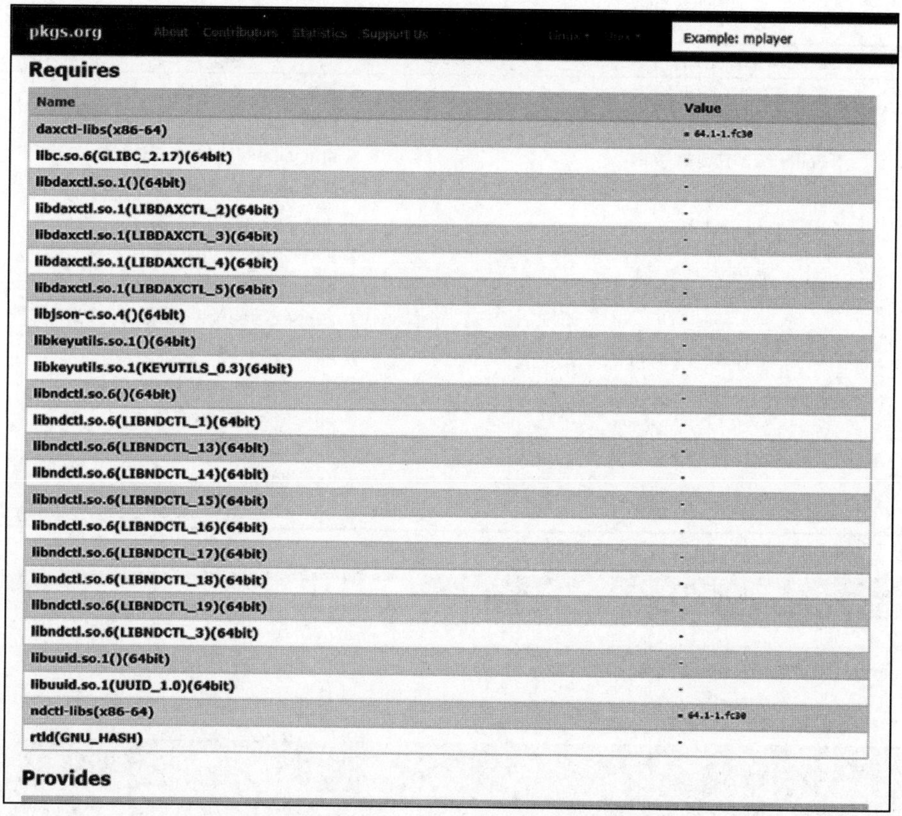
pkgs.org

Example: mplayer

Requires

Name	Value
daxctl-libs(x86-64)	= 64.1-1.fc30
libc.so.6(GLIBC_2.17)(64bit)	-
libdaxctl.so.1()(64bit)	-
libdaxctl.so.1(LIBDAXCTL_2)(64bit)	-
libdaxctl.so.1(LIBDAXCTL_3)(64bit)	-
libdaxctl.so.1(LIBDAXCTL_4)(64bit)	-
libdaxctl.so.1(LIBDAXCTL_5)(64bit)	-
libjson-c.so.4()(64bit)	-
libkeyutils.so.1()(64bit)	-
libkeyutils.so.1(KEYUTILS_0.3)(64bit)	-
libndctl.so.6()(64bit)	-
libndctl.so.6(LIBNDCTL_1)(64bit)	-
libndctl.so.6(LIBNDCTL_13)(64bit)	-
libndctl.so.6(LIBNDCTL_14)(64bit)	-
libndctl.so.6(LIBNDCTL_15)(64bit)	-
libndctl.so.6(LIBNDCTL_16)(64bit)	-
libndctl.so.6(LIBNDCTL_17)(64bit)	-
libndctl.so.6(LIBNDCTL_18)(64bit)	-
libndctl.so.6(LIBNDCTL_19)(64bit)	-
libndctl.so.6(LIBNDCTL_3)(64bit)	-
libuuid.so.1()(64bit)	-
libuuid.so.1(UUID_1.0)(64bit)	-
ndctl-libs(x86-64)	= 64.1-1.fc30
rtld(GNU_HASH)	-

Provides

图 A-1 Fedora 30 上 ndctl v64.1 的详细软件包信息

使用 Linux 发布版软件包库安装 NDCTL 和 DAXCTL

ndctl 和 daxctl 程序可作为运行时二进制文件提供，具有安装开发头文件的选项，可以使用它们将特性集成至应用程序或从源代码编译 PMDK。如果需要创建可调试的二进制文件，则需要从源码编译 ndctl 和 daxctl。请参见项目页面 https://github.com/pmem/ndctl 上的 README 或 https://docs.pmem.io，获取详细的指令。

在包管理器库内搜索软件包

操作系统默认的软件包管理器程序支持使用正则表达式搜索软件包，以识别需要安装的软件包。表 A-1 显示如何使用针对多个发布版的命令行程序搜索软件包库。如果倾向于使用 GUI，可以自由地使用常用的桌面程序来运行所述的搜索与安装操作。

此外，也可以使用在线软件包搜索工具（例如 https://pkgs.org），跨多个发布版搜索软件包。图 A-2 显示搜索“libpmem”时多个发布版的结果。

表 A-1　在不同的 Linux 发布版中搜索 ndctl 和 daxctl 软件包

操作系统	命　令
Fedora 21 或更低版本	$ yum search ndctl
	$ yum search daxctl
Fedora 22 或更高版本	$ dnf search ndctl
	$ dnf search daxctl
RHEL 和 CENTOS	$ yum search ndctl
	$ yum search daxctl
SLES 和 OPENSUSE	$ zipper search ndctl
	$ zipper search daxctl
CANONICAL/Ubuntu	$ aptitude search ndctl
	$ apt-cache search ndctl
	$ apt search ndctl
	$ aptitude search daxctl
	$ apt-cache search daxctl
	$ apt search daxctl

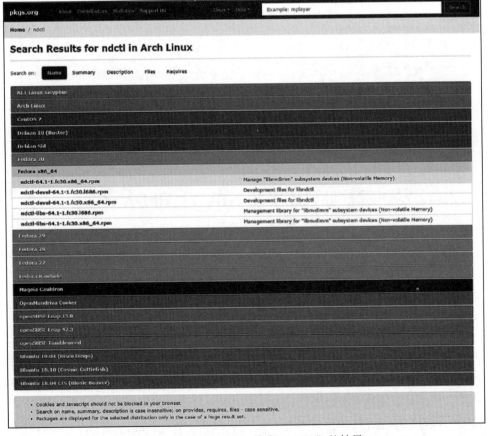

图 A-2　https://pkgs.org 搜索"ndctl"的结果

从软件包库安装 NDCTL 和 DAXCTL

　　部分常见 Linux 发行版的指令如下所示。请跳转至对应的操作系统。如果此处未列出你的操作系统，它有可能是共用了此处列出的软件包家族，可使用相同的指令。如果你的操作系统不属于以上这两种情况，请参考 ndctl 项目主页 https://github.com/pmem/ndctl 或 https://docs.pmem.io，获取安装指令。

备注　操作系统提供的 ndctl 和 daxctl 版本可能与最新的项目版本不匹配。如果需要比操作系统所提供的更新版本，可以考虑从源代码编译项目。我们不在本书中介绍如何从源代码编译与安装。相关指令可以在 https://docs.pmem.io/getting-started-guide/installing-ndctl#installing-ndctl-from-source-on-linux 和 https://github.com/pmem/ndctl 中找到。

在 Fedora 22 或更高版本上安装 PMDK

如需安装单个软件包，请执行以下操作：

```
$ sudo dnf install <package>
```

例如，如果你只需安装 ndctl 运行时程序和库，请使用：

```
$ sudo dnf install ndctl
```

如需安装所有软件包，请使用：

```
Runtime:
$ sudo dnf install ndctl daxctl

Development library:
$ sudo dnf install ndctl-devel
```

在 RHEL 和 CentOS 7.5 或更高版本上安装 PMDK

如需安装单个软件包，请执行以下操作：

```
$ sudo yum install <package>
```

例如，如果只需安装 ndctl 运行时程序和库，请使用：

```
$ sudo yum install ndctl
```

如需安装所有软件包，请使用：

```
Runtime:
$ yum install ndctl daxctl

Development:
$ yum install ndctl-devel
```

在 SLES 12 和 OpenSUSE 或更高版本上安装 PMDK

如需安装单个软件包，请执行以下操作：

```
$ sudo zypper install <package>
```

例如，如果只需安装 ndctl 运行时程序和库，请使用：

```
$ sudo zypper install ndctl
```

如需安装所有软件包，请使用：

```
All Runtime:
$ zypper install ndctl daxctl
```

```
All Development:
$ zypper install libndctl-devel
```

在 Ubuntu 18.04 或更高版本上安装 PMDK

如需安装单个软件包，请执行以下操作：

```
$ sudo zypper install <package>
```

例如，如果只需安装 ndctl 运行时程序和库，请使用：

```
$ sudo zypper install ndctl
```

如需安装所有软件包，请使用：

```
All Runtime:
$ sudo apt-get install ndctl daxctl
```

```
All Development:
$ sudo apt-get install libndctl-dev
```

如何安装持久内存开发套件

持久内存开发套件（PMDK）为所支持的操作系统提供了软件包和源代码两种形式。PMDK 的某些特性需要安装额外的软件包。我们介绍其在 Linux 和 Windows 下的指令。

PMDK 前提条件

在本附录中，介绍了如何使用操作系统软件包库中的软件包来安装 PMDK 库。为了启用所有 PMDK 特性，例如可靠性、可用性和可维护性（RAS），PMDK 需要 libndctl 和 libdaxctl。软件包会自动安装所依赖的组件。如果使用源代码构建和安装，应使用附录 C 提供的指令安装 NDCTL。

使用 Linux 发布版软件包库安装 PMDK

PMDK 是一组库，每个库都提供了不同的功能。这为开发者提供了极大的灵活性，可以只安装所需的运行时或头文件，无须安装不必要的库。

软件包命名规则

库包含运行时、开发（*-devel）和调试（*-debug）版本。表 B-1 展示了面向 Fedora 的运行时（libpmem）、调试（libpmem-debug）和开发包（libpmem-devel）。不同 Linux 发布版的软件包名称可能有所差异。我们将在本节提供部分通用 Linux 发布版的指令。

表 B-1　示例运行时、调试和开发包命名规则

库	说　明
LIBPMEM	底层持久内存支持库
LIBPMEM-DEBUG	libpmem 底层持久内存库的调试包
LIBPMEM-DEVEL	底层持久内存库的开发包

在软件包库中搜索软件包

表 B-2 显示了截至 PMDK v1.6 的可用库列表。最新列表请参见 https://pmem.io/pmdk。

表 B-2　截至 PMDK v1.6 的 PMDK 库

库	说　明
LIBPMEM	底层持久内存支持库
LIBRPMEM	访问远程持久内存库
LIBPMEMBLK	块库的持久内存驻留数组
LIBPMEMCTO	Close-to-Open 持久性库（在 PMDK v1.5 中被弃用）
LIBPMEMLOG	持久内存驻留日志文件库
LIBPMEMOBJ	持久内存事务性对象存储库
LIBPMEMPOOL	持久内存池管理库
PMEMPOOL	持久内存程序

操作系统的默认软件包管理器程序支持使用正则表达式搜索软件包库，以便用于需要安装的软件包。表 B-3 显示如何使用针对多个发布版的命令行程序搜索软件包库。如果倾向于使用 GUI，可以自由地利用桌面程序来执行此处描述的搜索与安装操作。

表 B-3　在不同的 Linux 操作系统上搜索 *pmem* 软件包

操作系统	命　令
Fedora 21 或更低版本	$ yum search pmem
Fedora 22 或更高版本	$ dnf search pmem
	$ dnf repoquery *pmem*
RHEL 和 CENTOS	$ yum search pmem
SLES 和 OPENSUSE	$ zipper search pmem
CANONICAL/Ubuntu	$ aptitude search pmem
	$ apt-cache search pmem
	$ apt search pmem

此外，也可以使用在线软件包搜索工具（例如 https://pkgs.org），跨多个发布版搜索软件包。图 B-1 显示搜索"libpmem"时多个发布版的结果。

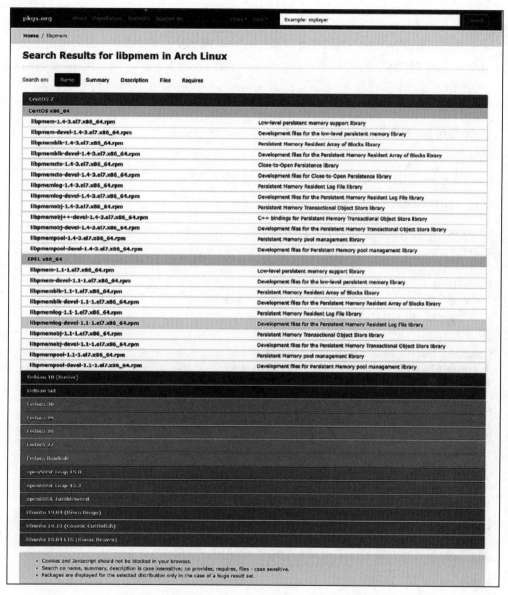

图 B-1　https://pkgs.org 上"libpmem"的搜索结果

从软件包库安装 PMDK 库

部分常见的 Linux 发布版的指令如下。请跳至对应的操作系统。如果此处未列出你的操作系统，它可能共用此处列出的软件包家族，因此可以使用相同的指令。如果你的操作系统不属于以上这两种情况，请访问 https://docs.pmem.io 获取安装指令，并访问 PMDK 项目主页（https://github.com/pmem/pmdk）查看最新的指令。

备注 操作系统提供的 PMDK 库版本可能与最新版 PMDK 不匹配。如果需要的版本比操作系统提供的版本更新，可以考虑从源代码编译 PMDK。本书不再介绍如何从源代码编译与安装 PMDK。相关指令可以在 https://docs.pmem.io/getting-started-guide/installing-pmdk/compiling-pmdk-from-source 和 https://github.com/pmem/pmdk 中找到。

在 Fedora 22 或更高版本上安装 PMDK

如需安装单个库，请执行以下操作：

```
$ sudo dnf install <library>
```

例如，如果只需安装 libpmem 运行时库，请使用：

```
$ sudo dnf install libpmem
```

如需安装所有软件包，请使用：

All Runtime:
```
$ sudo dnf install libpmem librpmem libpmemblk libpmemlog/
    libpmemobj libpmempool pmempool
```

All Development:
```
$ sudo dnf install libpmem-devel librpmem-devel \
    libpmemblk-devel libpmemlog-devel libpmemobj-devel \
    libpmemobj++-devel libpmempool-devel
```

All Debug:
```
$ sudo dnf install libpmem-debug librpmem-debug \
    libpmemblk-debug libpmemlog-debug libpmemobj-debug \
    libpmempool-debug
```

在 RHEL 和 CentOS 7.5 或更高版本上安装 PMDK

如需安装单个库，请执行以下操作：

```
$ sudo yum install <library>
```

例如，如果只需安装 libpmem 运行时库，请使用：

```
$ sudo yum install libpmem
```

如需安装所有软件包，请使用：

All Runtime:
```
$ sudo yum install libpmem librpmem libpmemblk libpmemlog \
    libpmemobj libpmempool pmempool
```

All Development:
```
$ sudo yum install libpmem-devel librpmem-devel \
    libpmemblk-devel libpmemlog-devel libpmemobj-devel \
    libpmemobj++-devel libpmempool-devel
```

```
All Debug:
$ sudo yum install libpmem-debug librpmem-debug \
    libpmemblk-debug libpmemlog-debug libpmemobj-debug \
    libpmempool-debug
```

在 SLES 12 和 OpenSUSE 或更高版本上安装 PMDK

如需安装单个库，请执行以下操作：

```
$ sudo zypper install <library>
```

例如，如果只需安装 libpmem 运行时库，请使用：

```
$ sudo zypper install libpmem
```

如需安装所有软件包，请使用：

```
All Runtime:
$ sudo zypper install libpmem librpmem libpmemblk libpmemlog \
    libpmemobj libpmempool pmempool

All Development:
$ sudo zypper install libpmem-devel librpmem-devel \
    libpmemblk-devel libpmemlog-devel libpmemobj-devel \
    libpmemobj++-devel libpmempool-devel

All Debug:
$ sudo zypper install libpmem-debug librpmem-debug \
    libpmemblk-debug libpmemlog-debug libpmemobj-debug \
    libpmempool-debug
```

在 Ubuntu 18.04 或更高版本上安装 PMDK

如需安装单个库，请执行以下操作：

```
$ sudo zypper install <library>
```

例如，如果只需安装 libpmem 运行时库，请使用：

```
$ sudo zypper install libpmem
```

如需安装所有软件包，请使用：

```
All Runtime:
$ sudo apt-get install libpmem1 librpmem1 libpmemblk1 \
    libpmemlog1 libpmemobj1 libpmempool1

All Development:
$ sudo apt-get install libpmem-dev librpmem-dev \
    libpmemblk-dev libpmemlog-dev libpmemobj-dev \
    libpmempool-dev libpmempool-dev

All Debug:
$ sudo apt-get install libpmem1-debug \
    librpmem1-debug libpmemblk1-debug \
    libpmemlog1-debug libpmemobj1-debug libpmempool1-debug
```

在 Microsoft Windows 上安装 PMDK

如果想在 Windows 上安装 PMDK，最简单的方法是使用 Microsoft vcpkg。vcpkg 是一款专为库管理而创建的开源工具和生态系统。如需从源代码构建可用于不同封装或开发方案的 PMDK，请参见 https://github.com/pmem/pmdk 中的 README 或 https://docs.pmem.io。

如需安装最新的 PMDK 版本并将其链接到 Visual Studio，首先按照 vcpkg GitHub 页面（https://github.com/Microsoft/vcpkg）的描述，在设备上复制并安装 vcpkg。

概述：

```
> git clone https://github.com/Microsoft/vcpkg
> cd vcpkg
> .\bootstrap-vcpkg.bat
> .\vcpkg integrate install
> .\vcpkg install pmdk:x64-windows
```

 备注 最后的命令可能会花费一些时间，以等待构建与安装 PMDK。

成功完成上述所有步骤后，库可以随时用于 Visual Studio，而无须额外的配置。使用现有的项目打开 Visual Studio 或新建一个项目（记得使用 x64 平台），然后像往常一样引用头文件。

如何在 Linux 和 Windows 上安装 IPMCTL

ipmctl 程序用于配置和管理英特尔傲腾持久内存模块（DC Persistent Memory Module，DCPMM）。这是供应商的专用程序，可用于 Linux 和 Windows。其支持的功能包括：

❏ 发现平台上的 DCPMM
❏ 平台内存预留的配置功能
❏ 查看并更新 DCPMM 固件
❏ 在 DCPMM 上配置静态数据安全性
❏ 监控 DCPMM 状态
❏ 跟踪 DCPMM 的性能
❏ 对 DCPMM 进行调试与故障排除

ipmctl 指以下接口组件：

❏ libipmctl：用于管理 PMM 的应用程序编程接口（API）库
❏ ipmctl：配置和管理 PMM 的命令行界面（CLI）应用程序
❏ ipmctl-monitor：用于监控 PMM 健康和状态的后台守护程序 / 系统服务

IPMCTL Linux 的前提条件

ipmctl 需要 libsafec 作为依赖组件。

libsafec

libsafec 是 Fedora 软件包库中的一个软件包。对于其他 Linux 发行版，有单独的可下载的软件包，用于本地安装：

❑ RHEL/CentOS EPEL 7 软件包可以在 https://copr.fedorainfracloud.org/coprs/jhli/safeclib/ 中获取。

❑ OpenSUSE/SLES 软件包可以在 https://build.opensuse.org/package/show/home:jhli/safeclib 中获取。

❑ Ubuntu 软件包可以在 https://launchpad.net/~jhli/+archive/ubuntu/libsafec 中获取。

此外，从源代码编译 `ipmctl` 时，可使用 `-DSAFECLIB_SRC_DOWNLOAD_AND_STATIC_LINK=ON` 选项下载源代码并且静态链接到 `safeclib`。

IPMCTL Linux 软件包

`ipmctl` 作为一个供应商专用程序，除了 Fedora 以外，大多数 Linux 发行版软件包库中都不包含它。EPEL7 软件包可以在 https://copr.fedorainfracloud.org/coprs/jhli/ipmctl 中获取。OpenSUSE 和 SLES 软件包可以在 https://build.opensuse.org/package/show/home:jhli/ipmctl 中获取。

面向 Microsoft Windows 的 IPMCTL

`ipmctl` 的最新版 Windows EXE 二进制文件可以从 GitHub 项目页面的"Release"部分下载（https://github.com/intel/ipmctl/releases），如图 C-1 所示。

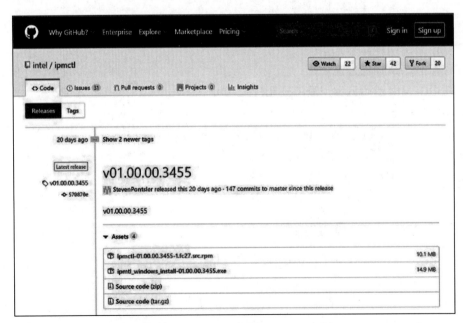

图 C-1　GitHub 上的 ipmctl 版本（https://github.com/intel/ipmctl/releases）

运行可执行文件安装 ipmctl, 并可以通过命令行和 PowerShell 接口访问。

使用 ipmctl

ipmctl 程序支持系统管理员配置英特尔傲腾持久内存模块。之后, Windows PowerShell 命令集或 Linux 上的 ndctl 可以使用该模块创建命名空间并创建文件系统。然后, 应用程序可以创建持久内存池, 并对其进行内存映射, 以直接访问持久内存。它还可以提取有关模块的详细信息, 用于发现和调试错误。

ipmctl 拥有丰富的命令和选项, 可以在不使用任何命令谓词的情况下运行 ipmctl 来显示这些命令和选项, 如列表 C-1 所示。

列表 C-1　命令动词和简单的使用信息

```
# ipmctl version

Intel(R) Optane(TM) DC Persistent Memory Command Line Interface Version
01.00.00.3279

# ipmctl

Intel(R) Optane(TM) DC Persistent Memory Command Line Interface

    Usage: ipmctl <verb>[<options>][<targets>][<properties>]

Commands:
    Display the CLI help.
    help

    Display the CLI version.
    version

    Update the firmware on one or more DIMMs
    load -source (File Source) -dimm[(DimmIDs)]

    Set properties of one/more DIMMs such as device security and modify
    device.
    set -dimm[(DimmIDs)]

    Erase persistent data on one or more DIMMs.
    delete -dimm[(DimmIDs)]

    Show information about one or more Regions.
    show -region[(RegionIDs)] -socket(SocketIDs)

    Provision capacity on one or more DIMMs into regions
    create -dimm[(DimmIDs)] -goal -socket(SocketIDs)

    Show region configuration goal stored on one or more DIMMs
    show -dimm[(DimmIDs)] -goal -socket[(SocketIDs)]

    Delete the region configuration goal from one or more DIMMs
    delete -dimm[(DimmIDs)] -goal -socket(SocketIDs)
```

Load stored configuration goal for specific DIMMs
load -source (File Source) -dimm[(DimmIDs)] -goal -socket(SocketIDs)

Store the region configuration goal from one or more DIMMs to a file
dump -destination (file destination) -system -config

Modify the alarm threshold(s) for one or more DIMMs.
set -sensor(List of Sensors) -dimm[(DimmIDs)]

Starts a playback or record session
start -session -mode -tag

Stops the active playback or recording session.
stop -session

Dump the PBR session buffer to a file
dump -destination (file destination) -session

Show basic information about session pbr file
show -session

Load Recording into memory
load -source (File Source) -session

Clear the namespace LSA partition on one or more DIMMs
delete -dimm[(DimmIDs)] -pcd[(Config)]

Show error log for given DIMM
show -error(Thermal|Media) -dimm[(DimmIDs)]

Dump firmware debug log
dump -destination (file destination) -debug -dimm[(DimmIDs)]

Show information about one or more DIMMs.
show -dimm[(DimmIDs)] -socket[(SocketIDs)]

Show basic information about the physical processors in the host
server.
show -socket[(SocketIDs)]

Show health statistics
show -sensor[(List of Sensors)] -dimm[(DimmIDs)]
Run a diagnostic test on one or more DIMMs
start -diagnostic[(Quick|Config|Security|FW)] -dimm[(DimmIDs)]

Show the topology of the DCPMMs installed in the host server
show -topology -dimm[(DimmIDs)] -socket[(SocketIDs)]

Show information about total DIMM resource allocation.
show -memoryresources

Show information about BIOS memory management capabilities.
show -system -capabilities

Show information about firmware on one or more DIMMs.
show -dimm[(DimmIDs)] -firmware

```
Show the ACPI tables related to the DIMMs in the system.
show -system[(NFIT|PCAT|PMTT)]

Show pool configuration goal stored on one or more DIMMs
show -dimm[(DimmIDs)] -pcd[(Config|LSA)]

Show user preferences and their current values
show -preferences

Set user preferences
set -preferences

Show Command Access Policy Restrictions for DIMM(s).
show -dimm[(DimmIDs)] -cap

Show basic information about the host server.
show -system -host

Show event stored on one in the system log
show -event -dimm[(DimmIDs)]

Set event's action required flag on/off
set -event(EventID)  ActionRequired=(0)

Capture a snapshot of the system state for support purposes
dump -destination (file destination) -support
    Show performance statistics per DIMM
    show -dimm[(DimmIDs)] -performance[(Performance Metrics)]

Please see ipmctl <verb> -help <command> i.e 'ipmctl show -help -dimm' for
more information on specific command
```

　　每个命令都有各自的手册页。可以通过运行 "man ipmctl"，从 IPMCTL(1) 手册页中查找手册页的完整列表。

　　在线 ipmctl 用户指南可以在 https://docs.pmem.io 中找到。该指南提供了详细的分步说明，深入介绍了 ipmctl 以及如何用它配置与调试问题。ipmctl 快速入门指南可以在 https://software.intel.com/en-us/articles/quick-start-guide-configure-intel-optane-dc-persistent-memory-on-linux 中获取。

　　可以观看《在 Linux 中配置英特尔傲腾持久内存》网络研讨会视频（https://software.intel.com/en-us/videos/provisioning-intel-optane-dc-persistent-memory-modules-in-linux），这个短视频介绍了如何使用 ipmctl 和 ndctl。

　　如果有关于 ipmctl、英特尔傲腾持久内存或一般持久内存的问题，可以在持久内存 Google 论坛（https://groups.google.com/forum/#!forum/pmem）中提问。关于 ipmctl 的问题会发布在 ipmctl GitHub 问题网站上（https://github.com/intel/ipmctl/issues）。

面向持久内存的 Java

Java 是最常用的编程语言之一，它快速、安全并且可靠。许多应用程序和网站都在 Java 中实现。它是一种跨平台语言，支持从笔记本计算机到数据中心、从游戏机到科学超级计算机、从手机到互联网以及从 CD/DVD 播放器到汽车的多 CPU 架构。Java 无处不在！

截至撰写本书之时，Java 不提供在持久内存上持久存储数据的原生支持，以及针对持久内存开发套件（PMDK）的 Java 绑定，所以不占用单独的一章来介绍 Java。考虑到 Java 在开发人员中的受欢迎程度，作者不想将它从本书中略去，因此决定在本附录中提供有关 Java 的信息。

在本附录中，描述了已经集成至 Oracle Java 开发套件（JDK）（https://www.oracle.com/java/）和 OpenJDK（https://openjdk.java.net/）的特性。还提供了有关提议的 Java 持久内存功能和正在开发的两个外部 Java 库的信息。

持久内存的易失性使用

在具有异构内存架构的系统上，Java 支持持久内存的易失性用例。该系统采用 DRAM、持久内存和非易失性存储，例如固态盘或 NVMe 驱动程序。

替代内存设备上的堆分配

Oracle JDK v10 和 OpenJDK v10 均实现了 JEP 316，即替代内存设备上的堆分配（http://openjdk.java.net/jeps/316）。该特性旨在支持 HotSpot VM 在用户指定的替代内存设备

（例如持久内存）上分配 Java 对象堆。

如第 3 章所述，Linux 和 Windows 可通过文件系统暴露持久内存，例如 NTFS 和 XFS 或 ext4。这些直接访问（DAX）文件系统上的内存映射文件绕过页缓存，并提供从虚拟内存到设备上物理内存的直接映射。

为了在 DAX 文件系统上使用内存映射文件分配 Java 堆，Java 添加了一个新的运行时选项 -XX:AllocateHeapAt=<path>。该选项采用 DAX 文件系统的路径，并使用内存映射在内存设备上分配对象堆。该选项支持 HotSpot VM 在用户指定的替代内存设备（例如持久内存）上分配 Java 对象堆。该特性不会在多个运行的 JVM 之间共享非易失性区域，或者重复使用相同的区域，以进一步调用 JVM。

图 D-1 显示了这个新的堆分配方法的架构，该方法使用支持 DRAM 和持久内存的虚拟内存。

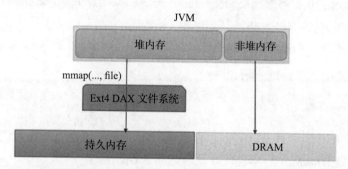

图 D-1 使用"-XX:AllocateHeapAt=<path>"选项从 DRAM 和持久内存分配的 Java 堆内存

只能从持久内存分配 Java 堆。显示到 DRAM 的映射是为了强调非堆组件（如代码缓存、gc 记录等）是从 DRAM 分配的。

与堆相关的现有标记（例如 -Xmx、-Xms 和与垃圾回收相关的标记）将继续按原有方式运行。例如：

```
$ java –Xmx32g –Xms16g –XX:AllocateHeapAt=/pmemfs/jvmheap \
ApplicationClass
```

这将从最大堆内存高达 32GiB（-Xmx32g）中分配初始的 16GiB 堆内存（-Xms）。JVM 堆可以使用在 --XX:AllocateHeapAt=/pmemfs/jvmheap 指定的路径中创建的临时文件容量。JVM 自动创建格式为 jvmheap.XXXXXX 的临时文件，其中，XXXXXX 是随机生成的数字。目录路径应是使用 DAX 选项挂载的支持持久内存的文件系统。更多使用 DAX 特性挂载文件系统的信息，请参见第 3 章。

为了保证应用程序的安全性，实现必须确保在文件系统中创建的文件：

❑ 受到正确权限的保护，以防止其他用户访问它

❑ 在任何可能的场景中，都在应用程序终止时删除

创建的临时文件为运行 JVM 的用户提供了读写权限，并且 JVM 在终止前会删除文件。

该特性针对具有与 DRAM 相同语义的替代内存设备，包括原子操作语义。因此可替代 DRAM 供对象堆使用，而无须更改现有的应用程序代码。所有其他内存结构（例如代码堆、元空间、线程栈等）将继续驻留在 DRAM 中。

该特性的用例包括：

❑ 在多 JVM 部署中，某些 JVM（例如后台守护程序、服务等）有较低的优先级。相比 DRAM，持久内存可能有更高的访问延迟。低优先级进程可以使用持久内存处理堆，从而允许高优先级进程使用更多 DRAM。

❑ 大数据和内存数据库等应用程序对内存的需求不断增加。此类应用程序可以使用持久内存处理堆，因为持久内存模块的容量可能大于 DRAM。

有关该特性的更多信息请参见以下资源：

❑ Oracle JavaSE 10 文档（https://docs.oraclc.com/javase/10/tools/java.htm#GUID-3B1CE181-CD30-4178-9602-230B800D4FAEBABCBGHF）

❑ OpenJDK JEP 316，即替代内存设备上的堆分配（http://openjdk.java.net/jeps/316）

替代内存设备上的部分堆分配

HotSpot JVM 12.0.1 引入了一个在用户指定的替代内存设备（例如持久内存）上分配老年代 Java 堆的特性。

G1 和并行 GC 中的特性允许它们在持久内存中分配专用于老年代对象的部分堆内存。剩余的堆被映射到 DRAM 中，年轻代对象始终位于 DRAM。

操作系统通过文件系统提供持久内存设备，因此可以直接访问（DAX）底层介质。支持 DAX 的文件系统包括 Microsoft Windows 上的 NTFS 和 Linux 上的 ext4 与 XFS。这些文件系统中的内存映射文件绕过文件缓存，并提供从虚拟内存到设备上物理内存的直接映射。使用标记 -XX:AllocateOldGenAt=<path> 指定 DAX 挂载文件系统的路径，前者启用该特性。启用该特性无须其他额外的标记。

启用后，年轻代对象只保存在 DRAM 中，而老年代对象始终分配在持久内存中。垃圾回收器可随时确保 DRAM 和持久内存中提交的总内存始终小于 -Xmx 指定的堆内存。

启用后，JVM 还会根据可用的 DRAM 限制年轻代的最大尺寸，但建议用户明确设置年轻代的最大尺寸。

例如，如果使用 -Xmx756g 在采用 32GB DRAM 和 1024GB 持久内存的系统上执行 JVM，垃圾收集器将根据以下规则限制年轻代的尺寸：

❑ 未指定 -XX:MaxNewSize 或 -Xmn：年轻代的最大尺寸被设置为可用内存（25.6GB）的 80%。

❑ 已指定 -XX:MaxNewSize 或 -Xmn：无论指定了多大尺寸，年轻代的最大尺寸被设置为可用内存（25.6GB）的 80%。

❑ 用户可以使用 -XX:MaxRAM 通知虚拟机有多少可用 DRAM。如果已指定，年轻代的最大尺寸被设置为 MaxRAM 值的 80%。

❑ 对于具有 -XX:MaxRAMPercentage 的年轻代，用户可以指定使用的 DRAM 百分比，不局限于默认的 80%。

❑ 使用日志选项 gc+ergo=info 启用日志将在启动时显示年轻代的最大尺寸。

非易失性映射字节缓冲区

JEP 352，即非易失性映射字节缓冲区（https://openjdk.java.net/jeps/352）添加了特定于 JDK 的全新文件映射模式，以使用 FileChannel API 创建引用持久内存的 MappedByteBuffer 实例。

此 JEP 计划升级 MappedByteBuffer，可以支持访问持久内存。所需的唯一 API 更改是 FileChannel 客户端使用的全新枚举，以请求 DAX 文件系统（而非传统的文件存储系统）上的文件映射。MappedByteBufer API 的最新更改意味着它支持直接内存更新所需的所有行为，并且为高级 Java 客户端库实现持久数据类型（例如块文件系统、日志、持久对象等）提供持久性保证。需要修改 FileChannel 和 MappedByteBuffer 实现，以了解映射文件的新支持类型。

此 JEP 的主要目标是确保所有客户端均能从 Java 程序高效、一致地访问与更新持久内存。实现该目标的关键是确保以最低的开销提交缓冲区区域的单次写入（或小组连续写入），也就是说，确保仍在缓存中的任何更改都被写回内存。

第二个目标是使用受限的 JDK 内部 API（在 unsafe 类中定义）实现该提交行为，以允许可能需要提交至持久内存的 MappedByteBuffer 以外的类重复使用它。

最后的目标是允许使用现有的监控和管理 API 跟踪映射到持久内存的缓冲区。

用户可以使用目前的 force() 方法，将持久内存设备文件映射到 MappedByteBuffer 并提交写入，例如将英特尔 libpmem 库用作设备驱动程序或者调用 libpmem 作为原生库。但是这两种实现提供了“sledgehammer”解决方案。force 方法无法区分干净行与脏行，需要系统调用或 JNI 调用来实现每次回写。出于这两个原因，现有的功能无法满足此 JEP 对效率的要求。

此 JEP 的目标 OS/CPU 平台组合是 Linux/x64 和 Linux/AArch64。提出此限制有两个原因。该特性只在支持 mmap 系统调用 MAP_SYNC 标记的操作系统上运行，该标记允许非易失性内存的同步映射。最新的 Linux 版本就是支持上述标记的操作系统。此外，它只在用户空间控制下支持缓存行回写的 CPU 上运行。x64 和 AAarch64 均提供了满足此要求的指令。

面向 Java 的持久集合

面向 Java 的持久集合（Persistent Collection for Java，PCJ）库是英特尔针对持久内存

编程开发的开源 Java 库。有关 PCJ 的更多信息，包括源代码和示例代码，请参见 GitHub（https://github.com/pmem/pcj）。

撰写本书时，PCJ 库被定义为试点项目，仍处于实验状态。现在提供它是希望能帮助用户探索如何改进现有的 Java 代码，以使用持久内存，并研究通用的持久 Java 编程。

该库提供了一系列线程安全持久集合类，包括数组、列表和映射。它还为字符串、原语整数和浮点类型等提供持久支持。开发人员也可以定义自己的持久类。

这些持久类的实例与常规 Java 对象极为相似，但是它们的字段存储在持久内存中。类似于常规 Java 对象，它们的生命周期由可达性决定。如果没有未处理的引用，则对它们进行自动垃圾收集。不同于常规 Java 对象，它们的生命周期可以超越单个 Java 虚拟机实例并延续到设备重启之后。

由于持久对象的内容已被保留，因此，维持对象的数据一致性非常重要，即便在崩溃和断电的情况下。持久集合和该库的其他对象提供了 Java 方法级的持久数据一致性。field setter 等方法对持久内存的更改将全部实现，或者零实现。开发人员定义类可使用 PCJ 提供的事务性 API，实现相同的方法级一致性。

如第 7 章所述，PCJ 使用持久内存开发套件（PMDK）中的 libpmemobj 库。有关 PMDK 的更多信息，请访问 https://pmem.io/ 和 https://github.com/pmem/pmdk。

在 Java 应用程序中使用 PCJ

为了将 PCJ 库导入现有的 Java 应用程序，将项目的 target/classes 目录添加到用户 Java 类路径，然后将项目的 target/cppbuild 目录添加到 **java.library.path**。例如：

```
$ javac -cp .:<path>/pcj/target/classes <source>
$ java -cp .:<path>/pcj/target/classes \
    -Djava.library.path=<path>/pcj/target/cppbuild <class>
```

可以通过多种方式使用 PCJ 库：

1）在应用程序中使用内置持久类的实例。

2）使用新方法扩展内置持久类。

3）声明新的持久类或者使用方法和持久字段扩展内置类。

PCJ 源代码示例请参见以下资源：

❑ 面向 Java 的持久集合简介——https://github.com/pmem/pcj/blob/master/Introduction.txt

❑ 代码示例：用于持久内存编程的 Java*API 简介——https://software.intel.com/en-us/articles/code-sample-introduction-to-java-api-for-persistent-memory-programming

❑ 代码示例：使用面向 Java* 的持久集合（PCJ）创建"Hello World"程序——https://software.intel.com/en-us/articles/code-sample-create-a-hello-world-program-using-persistent-collections-for-java-pcj

底层持久性库

底层持久性库（Low-Level Persistence Library，LLPL）是英特尔专为持久内存编程开发的开源 Java 库。通过以内存块的级别提供针对持久内存的 Java 访问，LLPL 将为开发人员构建自定义抽象化或改进现有代码奠定一个坚实的基础。有关 LLPL 的更多信息，包括源代码、示例代码和 javadoc，请访问 GitHub（https://github.com/pmem/llpl）。

该库可帮助管理持久内存堆，手动分配与释放堆中的持久内存块。Java 持久内存块类提供了在块中读写 Java 整数类型的方法，以及在块与块之间和块与（易失性）Java 字节数组之间复制字节的方法。

该库提供了多个不同的堆和相应的内存块，以帮助实现不同的数据一致性方案。此类实现方案的示例包括：

❑ 事务方案：内存中的数据在崩溃或断电后仍可用。
❑ 持久方案：内存中的数据在可控地退出进程后仍可用。
❑ 易失性方案：持久内存用作大容量内存，退出后不需要数据。

还可以实现混合数据一致性方案。例如，对关键数据实现事务性写入，对不关键的数据（例如统计数据或缓存）实现持久性或易失性写入。

如第 7 章所述，LLPL 使用持久内存开发套件（PMDK）中的 libpmemobj 库。有关 PMDK 的更多信息，请访问 https://pmem.io/ 和 https://github.com/pmem/pmdk。

在 Java 应用程序中使用 LLPL

为了在 Java 应用程序中使用 LLPL，用户需要在系统上安装 PMDK 和 LLPL。编译 Java 类时，需要指定 LLPL 类路径。如果在主目录上安装了 LLPL，请执行以下操作：

```
$ javac -cp .:/home/<username>/llpl/target/classes LlplTest.java
```

然后，会看到生成的 *.class 文件。为了在类中运行 main() 方法，需要再次传递 LLPL 类路径。还需要将 java.library.path 环境变量设置为用作 LLPL 和 PMDK 间桥接器的已编译原生库的位置：

```
$ java -cp .:/.../llpl/target/classes \
-Djava.library.path=/.../llpl/target/cppbuild LlplTest
```

PCJ 源代码示例可以在以下资源中找到：

❑ 代码示例：面向 Java* 的底层持久性库（LLPL）简介——https://software.intel.com/en-us/articles/introducing-the-low-level-persistent-library-llpl-for-java
❑ 代码示例：使用面向 Java* 的 LLPL 创建"Hello World"程序——https://software.intel.com/en-us/articles/code-sample-create-a-hello-world-program-using-the-low-level-persistence-library-llpl-for-java

❑ 在 Java 中启用持久内存使用——https://www.snia.org/sites/default/files/PM-Summit/2019/presentations/05-PMSummit19-Dohrmann.pdf

总结

在撰写本书之时，Java 中的持久内存原生支持尚处于开发阶段。当前的大多数特性是易失性特性，也就是说在应用程序退出后，数据将无法持久保存。本书描述了几个已集成的特性，并展示了两个库——LLPL 和 PCJ，它们为 Java 应用程序提供了额外功能。

底层持久性库（LLPL）是英特尔专为持久内存编程开发的开源 Java 库。通过以内存块的级别提供针对持久内存的 Java 访问，LLPL 将为开发人员构建自定义抽象化或改进现有代码奠定一个坚实的基础。

面向 Java 的高级持久集合（PCJ）为开发人员提供了一系列线程安全持久集合类，包括数组、列表和映射。它还为字符串、原语整数和浮点类型等提供持久支持。开发人员也可以定义自己的持久类。

远程持久内存复制的未来

如第 18 章所述，持久内存的一般用途与应用方法是对高层的上层协议（Upper Layer Protocol，ULP）进行一些简单的改变。这种方法首先对远程持久内存执行多次 RDMA Write，之后执行 RDMA Send 或者 RDMA Read。默认情况下，分配写入是将进站的 PCIe Write 数据从 NIC 直接推送到最低级别的 CPU 缓存中，从而加速本地软件访问到新写入的数据，这些难点的实现恰恰是英特尔平台的特性。对于持久内存，最好关闭持久内存的分配写入，从而不必刷新 CPU 的缓存来保证持久化。但是，平台对分配写入操作的限制仅对整个 PCIe 根复合体的写入行为进行了不精确的控制。所有连接给定根复合体的设备都有相同的行为。对于系统上运行的其他软件，很难确定是否通过绕过缓存增加了写入数据的访问延迟。这些要求自相矛盾，因为对于持久内存写入，应禁用分配写入，而对于易失性内存写入，应启用分配写入。

为了让控制每条 IO 成为可能，网络硬件和软件需要对持久内存提供原生的支持。如果网络栈能感知到持久内存区域，便完全可以根据每个 IO 选择将写入定向到持久内存或者易失性内存子系统，完全不需要更改全局 PCIe 根复合体分配写入设置。

此外，如果硬件能够感知是写入到持久内存，可以通过减少软件必须等待的往返完成数量，从而显著提升特定工作负载的性能。对于公共数据库 SQL-Tail-of-Log 用例，这种流水线效率的提高可以将往返延迟减少 30% ～ 50%。在这种情况下，对持久内存进行大的写入，然后进行 8 字节的指针更新，只有在持久性域中考虑到第一个远程写入数据后才能写入。如图 E-1（左）所示，第一代远程持久方法的初始 SQL 数据写入和随后小型的 8 字节指针更新写入需要软件完成两次往返。如图 E-1（右）所示，在改进的原生硬件解决方案中，软件只需等待网络上完成单次往返即可。

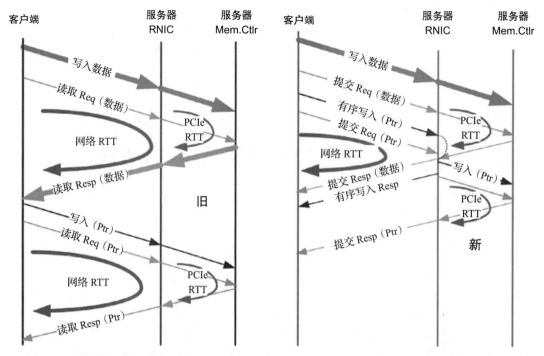

图 E-1　提议的 RDMA 协议更改通过避免在 Write 后调用 Send 或 Read，来有效支持持久内存

这些性能改进将在未来的英特尔平台、支持英特尔 RDMA 的原生 NIC 以及通过行业网络标准实现。其他供应商推出的 RDMA NIC 也将支持改进的标准。用户必须广泛采用此标准才能支持任何供应商的 NIC，无论该 NIC 采用了哪个供应商的持久内存以及具有多少个平台。为了实现该目标，IETF（互联网工程任务组）和 IBTA（InfiniBand 贸易协会）分别推动将原生的持久内存直接加入到标准化的 iWarp 协议和标准化的 InfiniBand 以及 RoCE 协议中。这两个协议在架构层面相互跟踪，本质上都在现有的易失性内存支持中添加了 RDMA Flush 和 RDMA Atomic Write 命令。

RDMA Flush——一种刷新部分内存区域的协议命令。刷新命令完成表明刷新区域内的所有 RDMA Write 均到达最终位置。刷新位置提示允许发起端程序请求刷新至全局可见的内存（可以是易失性或持久内存区域），也可以分别请求刷新内存是易失性内存或持久内存。RDMA Flush 域中包含的 RDMA 写入数据的范围由正在刷新的内存区域的偏移量和长度驱动。RDMA Flush 命令中包含的覆盖内存区域的所有 RDMA Write 都应包含在 RDMA Flush 中。这意味着 RDMA Flush 命令将不会在发起系统上完成，直到这些区域的所有先前远程写入都到达最终请求的放置位置。

RDMA Atomic Write——一种协议命令，它可以指示 NIC 将指针更新直接写入持久内存中，从而提高流水线的效率。这样，之前的 RDMA Write、RDMA Flush、RDMA Atomic Write 和 RDMA Flush 序列便可只通过软件来完成单个往返延迟。RDMA Atomic Write 只需等待最终的 RDMA Flush 完成。

为了高效利用由支持持久内存而新增的网络协议条款需要更改平台硬件。RDMA Flush 命令中提供的位置提示支持 4 种可能的路由组合：

- ❑ 缓存属性
- ❑ 禁止缓存属性
- ❑ 易失性目标
- ❑ 持久内存目标

芯片组、CPU 和 PCIe 根复合体需要了解这些位置属性，并按照要求将请求引导或路由至正确的硬件模块。

在即将推出的英特尔平台上，CPU 将查看 PCIe TLP 处理器提示字段，以允许 NIC 将引导信息添加到为进站 RDMA Write 和 RDMA Flush 生成的每个 PCIe 数据包。可以根据 ACPI 规范中的 PCIe 固件接口定义选择是否使用该 PCIe 引导机制，并允许 NIC 内核驱动程序和 PCI 总线驱动程序启用 IO 引导，选择缓存或禁止缓存作为内存属性，以及选择持久内存或 DRAM 作为目标。

从软件支持的角度来看，IBTA 中的动词定义将有所更改，以明确定义 NIC 如何管理与实现特性。供应商将根据支持持久内存的原生网络协议的内核新增条款来更新中间件，包括 OFA libibverb 和 libfabric。

如果读者想了解有关开发 RDMA 持久内存扩展的更多详情，建议阅读本书提供的参考资料或者共享信息，开始深入研究原生支持持久内存的高性能远程访问。目前，持久内存在该使用领域涌现了许多令人振奋的新开发成果。

术 语 表

术语	定 义
3D XPoint	3D Xpoint 是英特尔与 Micron Technology 联合开发的一项非易失性内存（NVM）技术
ACPI	BIOS 使用高级配置和电源接口（ACPI）提供平台功能
ADR	异步 DRAM 刷新（ADR）是英特尔支持的一个特性，该特性可在断电时触发内存控制器中的写入挂起队列刷新。请注意，ADR 不会刷新处理器高速缓存
AMD	超微半导体公司（Advanced Micro Devices）https://www.amd.com
BIOS	基本输入 / 输出系统（BIOS）是指用于初始化服务器的固件
CPU	中央处理单元
DCPM	英特尔傲腾数据中心级持久内存
DCPMM	英特尔傲腾数据中心级持久内存模块
DDR	双倍数据速率（DDR）是 SDRAM（一种计算机内存）的高级版本
DDIO	数据直接 IO（DDIO）。英特尔 DDIO 使处理器高速缓存（而非主内存）成为 I/O 数据的主要目的地和来源。通过避免使用系统内存，英特尔 DDIO 可降低延迟，提高系统 I/O 带宽，并减少内存读写所需的系统功耗
DRAM	动态随机访问内存
eADR	增强的异步 DRAM 刷新（eADR），在断电时也可以刷新 CPU 高速缓存的 ADR 的超集
ECC	内存纠错（ECC）用于提供瞬时错误和设备故障方面的保护
HDD	机械硬盘（HDD）是传统的旋转型硬盘
InfiniBand	InfiniBand（IB）是用于高性能计算的一种计算机网络通信标准，它具有极高的吞吐量和极低的延迟。它用于计算机之间和计算机内部的数据互联。InfiniBand 还可以用作服务器和存储系统之间的直接或交换互联，以及存储系统之间的互联
Intel	英特尔公司 https://intel.com
iWARP	互联网广域 RDMA 协议（iWARP）是一种用于实施远程直接内存访问（RDMA）的计算机网络协议，旨在互联网协议网络上高效传输数据

（续）

术语	定 义
NUMA	非一致性内存访问（NUMA），该平台的内存访问时间取决于内存与处理器的相对位置
NVDIMM	非易失性双列直插内存模块（NVDIMM）是一种计算机随机访问内存。非易失性内存是一种在断电（例如意外断电、系统崩溃或正常关机）时仍能保留其内容的内存
NVMe	非易失性内存主机控制器接口规范（NVMe）是一种在 PCIe 上直接连接固态盘的规范，相比 SAS 和 SATA，它提供了更低的延迟和更高的性能
ODM	原始设计制造（ODM）是指制造商 / 经销商之间的关系，项目的全部规范由经销商制定，而非制造商制定
OEM	原始设备制造商（OEM）是指生产部件和设备的公司，部件和设备可能由另一家制造商销售
OS	操作系统
PCIe	外围组件互联标准（Peripheral Component Interconnect express）是一种高速串行通信总线
持久内存	持久内存（PM 或 PMEM）提供了数据的持久存储，可字节寻址，并且具有近乎内存的速度
PMoF	Persistent Memory over Fabric
PSU	电源单元
RDMA	远程直接内存访问（RDMA）是指在不涉及操作系统的情况下，从一台计算机的内存直接访问另一台计算机的内存
RoCE	基于融合以太网的 RDMA（RoCE）是一种支持通过以太网进行 RDMA 的网络协议
QPI	英特尔快速通道互联（QPI）技术用于 CPU 之间的多路通信
SCM	存储级内存（SCM），持久内存的近义词
SSD	固态盘（SSD）是一种使用非易失性内存构建的高性能存储设备
TDP	热设计功耗（TDP）指定了 CPU 可以消耗的电量和平台必须散发的热量，以避免热量控制
UMA	一致性内存访问（UMA），在该平台上，无论哪个处理器正在进行访问，内存访问时间都（大致）相同。在英特尔平台上，它是通过跨插槽交替内存实现的

推荐阅读

计算机组成与体系结构：性能设计（英文版·原书第10版）

作者：[美] 威廉·斯托林斯（William Stallings）
ISBN: 978-7-111-63146-0 定价：229.00元

计算机组成与体系结构（原书第4版）

作者：美] 琳达·纳尔(Linda Null) 朱莉娅·洛博(Julia Lobur)
ISBN: 978-7-111-61636-8 定价：129.00元